1,000,000 Books

are available to read at

Forgotten Books

www.ForgottenBooks.com

Read online
Download PDF
Purchase in print

ISBN 978-0-666-85731-6
PIBN 11050699

This book is a reproduction of an important historical work. Forgotten Books uses state-of-the-art technology to digitally reconstruct the work, preserving the original format whilst repairing imperfections present in the aged copy. In rare cases, an imperfection in the original, such as a blemish or missing page, may be replicated in our edition. We do, however, repair the vast majority of imperfections successfully; any imperfections that remain are intentionally left to preserve the state of such historical works.

Forgotten Books is a registered trademark of FB &c Ltd.
Copyright © 2018 FB &c Ltd.
FB &c Ltd, Dalton House, 60 Windsor Avenue, London, SW19 2RR.
Company number 08720141. Registered in England and Wales.

For support please visit www.forgottenbooks.com

1 MONTH OF FREE READING

at

www.ForgottenBooks.com

By purchasing this book you are eligible for one month membership to ForgottenBooks.com, giving you unlimited access to our entire collection of over 1,000,000 titles via our web site and mobile apps.

To claim your free month visit:
www.forgottenbooks.com/free1050699

* Offer is valid for 45 days from date of purchase. Terms and conditions apply.

English
Français
Deutsche
Italiano
Español
Português

www.forgottenbooks.com

Mythology Photography **Fiction** Fishing Christianity **Art** Cooking Essays Buddhism Freemasonry Medicine **Biology** Music **Ancient Egypt** Evolution Carpentry Physics Dance Geology **Mathematics** Fitness Shakespeare **Folklore** Yoga Marketing **Confidence** Immortality Biographies Poetry **Psychology** Witchcraft Electronics Chemistry History **Law** Accounting **Philosophy** Anthropology Alchemy Drama Quantum Mechanics Atheism Sexual Health **Ancient History Entrepreneurship** Languages Sport Paleontology Needlework Islam **Metaphysics** Investment Archaeology Parenting Statistics Criminology **Motivational**

TRAITÉ PRATIQUE
DE
PERSPECTIVE

APPLIQUÉE
AU DESSIN ARTISTIQUE ET INDUSTRIEL

PAR

Armand CASSAGNE

PEINTRE
Officier de l'Instruction publique

OUVRAGE RENFERMANT 270 FIGURES GÉOMÉTRIQUES GRAVÉES SUR CUIVRE

ET, POUR SERVIR D'APPLICATION,

66 EAUX-FORTES DESSINÉES PAR L'AUTEUR

NOUVELLE ÉDITION, REVUE ET AUGMENTÉE

PARIS
LIBRAIRIE CLASSIQUE INTERNATIONALE
A. FOURAUT
47, RUE SAINT-ANDRÉ-DES-ARTS, 47

1897

Droit de traduction réservé

Tout exemplaire non revêtu de la griffe de l'auteur et de celle de l'éditeur sera réputé contrefait.

PRÉFACE

Dès les temps les plus reculés, les lois de la perspective furent connues ; de nombreux spécimens de l'art antique, chaque jour retrouvés, viennent en fournir de nouvelles preuves et, sur ce point comme sur bien d'autres, éclairer notre époque en l'initiant aux sciences et aux arts des peuples disparus.

Le génie de l'art antique, enseveli sous les ruines de la Grèce, sa patrie, sommeille de longs siècles et ne reparaît qu'au commencement du XVIe.

C'est l'heure de la Renaissance : un pontife, un souverain, illustres tous deux, tous deux amis des arts, favorisent ce mouvement ; de grandes intelligences accourent à leur voix, et dans toutes les branches de l'art les merveilles surgissent.

La peinture, si splendide, nous offre les plus beaux noms : Raphaël, Michel-Ange, Léonard de Vinci et bien d'autres encore.

Parmi tous ces artistes, les plus célèbres ont compris et apprécié la perspective ; beaucoup en ont laissé le témoignage dans leurs écrits sur l'art et ont considéré cette étude comme une préparation nécessaire, indispensable même aux plus hautes théories artistiques.

Dans la science de la perspective, comme dans l'art proprement dit, ces maîtres n'ont rien perdu de leur supériorité ; mais il en est venu d'autres, également remarquables par la science, qui ont écrit de nouveau sur la matière. Sans doute, ils ne pouvaient changer les lois essentielles de la perspective ; mais ils ont parfois simplifié la forme des théories. Néanmoins ces traités, dont plusieurs se recommandent par des qualités sérieuses, sont demeurés presque inconnus, parce que leurs formules scientifiques requièrent des connaissances spéciales qui ne sont le partage que du très petit nombre.

Cependant tout progresse et tout doit s'améliorer. Les théories se simplifient et tendent à se vulgariser, c'est-à-dire que les artistes et les auteurs cherchent de plus en plus à répondre au sentiment général de leur siècle, au cri pacifique et intelligent que fait entendre la grande voix des masses :

L'ART ET LA SCIENCE POUR TOUS.

C'est aussi à ce point de vue que je me suis placé en me décidant à présenter au public cet ouvrage, qui est le fruit de longues années d'études et d'observations.

J'ai sérieusement analysé tous les ouvrages traitant de la perspective et surtout, parmi les anciens : Vries, le maître hollandais ; les Italiens Barbaro, Pietro Accolti, Giulio Puteus ; les Français Desargues et Bosse, Cousin, l'illustre artiste, Du Cerceau, le savant architecte, Jeaurat, qui étendit les applications de ses prédécesseurs ; parmi les modernes, Thibault, Valenciennes et bien d'autres qu'il serait trop long de nommer.

Je pense avec eux tous que la perspective est la base du dessin et je crois le moment venu où elle doit entrer franchement dans l'enseignement de cet art, non pas seulement comme théorie et à la suite de longues études, ainsi qu'on a presque toujours fait jusqu'à présent, mais dès le début et comme moyen d'application pratique.

Ce début simultané dans l'étude du dessin et de la perspective rectifie les idées de l'élève, éclaire son imagination, lui fait comprendre la variété des lignes et les principales lois qui les régissent ; enfin, cette manière de procéder lui apprend à traduire la nature et l'habitue à raisonner, à juger sainement.

J'ai écrit ce traité sous l'impression de ces idées ; aussi ai-je cherché à présenter les règles de la perspective sous la forme la plus simple et la plus élémentaire possible, de manière à les rendre d'une application facile même pour les commençants ; d'autre part, je n'ai rien négligé pour que cet ouvrage offrît à ceux dont les études sont plus avancées un intérêt sérieux, par les applications nombreuses et variées qu'il présente dans les différentes branches de l'art.

Je ne crois pas nécessaire d'insister davantage sur le but et l'utilité de la perspective ; je me bornerai à citer quelques extraits des principaux auteurs qui ont écrit sur cette matière.

La perspective est la première chose qu'un jeune peintre doit apprendre, pour savoir mettre chaque chose à sa place et pour lui donner la juste mesure qu'elle doit avoir dans le lieu où elle est.

LÉONARD DE VINCI.

Ce que la perspective offre de plus indispensable pour le peintre est le plan, le carré dans tous ses aspects, le triangle, le cercle, l'ovale ; mais ce qu'il doit surtout bien connaître, c'est la différence du point de vue et la variété que produit le point de distance de près ou de loin.

Mengs.

La perspective est d'un grand secours dans l'art et un moyen facile pour opérer.

Reynolds.

Quoique la perspective ait des règles certaines,
Sans en être accablé, sachez porter ses chaînes.
On ne peut sans danger se soustraire à ses lois ;
Elle a par la raison sur nous fondé ses droits.

C.-A. Dufresnoy.

Tant que la perspective a été inconnue, l'art est resté dans l'enfance, puisqu'elle seule apprend à rendre avec exactitude les raccourcis et qu'il se trouve des raccourcis dans les poses les plus simples.

La perspective est une règle sûre pour mesurer les ouvrages que nous voulons tracer et donner la vraie forme des lignes qui doivent en indiquer les contours.

Watelet.

La peinture devant creuser des profondeurs fictives sur une surface plane et donner à ces profondeurs la même apparence qu'elles auraient dans la nature, le peintre ne saurait se passer de connaître la perspective, qui est justement la science des lignes et des couleurs apparentes.

Charles Blanc.

Il faut savoir la perspective comme la géométrie, comme l'anatomie, avant de commencer à dessiner, à sculpter ou à peindre.

La perspective est la partie scientifique de l'art du dessin, qui a pour but de mettre les objets à la place, à la distance où nous voulons les représenter.

Antoine Étex.

La perspective fait partie du dessin, et l'on ne se perfectionne dans celui-ci qu'à l'aide de celle-là.

Renou.

Tout ce qui est visible étant soumis aux règles de la perspective, l'artiste doit la connaître parfaitement, de manière que les objets qu'il représente ne paraissent jamais altérés dans leur forme.

André Lens.

Un peintre ne saurait être habile dans son art, s'il ignore les règles de la perspective.

Antoine Pernetty.

Ce traité est divisé en six chapitres :

Chapitre I. — *Notions de géométrie ou définition de quelques figures* dont le nom se présente à chaque instant dans le tracé perspectif des moindres objets.

Chapitre II. — *Premiers principes de la perspective* : but de la perspective, manières de représenter un objet, les rayons visuels, le tableau, la distance, etc.

Chapitre III. — *Le carré* considéré comme base fondamentale de la perspective. — *Le cube*. — *Opérations diverses*. — Ce chapitre, longuement développé, présente non seulement les figures types et leurs composés dans les positions les plus variées, mais en donne, dans un grand nombre de croquis, l'application pratique et pittoresque. Il traite naturellement de l'échelle fuyante ; de l'emploi des diagonales du carré, si utile par ses nombreuses applications et sur lequel je reviens souvent dans le cours de l'ouvrage ; de l'emploi des parallèles, etc.

Chapitre IV. — *Le cercle et les courbes*, c'est-à-dire le cercle expliqué et présenté suivant ses nombreuses déformations perspectives, ainsi que les figures qui en dérivent, telles que le plein cintre, les ogives, etc.

Dans ce chapitre, l'étude augmente d'intérêt par la variété des formes qu'il devient possible d'introduire dans les tracés.

Chapitre V. — *L'octogone*. — *L'hexagone*. — *Le damier*. — Ce chapitre est la suite naturelle du précédent.

Chapitre VI. — *Les ombres et les reflets*. — Ce chapitre, qui traite des différentes positions du spectateur par rapport au soleil, de l'influence de ces positions sur l'effet général du tableau et du principe des reflets selon l'éloignement et la position des objets réfléchis par rapport à la surface réfléchissante, est le complément nécessaire de l'étude de la perspective linéaire, mais il n'en fait pas partie à proprement parler, puisqu'il ne développe aucun principe nouveau concernant les lignes et les points de fuite.

TRAITÉ PRATIQUE

DE

PERSPECTIVE

CHAPITRE I

NOTIONS DE GÉOMÉTRIE

OU DÉFINITION DE QUELQUES FIGURES.

LA GÉOMÉTRIE.

1. — Une étude approfondie de la géométrie n'est point indispensable aux artistes ; mais la connaissance de quelques figures dont le nom se présente à chaque instant dans le tracé perspectif des moindres objets doit nécessairement précéder l'étude de la perspective proprement dite.

2. — La **Géométrie** (art de mesurer la terre) est *la science des propriétés de l'étendue,* ou la science des mesures des lignes, des surfaces et des corps.

LE POINT ET LES LIGNES.

3. — Le **point** est *l'abstraction de l'étendue,* c'est-à-dire qu'il n'a pas de dimensions appréciables : c'est l'espace

.

Fig. 1.

occupé sur le tableau par la pointe du compas ou tout autre objet analogue (fig. 1).

4. — Une **ligne** est une *succession non interrompue de points*, ou l'étendue en longueur, sans largeur ni **profondeur** (fig. 2).

Fig. 2.   Fig. 3.

La ligne est droite (fig. 3), courbe (fig. 4), brisée (fig. 5) ou

Fig. 4.   Fig. 5.

sinueuse (fig. 6).

Fig. 6.

5. — **La ligne droite** est définie *le plus court chemin d'un point à un autre*.

6. — La ligne peut avoir plusieurs positions ;
Soit **absolues** :
Une ligne est *horizontale*, si elle se trouve dans le sens du niveau de l'eau (fig. 3) ;

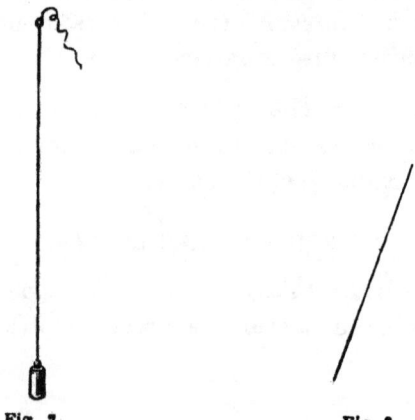

Fig. 7.   Fig. 8.

Verticale, si elle suit le mouvement d'un fil à plomb **tendu** à l'air libre (fig. 7) ;

Oblique, si elle est inclinée de côté ou d'autre (fig. 8);

7. — Soit **relatives** :

Deux lignes sont dites *perpendiculaires* l'une à l'autre, lorsqu'elles se rencontrent de manière à former deux angles droits.

Une ligne horizontale et une ligne verticale sont toujours perpendiculaires entre elles (fig. 9).

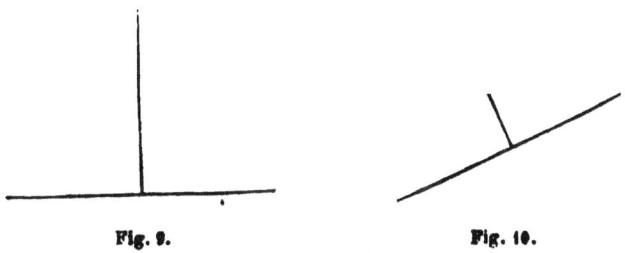

Fig. 9. Fig. 10.

Deux lignes obliques peuvent l'être également (fig. 10).

8. — Deux lignes sont *parallèles* lorsque, prolongées indéfiniment, elles restent entre elles à égale distance; telles sont deux horizontales (fig. 11).

Fig. 11.

Des lignes de mouvements variés peuvent être parallèles

Fig. 12.

entre elles; tels seraient les sillons tracés par les deux roues d'une voiture (fig 12).

LES ANGLES.

9. — Deux lignes qui se rencontrent forment un *angle* (A, fig. 13), dont le *sommet* est au point d'intersection de ces deux lignes.

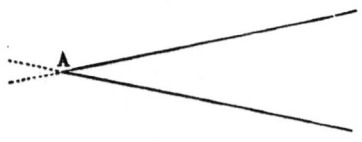

Fig. 13.

L'angle *droit*, formé par la rencontre de deux perpendiculaires (fig. 9 et 10), a pour mesure le quart du cercle, c'est-à-dire qu'il est de 90 degrés.

Un angle est dit *aigu* (fig. 13), s'il est moins ouvert que l'angle droit.

Un angle est dit *obtus*, s'il est plus ouvert que l'angle droit (fig. 14).

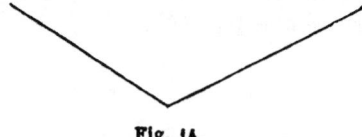

Fig. 14.

Une ligne tombant obliquement sur une autre forme avec cette ligne, d'un côté un *angle aigu*, de l'autre un *angle obtus*. (fig. 15).

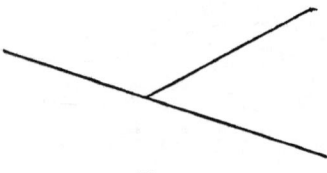

Fig. 15.

La grandeur d'un angle dépend de son ouverture et non

de la longueur de ses côtés ; ainsi l'angle ABC (fig. 16) est plus grand que l'angle DEF (fig. 17).

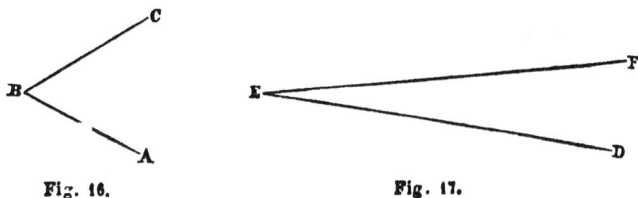

Fig. 16.   Fig. 17.

LES SURFACES.

10. — Une **surface** est une *étendue en longueur et en largeur, sans profondeur,* soit une feuille de papier.

Il faut au moins trois lignes pour déterminer une surface, qui prend dans ce cas le nom de *triangle* (fig. 18).

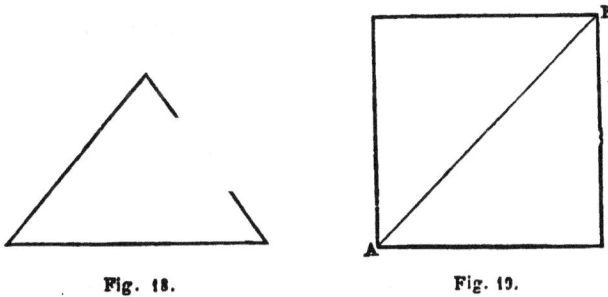

Fig. 18.   Fig. 19.

Il y a des triangles de formes variées ; mais il n'est besoin ici que d'indiquer la figure en général.

11. — Le **carré** est une surface terminée par quatre lignes d'égale grandeur, se coupant entre elles à angles droits (fig. 19).

12. — Le **rectangle**, ou *carré long*, a deux de ses côtés plus grands que les autres, et, comme dans le carré, ses quatre angles sont droits (fig. 20).

13. — On appelle **diagonale** la ligne qui part d'un angle du carré, soit A (fig. 19), pour aller toucher l'angle opposé, soit B.

Les deux diagonales déterminent, à leur point d'intersection, G, le centre du carré ou du rectangle (fig. 20).

14. — Il y a un grand nombre de surfaces à quatre côtés, qu'on désigne sous le nom général de *quadrilatères*.

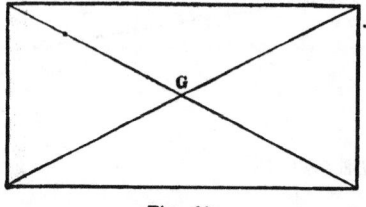 

Fig. 20.   Fig. 21.

Parmi ces surfaces, nous ne citerons que le *trapèze* (fig. 21), parce qu'il nous offre la forme que prend constamment le carré mis en perspective.

15. — Le **cercle** est une surface terminée par une ligne courbe non interrompue appelée *circonférence*, dont tous les points sont à égale distance d'un point intérieur appelé *centre* (fig. 22).

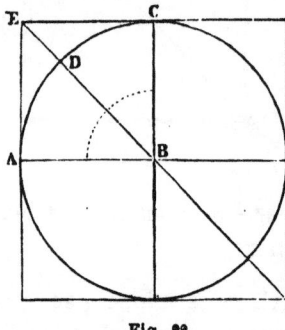 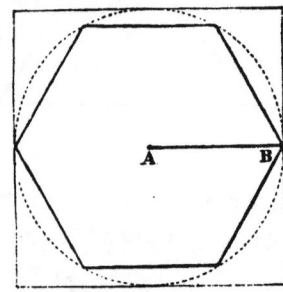

Fig. 22.   Fig. 23.

Pour donner une base précise aux calculs mathématiques ou géométriques, la circonférence du cercle a été conventionnellement divisée en 360 parties ou degrés; le quart du cercle, auquel correspond l'angle droit, ABC, contient donc 90 degrés, et la diagonale EF du carré partage l'angle droit en deux angles aigus, ABD — DBC, de 45 degrés chacun.

16. — L'**hexagone** (régulier) (fig. 23) est une surface terminée par six côtés égaux ; il s'obtient sur le cercle en reportant six fois sur la circonférence le *rayon* (ou ligne, AB, menée de la circonférence au centre). Le *rayon* est égal à la moitié du diamètre.

17. — L'**octogone** (régulier) (fig. 24) est une surface ter-

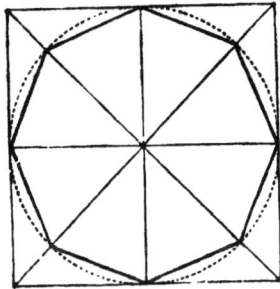

Fig. 24.

minée par huit côtés égaux. On le forme à l'aide du cercle inscrit dans le carré et divisé par la croix et les diagonales en angles de 45 degrés.

LES CORPS OU VOLUMES.

18. — Tout objet réunissant les trois dimensions de l'étendue, longueur, largeur et profondeur, prend le nom de **corps** ou **volume**.

Parmi les volumes on distingue :

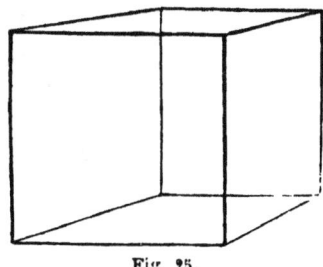

Fig. 25.

19. — Le **cube** (fig. 25), terminé par six carrés égaux.

LES CORPS OU VOLUMES

20. — La **pyramide** (régulière) (fig. 26), terminée dans sa hauteur par des triangles égaux réunis en un point, A, appelé sommet. Le sommet de la pyramide est perpendiculaire au centre, B, de la base, formée ici d'un carré, motif pour lequel cette pyramide est dite *quadrangulaire* (il y en a de *triangulaires*, d'*hexagones*, etc.)[1].

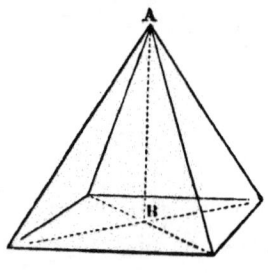

Fig. 26.

Fig. 27.

21. — La **sphère** ou **boule**, corps terminé par une surface courbe dont tous les points sont à égale distance d'un centre commun (fig. 27)

22. — Le **cylindre**, formé d'un nombre indéfini de cercles égaux et parallèles, superposés l'un à l'autre (fig. 28)

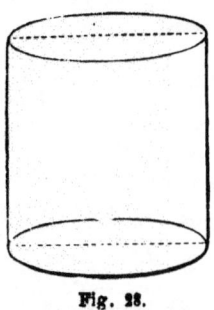

Fig. 28.

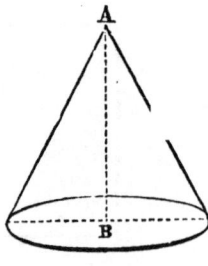

Fig. 29.

23. — Le **cône** (droit)[1] ou pyramide à base circulaire ; il

---

1. Les tracés de géométrie scientifique présentent fréquemment des pyramides et des cônes (voyez n° 23) inclinés ; mais, ces figures ne devant pas prendre place dans l'étude qui nous occupe, nous n'entendons parler ici que des formes régulières, qui s'y trouveront souvent employées.

est formé de cercles superposés et réduits graduellement jusqu'à un point appelé sommet, A, perpendiculaire au centre, B, de la base (fig. 29).

Les surfaces et les volumes que nous venons de définir étant tout à la fois ceux dont l'emploi est le plus fréquent dans la pratique de la perspective appliquée au paysage et ceux dont les autres dérivent, nous n'irons pas plus loin dans cette étude tout élémentaire de la **géométrie**.

CHAPITRE II

PREMIERS PRINCIPES DE LA PERSPECTIVE

BUT DE LA PERSPECTIVE.

24. — Le but de la peinture étant une représentation aussi fidèle que possible, sur une surface plane, des objets placés devant nos yeux au delà de cette surface, on n'arriverait pas à cette représentation sans le secours de la **perspective**[1], qui, *par des règles certaines*, donne au tableau l'illusion de la profondeur et aux objets l'apparence de leurs formes réelles avec les différences apportées dans ces formes par la position et l'éloignement.

MANIÈRES DE REPRÉSENTER UN OBJET.

25. — Il y a quatre manières différentes de représenter un objet :

1° Le **plan géométral**, qui est le tracé exact donné par toutes les lignes d'un objet, abaissées sur le terrain. Ce plan est toujours supposé dans son entier développement ou dans des dimensions exactement proportionnelles ;

2° L'**élévation** ou **coupe**, qui pourrait être définie le plan géométral de l'objet considéré dans sa hauteur ;

3° Le **plan perspectif**, qui n'est autre que le plan géométral mis en perspective ;

4° L'**élévation perspective**, ou représentation de l'objet avec l'apparence de ses reliefs ou épaisseurs.

---

1. Du latin *perspicere*, voir à travers.

26. — Ainsi le carré ABCD (fig. 30) est le *plan géométral*

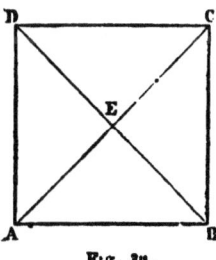

Fig. 30.

d'une pyramide quadrangulaire; les diagonales AC — BD représentent l'abaissement des angles de la pyramide, quelle qu'en soit la hauteur, et le centre E en indique le sommet.

L'*élévation* de cette pyramide est donnée par le triangle AEB (fig. 31), dont la base AB est égale au côté du carré de

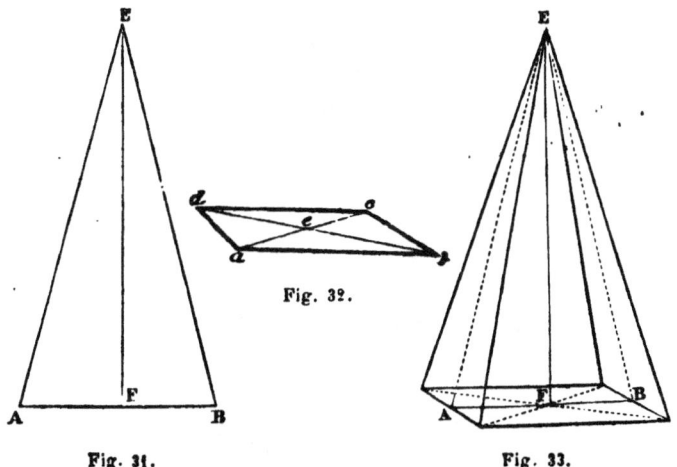

Fig. 31.   Fig. 32.   Fig. 33.

la figure précédente, et dont les côtés AE — BE formeront un angle plus ou moins aigu, en proportion avec la hauteur de la pyramide. La verticale EF est l'axe de la pyramide, et le point E en est le sommet.

Le carré fuyant *abcd* (fig. 32) est le *plan perspectif* de la pyramide et représente le carré géométral de la figure 30, avec l'indication du centre E au point correspondant *e*.

Enfin, la figure 33 offre l'*apparence exacte* de la pyramide, vue de côté, c'est-à-dire avec l'illusion de la profondeur ; elle en est donc l'*élévation perspective*.

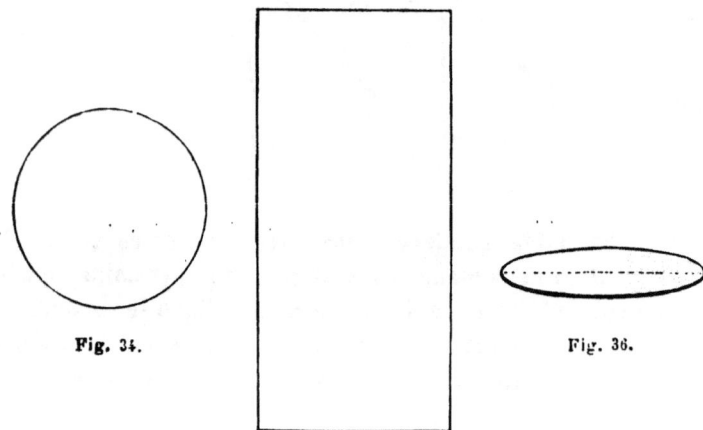

Fig. 34.   Fig. 36.

Fig. 35.

27. — Donnons encore pour exemple une tour ronde.

Le *plan* géométral de la tour sera établi par le cercle de la figure 34, et l'*élévation*, prise à volonté, par le rectan-

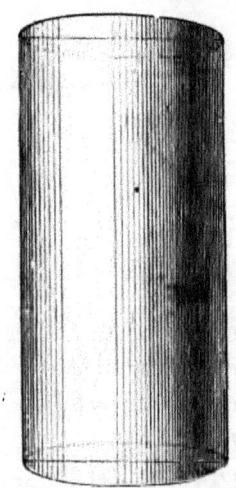

Fig. 37.

gle de la figure 35. Le cercle fuyant (fig. 36) sera le *plan perspectif* de cette même tour, et la figure 37 en sera l'*élévation perspective*, en offrant l'apparence d'un corps cylindrique qui s'avance réellement en deçà du tableau.

LES RAYONS VISUELS.

28. — **L'objet** s'aperçoit à l'aide de rayons dits *rayons visuels*, qui partent du centre de l'œil et se dirigent vers chaque point de l'objet.

29. — **L'œil** étant un corps rond, le faisceau des rayons visuels conserve cette forme en s'élargissant, à mesure qu'il s'éloigne, et prend le nom de *cône optique* (fig. 38).

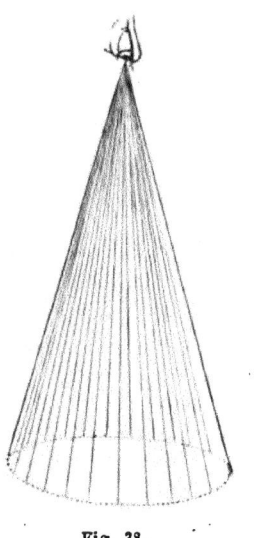

Fig. 38.

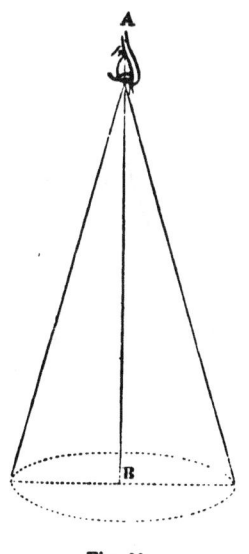

Fig. 39.

L'*angle optique* est pris comme diamètre du cône optique (fig. 39).

Remarque. — Les yeux donnent chacun un angle optique différent ; il serait donc important, dans le dessin d'objets très rapprochés, de regarder toujours du même œil, ou plutôt d'en fermer un des deux ; mais, dans le dessin du paysage, la distance qui existe entre le spectateur et le tableau rend cette observation insignifiante. C'est pourquoi l'*œil* est employé ici pour les *yeux*.

Le rayon AB (fig. 39), perpendiculaire au centre de l'œil, est appelé *rayon central* ou *principal*.

Il y a autant de *rayons visuels* que de points mathématiques à l'objet ; mais nous ne nous occuperons, quant à présent, que des points faciles à déterminer, tels que les points donnés (fig. 40) par les rayons des angles FA — FB — FC — FD

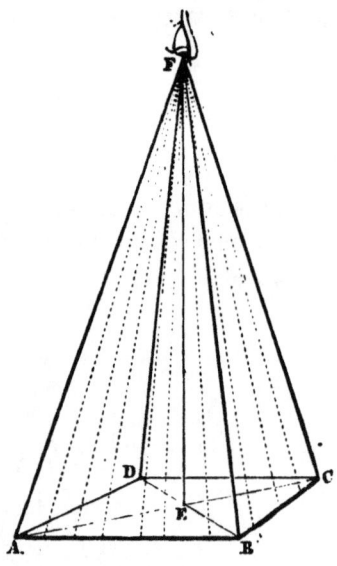

Fig. 40.

et par le rayon central FE. Ces points étant déterminés, la figure s'achève facilement par des lignes droites conduites de l'un à l'autre.

LE TABLEAU.

30. — Le **tableau** est l'ensemble des objets embrassés dans la nature par tous les rayons du cône optique librement développés ; dans ce cas, on l'appelle *tableau visuel*.

Le tableau est dit *rationnel*, lorsque le développement d'une partie des rayons visuels est empêché par l'interposition d'un corps opaque d'une étendue indéfinie ou quand une partie des objets frappés par les rayons du cône optique est volontairement supprimée par le spectateur.

On donne aussi, et plus fréquemment, la dénomination de *tableau* à la surface sur laquelle le spectateur reproduit l'image complète ou partielle du tableau visuel ; c'est dans ce sens que nous l'emploierons dorénavant.

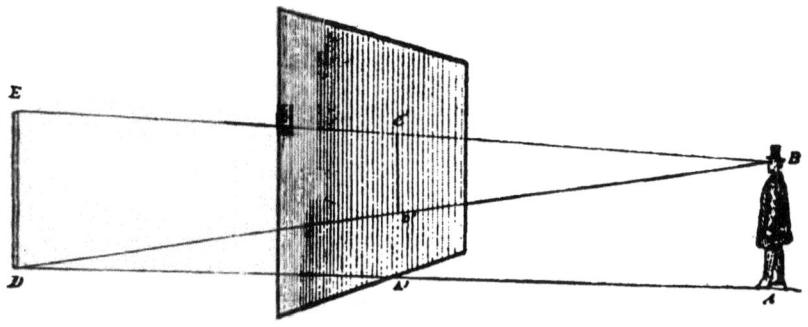

Fig. 41.

Si l'on suppose ce *tableau* transparent et placé verticalement entre le *spectateur* AB (fig. 41) et l'*objet* à représenter DE, on verra que l'image de l'objet se produit sur le tableau, à son intersection D' e' avec les rayons visuels BD—BE, allant de l'œil du spectateur à l'objet DE. La ligne AD ou perpendiculaire allant du pied du spectateur au pied de l'objet est la ligne directrice de l'image ; A' est l'intersection du tableau et de cette perpendiculaire. La hauteur A'D' représente, reportée sur le tableau, la distance A'D qui sépare réellement l'objet du tableau.

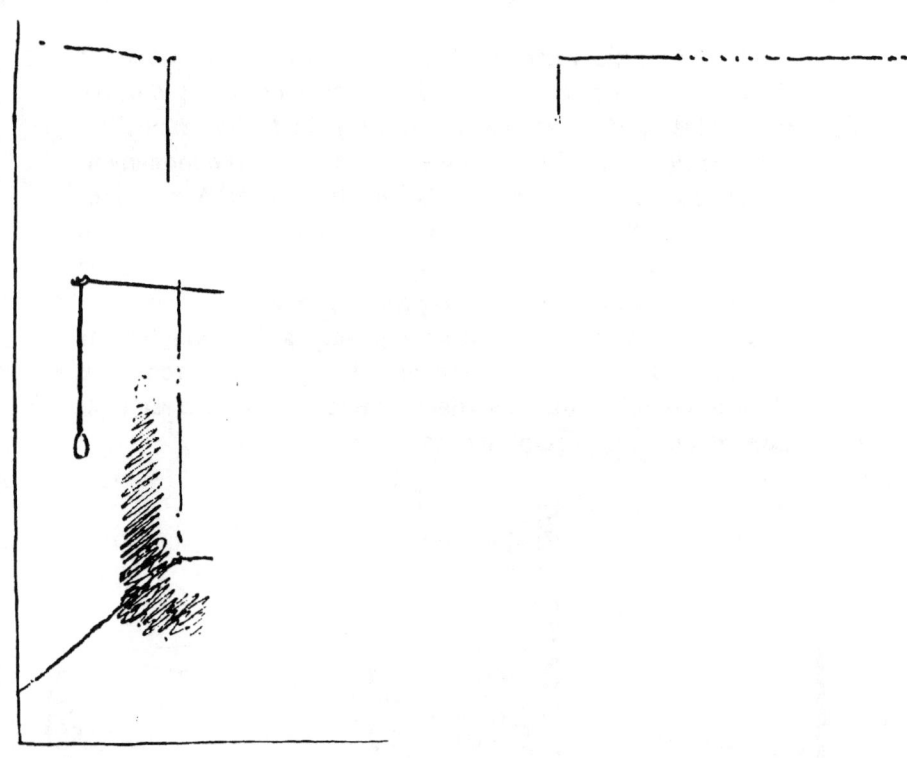

Fig. 42.

La figure 42 complète et explique la précédente, en montrant un jeune dessinateur qui arrête son crayon sur le tableau au point correspondant à celui que le maître indique et dont le rayon visuel est représenté par un fil allant de ce point à l'œil du spectateur.

LA DISTANCE.

31. — Avant de représenter un *objet*, le **spectateur**[1] cherchera d'abord la *distance* qui devra exister entre lui et cet objet. L'angle optique plus ou moins ouvert, selon que cette distance est plus ou moins considérable, cause la réduction apparente et graduelle des objets vus dans l'éloignement.

Soient O (fig. 43) l'œil du spectateur et AB l'objet à représenter, éloigné successivement vers CD — EF — GH. Si l'on tire les rayons visuels OB — OA — OD — OC — etc., on remarquera facilement la différence qui existe entre *ab*, grandeur

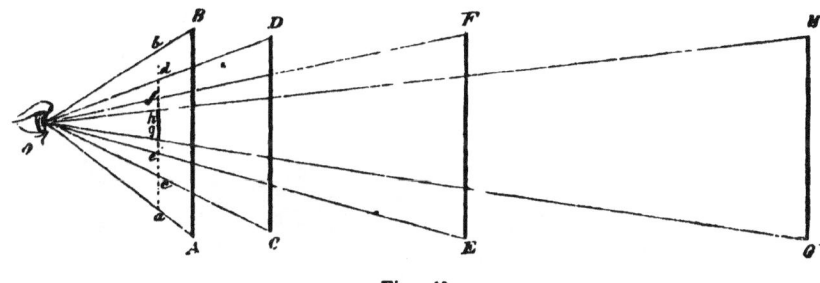

Fig. 43.

de l'objet vu sous un angle presque droit, et *cd*, grandeur du même objet plus éloigné et vu sous un angle aigu. Cette différence augmente à mesure que l'objet s'éloigne et que l'angle se ferme, comme le montrent *ef* — *gh*.

32. — *L'ensemble des objets destinés à former le tableau doit être facilement embrassé d'un coup d'œil;* en effet, il ne faut pas que, pour en bien voir les extrémités, le spectateur soit obligé de tourner la tête à droite ou à gauche, ce qui arriverait inévitablement, s'il se rapprochait trop du sujet qu'il veut représenter.

[1]. Le nom de *spectateur* est donné ici à celui qui regarde ou dessine; il est pris dans le même sens dans tout le cours de cet ouvrage.

18 LA DISTANCE

Ce croquis (fig. 44) a pour but de rendre plus sensible à l'élève la réduction subie par l'objet sur le tableau, suivant l'éloignement du spectateur.

Fig. 44.

33. — *La distance* que le dessinateur doit adopter pour embrasser facilement d'un seul regard son motif *doit être au moins deux fois égale à la base totale du sujet* (fig. 45). Cette distance met l'ensemble du tableau sous un angle à peu près de 28 degrés, ce qui laisse aux rayons visuels toute leur force et leur pureté.

Une distance bien prise contribue beaucoup, dans un tableau, à l'harmonie de l'ensemble, et l'on ne saurait trop insister sur ce point.

LA DISTANCE

34. — *Une distance trop rapprochée* forcerait le dessinateur à tourner la tête en tous sens : de là naîtraient différents points de vue et des changements dans la position relative et la forme apparente des divers objets du tableau.

35. — D'autre part, *si l'on s'éloigne trop*, les rayons visuels se trouvent naturellement affaiblis par la masse d'air qui s'interpose entre l'œil et les objets ; or cette masse d'air leur donne une forme vague, qui ne peut convenir à l'artiste pour l'étude des premiers plans.

36. — Néanmoins il arrive souvent qu'on ne peut conserver la distance que nous avons indiquée (33), par exemple, dans des vues d'intérieurs, de monuments, de rues, etc., où le reculement est parfois impossible. C'est alors que la connaissance de la perspective devient réellement indispensable à l'artiste ; car il est obligé de se *supposer* placé à la distance convenable et il ne peut rétablir l'harmonie des lignes en leur donnant la direction naturelle que par l'application bien comprise des règles de la perspective.

37. — Pour bien juger la distance, l'artiste, quand il est devant la nature, trouve un grand avantage à se servir d'un

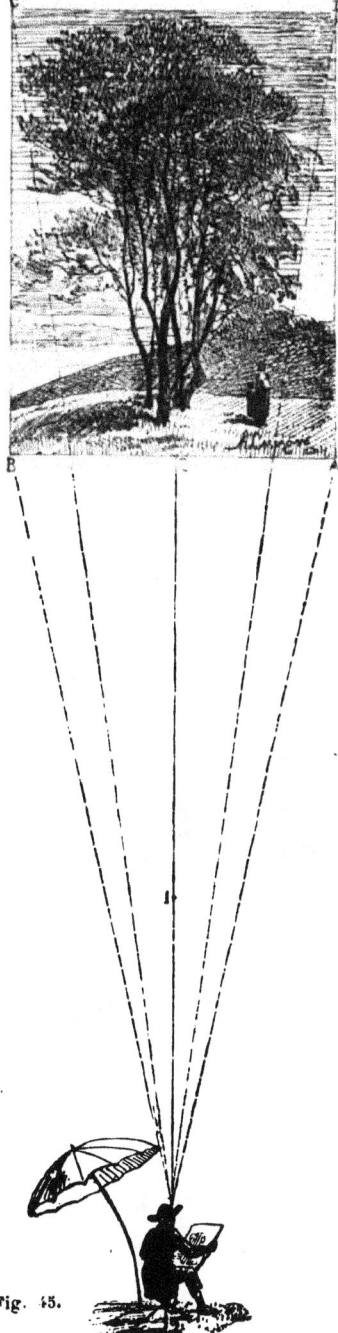

Fig. 15.

petit cadre en bois ou en carton partagé dans le milieu par un fil ou par un crin très fin, qui divise la surface en quatre parties égales et en indique le centre.

Ce cadre, suivant le principe énoncé plus haut (33), doit être placé devant les yeux à une distance égale à deux fois sa largeur ou sa hauteur, selon la forme du motif que l'œil peut embrasser.

Le cadre ABCD (fig. 46) représente la dimension du ta-

Fig. 46.

bleau; les lignes EF — GH le partagent en quatre parties égales, et la zone LK, glissant sur le cadre, en change à volonté la proportion, selon que le motif l'exige.

LA LIGNE DE TERRE.

38. — La distance étant déterminée, la première ligne fondamentale à étudier est la *ligne de terre* ou base du tableau.

Fig. 47.

Le tableau étant une surface plane placée verticalement devant l'artiste, l'endroit où ce cadre se pose sur le terrain, c'est-à-dire où commence le tableau, est appelé ligne de terre.

Exemple : le cadre ABCD (fig. 47), dans lequel la ligne de terre, figurée par la ligne CD, est, au-dessous de l'horizon, la délimitation du sujet choisi par l'artiste.

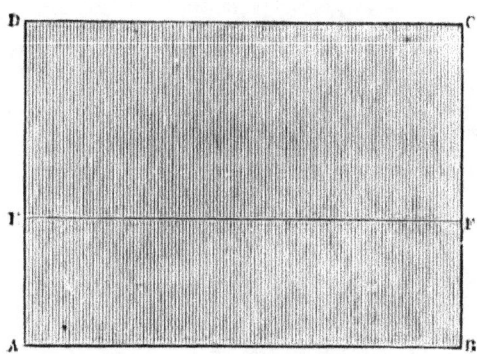

Fig. 48.

39. — Dans un tableau disposé à volonté pour les tracés théoriques, on désigne également la base ou bord inférieur du tableau, soit AB (fig. 48), sous le nom de *ligne de terre*.

40. — On appelle *terrain perspectif* l'espace compris entre la ligne de terre et l'horizon. C'est sur ce terrain que posent les objets représentés dans le tableau. Ainsi, l'espace ABFE (fig. 48), compris entre la ligne de terre AB et l'horizon EF, est le terrain perspectif.

L'HORIZON.

41. — L'artiste, ayant déterminé le cadre de son tableau et la ligne de terre, doit chercher sa ligne d'horizon.

L'HORIZON

L'horizon n'est sensible à l'œil qu'au bord de la mer : c'est le point où le ciel et la mer paraissent se réunir (fig. 49); dans ce cas, on l'appelle **horizon visuel**. On peut le définir *ligne d'intersection d'une surface horizontale* (la mer) *avec une surface verticale* (le ciel ou l'atmosphère prenant pour nous l'aspect d'une surface verticale).

Fig. 49.

Dans tout autre cas, le dessinateur peut déterminer l'horizon en plaçant horizontalement un crayon devant ses yeux, et en remarquant *quelles parties du tableau se trouvent coupées par ce crayon*. L'horizon est alors appelé **horizon rationnel**[1].

---

1. Du latin *ratio*, raison : horizon déterminé par le raisonnement.

42. — *L'horizon est toujours à la hauteur de l'œil du spectateur* et s'élève ou s'abaisse avec lui, c'est-à-dire que le spectateur S (fig. 50) placé ici debout, sur un terrain plat, aura son horizon en EF, sur le tableau ABCD.

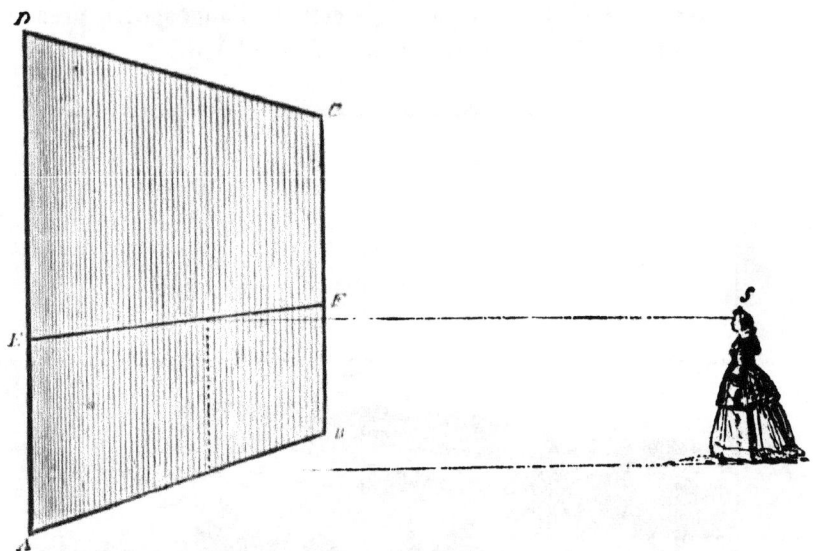

Fig. 50.

Cet horizon sera *plus élevé* si le spectateur monte sur un

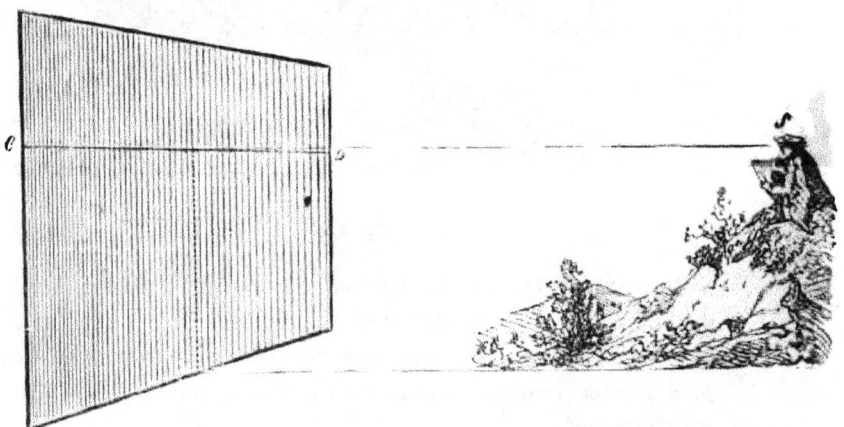

Fig. 51.

objet quelconque pour voir le tableau, comme dans la figure 51, où le spectateur S a son horizon en CD.

L'HORIZON

D'autre part, l'horizon *s'abaissera*, soit en GH, si le spectateur S (fig. 52) descend ou s'assied pour dessiner.

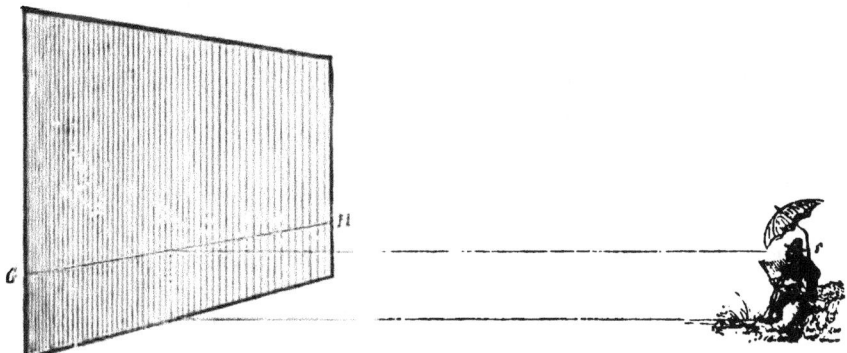

Fig. 52.

Un exemple pris sur nature (fig. 53) représente un artiste gravissant une montée et son horizon s'élevant avec lui.

Fig. 53.

La pratique de la perspective apprendra qu'un horizon trop élevé peut avoir de graves inconvénients ; car il donne aux objets placés au bas du tableau une inclinaison ascensionnelle beaucoup trop rapide. Pourtant, il faut le reconnaître, le cas se présente souvent dans les pays montagneux où le dessinateur se trouve placé sur une hauteur.

Dans la composition d'un tableau, il est toujours à désirer que l'horizon ne soit point trop élevé ; pour l'artiste, en effet, ces vues immenses où l'œil s'égare dans le vide ne sont plus des œuvres d'art, mais une sorte de carte géographique.

43. — Un *horizon élevé* donne plus de développement au terrain perspectif ; quand, au contraire, *l'horizon est abaissé*, il laisse au tableau plus de ciel et d'air. C'est à l'artiste de juger, selon son sujet, de la proportion à établir.

44. — Généralement, la hauteur de l'horizon adoptée par les grands maîtres anciens est environ au tiers du tableau.

REMARQUE. — D'après ce qui a été dit du cône optique, on comprend que le tableau visuel a toujours la forme d'un cercle, et que l'horizon visuel ou rationnel est toujours au milieu de ce cercle : ce n'est donc que par la volonté de l'artiste et pour l'harmonie de l'ensemble que certaines parties de ce tableau sont supprimées, et que la ligne d'horizon est plus ou moins élevée dans le tableau représentatif.

LES LIGNES FUYANTES.

45. — Toute ligne qui n'est pas parallèle au tableau, c'est-à-dire dont une des extrémités est plus éloignée que l'autre du tableau, s'appelle *fuyante*.

Les lignes *verticales* et celles qui se trouvent *parallèles à l'horizon* ne sont jamais fuyantes.

Les *horizontales* A, B, C (fig. 54), prolongées en ligne droite devant le spectateur S, sont dites *fuyantes à angle droit*.

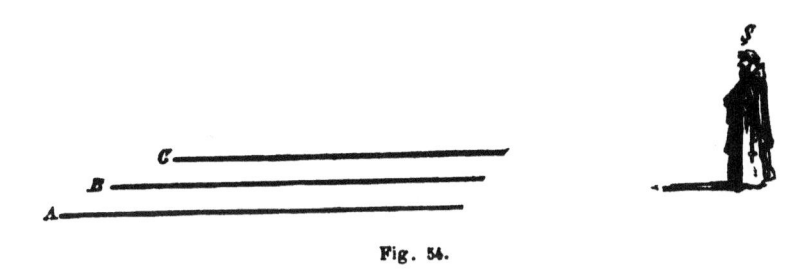

Fig. 54.

Les *horizontales obliques* A, B, C — A', B', C' (fig. 55), dont l'inclinaison est parallèle aux diagonales AC — BD du carré, sont dites *fuyantes à 45 degrés*.

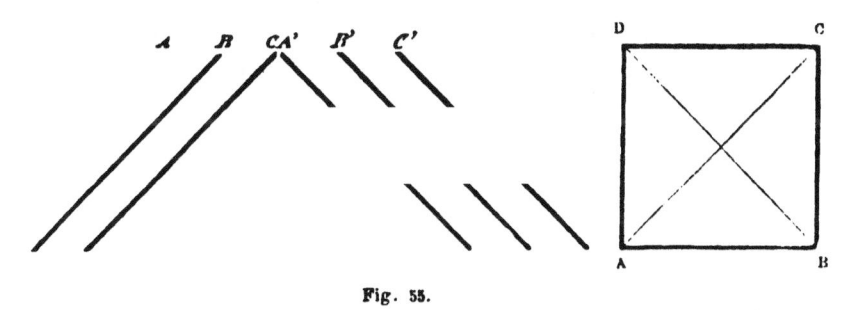

Fig. 55.

Les *fuyantes* placées *au-dessous de l'horizon* paraissent *s'élever* en s'éloignant, et celles qui se trouvent *au-dessus* paraissent *s'abaisser*.

Les fuyantes se dirigent vers un point quelconque du cône optique appelé *point de fuite* ou *point de concours*, et *toutes les lignes parallèles entre elles* paraissent se diriger ou concourir vers le même point de fuite.

Les anciens auteurs ont aussi appelé ces points *évanouissants*, parce que, dans l'éloignement, la ligne s'affaiblit graduellement et finit en quelque sorte par s'évanouir à nos yeux.

LES POINTS DE FUITE.

46. — Les **points de fuite** placés sur la ligne d'horizon sont appelés *points horizontaux ;* on appelle *points aériens,* célestes ou sur-horizontaux, ceux qui sont placés au-dessus (ou dans l'air), et *points terrestres,* souterrains ou sous-horizontaux, ceux qui se trouvent au-dessous de l'horizon et qui paraissent en conséquence s'enfoncer dans la terre.

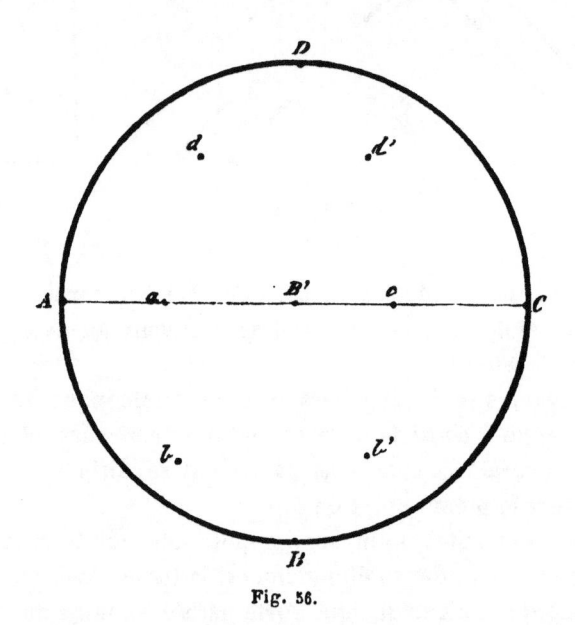

Fig. 56.

Le *cercle* ABCD (fig. 56) étant donné comme tableau visuel ou circonférence extrême du cône optique, le diamètre AC sera l'*horizon ;* A, *a*, B', *c*, C seront des *points horizontaux;* d, D, d', des *points aériens ;* b, B, b', des *points terrestres.*

47. — Le point principal.

Parmi les points horizontaux, le spectateur, soit S (fig. 57),

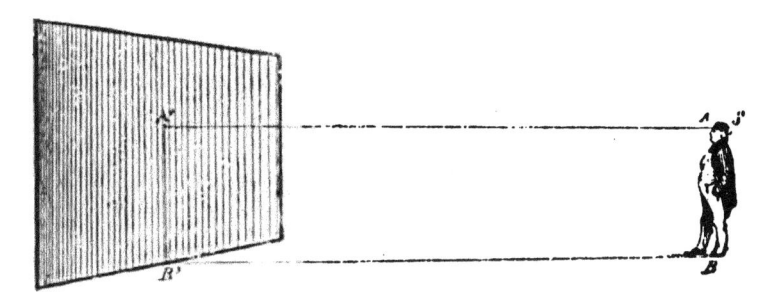

Fig. 57.

cherchera d'abord celui qui se trouve précisément en face de son œil ; pour le déterminer, il placera une règle mince ou un crayon devant lui, de manière à n'en voir que l'extrémité la plus rapprochée, et observera quel point du tableau est couvert par cette règle ou ce crayon, soit ici le point A'.

On appelle ce point *point principal*, parce qu'il est donné par le rayon visuel central ou principal AA'.

Opération. — Conduire BB', rencontrant en B' la base du tableau ; conduire AA', parallèle indéfinie ; puis élever la verticale B'A', dont l'intersection sur AA' détermine A', point cherché.

48. — Ainsi que la ligne d'horizon, *le point principal suit l'œil du spectateur,* selon que celui-ci se place plus à droite ou à gauche du tableau ; or, le point principal étant le point de fuite des horizontales fuyantes à angle droit, telles que les quatre angles d'une galerie vue de face, A, B, C, D (fig. 58), l'aspect général du tableau changera complètement selon la place choisie par le spectateur.

Si le spectateur se porte vers la droite, *le point principal étant en* P, le développement du côté AD*da* de la galerie sera beaucoup plus considérable que le développement du côté BC*cb*.

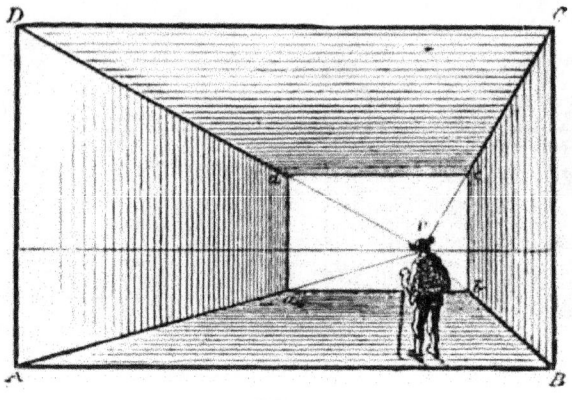

Fig. 58.

L'effet contraire se produira, si le spectateur se porte vers l'extrémité opposée du tableau : *le point principal se repor-*

Fig. 59.

tant avec lui en P (fig. 59), c'est le côté BC*cb* de la galerie qui se développera aux dépens du côté AD*da*.

49. — A moins de détails particulièrement intéressants dans un des côtés du tableau, on choisit rarement un semblable point de vue ; en général, *le point principal se place au milieu du tableau*, soit en P (fig. 60), ce qui donne un développe-

Fig. 60.

ment semblable aux côtés AD*da* — BC*cb* et concentre mieux l'effet et l'intérêt.

Remarque. — D'après les observations précédemment faites sur l'horizon, on comprend que le point principal, étant l'extrémité du rayon visuel central, se trouve toujours au centre du tableau visuel ou rationnel, et que, dans les figures 58 et 59, la réduction alternative d'un des côtés du tableau tient à ce qu'un plus grand nombre de rayons visuels sont interceptés par le mur de ce côté de la galerie.

50. — Les **points de distance**.

Ces points représentent la distance qui sépare réellement le spectateur de la base du tableau, cette distance étant reportée sur la ligne d'horizon de chaque côté du point principal.

Le tableau ABCD (fig. 61), le point principal P et le spectateur S étant donnés, *d* et *d'* seront les points de distance sur la ligne d'horizon. Cette ligne étant à la hauteur de l'œil, abaisser les verticales *de — d'e'* : la distance P'*e'*, sur la base du tableau, sera bien égale à P'S, pied du spectateur, comme la distance Pd', sur l'horizon, est égale à PS', tête du spectateur.

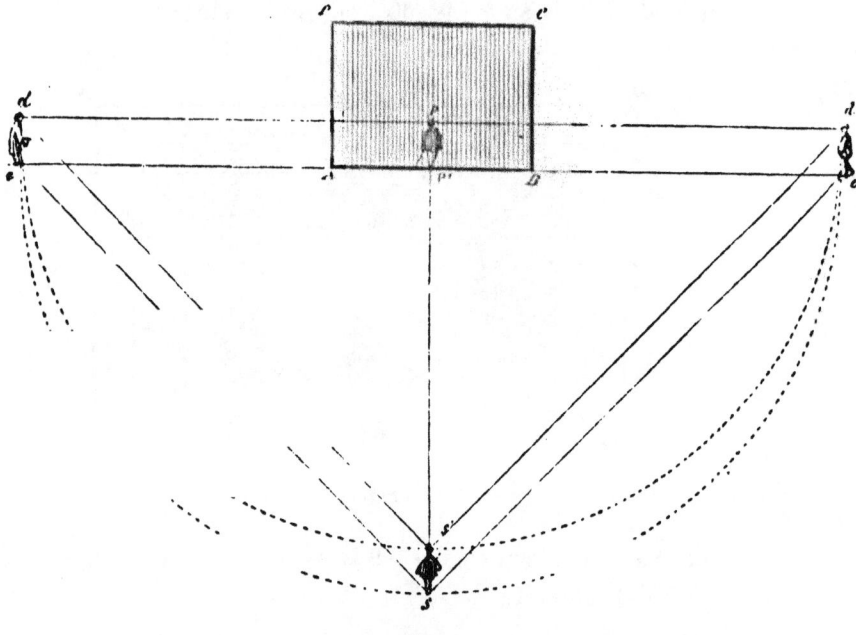

Fig. 61.

On remarquera que les lignes Sc' — Se, allant du pied du spectateur à la distance, sont ici, au plan géométral, des obliques à 45 degrés.

51. — Les points de distance, dans le tracé perspectif, se-

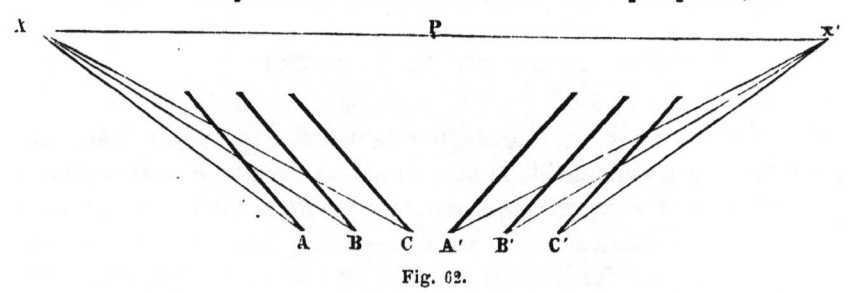

Fig. 62.

ront donc les points de fuite des horizontales obliques à 45 degrés, c'est-à-dire des diagonales du carré. Ainsi, P (fig. 62) étant le point principal, XX' la distance, $ABCA'B'C'$ le plan géométral des obliques à 45 degrés, $AX — BX — CX — A'X' — B'X' — C'X'$ indiqueront la direction perspective des mêmes obliques fuyantes.

52. — Les **points accidentels**.

Toutes les horizontales plus ou moins obliques que celles-là se dirigent vers des points dits *horizontaux accidentels*, dont l'emploi sera indiqué plus loin avec les développements que le sujet comporte.

53. — La **distance transposée**.

On dit que la distance est *transposée*, lorsque les points de distance sont reportés sur la verticale du point principal, au-dessus ou au-dessous de l'horizon. On l'emploie rarement ; cependant, dans certains sujets se développant en hauteur, elle peut être de quelque utilité. Nous en donnerons plus loin l'application.

CHAPITRE III

LE CARRÉ — LE CUBE — APPLICATIONS DIVERSES

LE CARRÉ.

54. — Le carré *est la base fondamentale de la perspective*, puisque tous les objets, même ceux qui sont à plan circulaire, se construisent à l'aide du carré ; il est donc nécessaire d'accorder la plus grande attention aux applications variées de ce principe, que nous allons donner ici.

OPÉRATIONS DIVERSES.

55. — La profondeur du carré se détermine par les points de distance.

Si, dans le carré géométral ABCD (fig. 63), on observe que

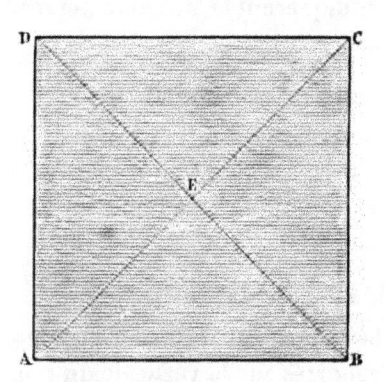

Fig. 63.

la diagonale partant de l'angle A va couper la ligne BC en C, c'est-à-dire en lui donnant une grandeur égale à AB, le même effet se produira dans le carré perspectif.

Opération. — La ligne d'horizon (fig. 64), les points de distance X, X' et le point principal P étant donnés, prendre à volonté l'horizontale AB comme base du carré perspectif :

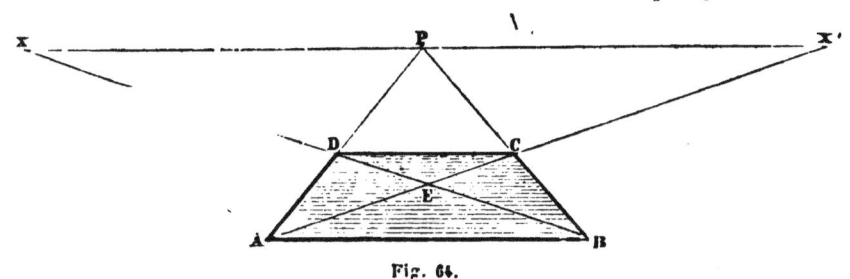

Fig. 64.

deux des côtés du carré (fuyantes à angle droit) se dirigeront au point P, et la diagonale fuyante AX' viendra couper BP au point C. qui détermine la grandeur perspective du côté BC du carré ; conduire l'horizontale CD, qui termine le carré dans sa profondeur. Si l'on conduit l'autre diagonale fuyante BX, on verra qu'elle coupe également AP en D, point déjà donné par l'horizontale CD, et qu'elle ne sert qu'à justifier l'exactitude de la première opération. L'intersection des diagonales donne en E, comme dans le plan géométral, le centre du carré[1].

Les profondeurs C, D sont donc réellement déterminées par l'emploi des points de distance[2].

56. — Le point en perspective.

A l'occasion de la figure qui précède, on objectera que le type du carré est ici le composé pris pour l'élément, c'est-à-dire pour le point, et que, *du moment qu'on peut mettre un point en perspective, on peut y mettre toutes sortes de figures, puisque les contours ne sont qu'une suite non interrompue de points.*

Cette objection n'est pas difficile à réfuter. Comme un point seul serait toujours à une profondeur déterminée, il donnerait

---

1. Les explications se simplifieront à mesure que l'on acquerra l'habitude et que l'on comprendra la valeur des lignes d'opération et des signes indicateurs.

2. La ligne d'horizon se trouve indiquée par les points de distance ; ceux-ci seront toujours désignés par X, X', et le point de vue par la lettre P.

lieu, pour trouver cette profondeur perspective, aux mêmes opérations que le carré, et ces opérations se renouvelleraient pour chaque point ; de plus, cette méthode obligerait constamment à établir le plan géométral de la figure. Or le plan géométral, par la lenteur qu'il apporte dans le travail, rendrait presque impossible au paysagiste l'application pratique des règles de la perspective. Toutefois, dans l'exécution d'œuvres sérieuses, l'emploi du point ou du plan est indispensable, et c'est le seul moyen à l'aide duquel on trouve exactement les profondeurs dans les vues d'angle et les vues obliques.

57. — On appréciera mieux l'observation qui précède par la

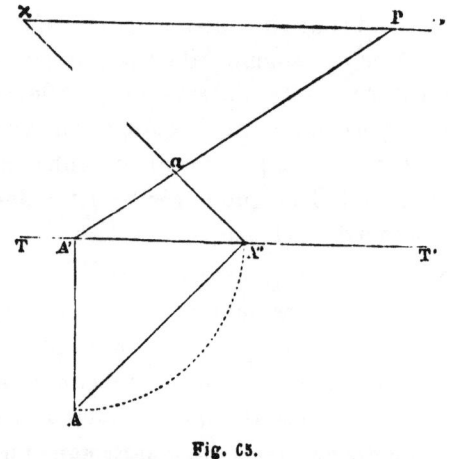

Fig. 65.

figure 65, où le plan géométral du point à déterminer dans le tableau est donné en A.

Opération. — Au-dessous de la ligne de terre TT′ élever la verticale AA′, qui représente la distance du point A au tableau ; reporter par un arc de cercle la grandeur AA′ en A″ sur la ligne de terre : conduire la fuyante à angle droit A′P, puis la diagonale fuyante A″X, dont le point d'intersection a sera la distance A reportée au delà du tableau. Il est facile d'observer que la grandeur AA′ devient ici le côté d'un carré dont AA″ est la diagonale et que l'opération faite pour reporter cette grandeur est exactement la même que pour la figure 64.

58. — Nous avons dit que, pour certaines figures, l'emploi du plan géométral est inévitable : le triangle est une de ces figures.

Opération. — Soit le triangle ABC (fig. 66) : élever les verti-

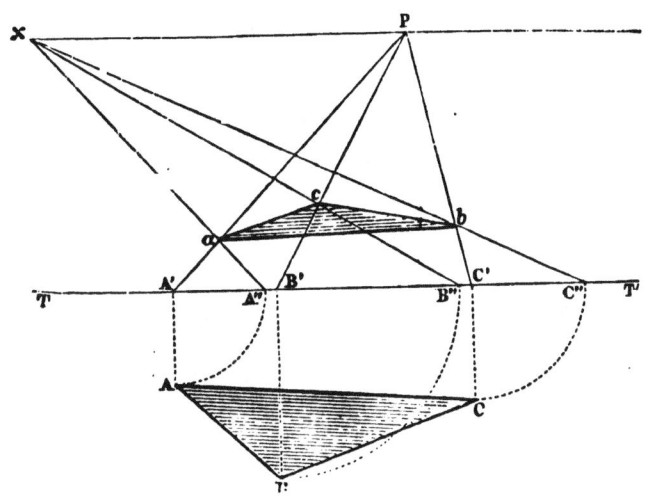

Fig. 66.

cales AA' — BB' — CC'; reporter ces profondeurs sur la ligne de terre en A'A" — B'B" — C'C"; conduire les fuyantes A'P — B'P — C'P et les fuyantes diagonales A"X — B"X — C"X : les points d'intersection a, b, c seront les angles du triangle perspectif; on les réunira l'un à l'autre par les lignes ab — bc — ca.

Ce tracé donne lieu à une nouvelle observation. On voit que le triangle ainsi reporté au delà du tableau reproduit le plan géométral en sens inverse de ce plan ; cependant le tracé est exact, puisqu'on a déterminé tour à tour, pour chaque angle du triangle perspectif, c'est-à-dire pour chaque point, la distance qui, dans le plan géométral, le sépare de la ligne de terre.

59. — **Transposition de la ligne de terre.**

Pour obtenir l'apparence perspective de la figure suivant l'aspect donné par le tracé géométral, la ligne de terre doit être abaissée ou *transposée*.

Opération. — Soit le trapèze oblique ABCD (fig 67) : abaisser la ligne de terre T en t, en faisant Bb'' égale à DD′ (distance de l'objet à la ligne de terre) ; abaisser les vertica-

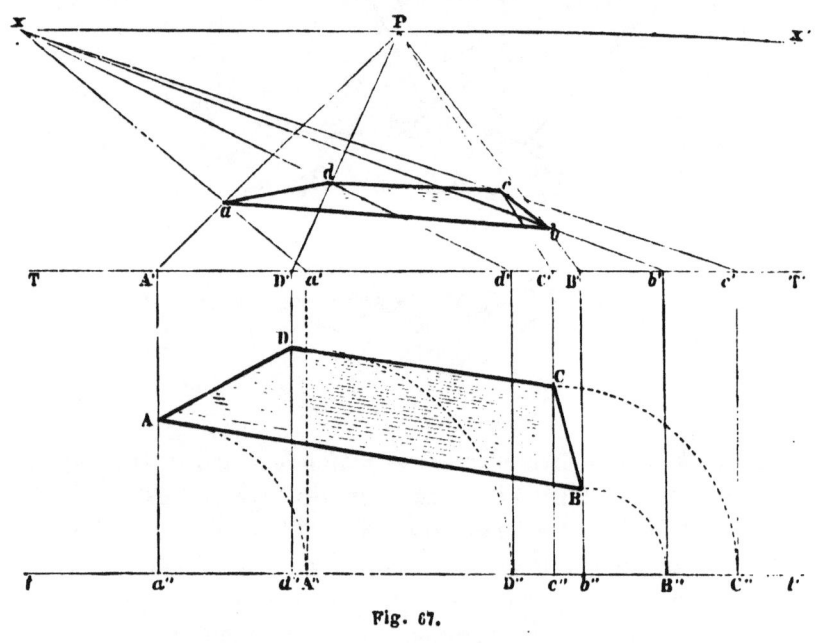

Fig. 67.

les Aa'' — Dd'' — Cc'' — Bb'', et les prolonger, en les élevant jusqu'à leur rencontre avec la ligne T aux points A′, D′, C′, B′ : conduire les fuyantes à angle droit A′P — D′P — C′P — B′P ; abaisser par des arcs de cercle les grandeurs Aa'' en A″ — Dd'' en D″ — Cc'' en C″ — Bb'' en B″ ; élever les verticales A″a' — D″d' — C″c' — B″b' ; conduire les fuyantes diagonales a'X — d'X — c'X — b'X, qui donneront les intersections a, b, c, d, sommets des angles cherchés du trapèze perspectif. Ces points seront réunis entre eux par des lignes droites représentant ABCD selon sa position sur le plan géométral.

60. — Comme il est essentiel de se familiariser avec l'étude du plan géométral appliqué aux tracés perspectifs, ce plan devant plus loin être employé comme base de diverses élévations, nous présenterons encore ici le plan et la perspective d'un pentagone régulier, figure d'exécution un peu plus complexe que les deux précédentes, mais encore assez simple pour prendre place parmi les tracés très élémentaires.

Plan géométral du pentagone.

Il faut d'abord établir le plan géométral du pentagone, qui se construit à l'aide du cercle ainsi qu'il suit :

Soit le rayon ZX (fig. 68) pris à volonté : du point Z comme

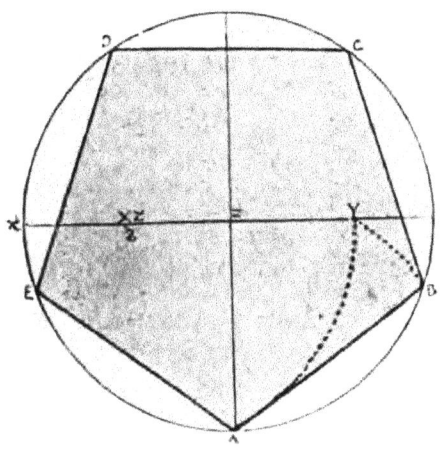

Fig. 68.

centre décrire une circonférence et conduire le rayon ZA, perpendiculaire à ZX. Prendre en $\frac{XZ}{2}$ la moitié de ZX et, d'une ouverture de compas égale à $\frac{XZ}{2}$ A, décrire l'arc AY. Reportant ensuite la pointe du compas en A, conduire à la circonférence l'arc YB : le point B délimitera l'angle du pentagone, et la grandeur AB sera successivement reportée en B, C, D, E, que l'on réunira entre eux par des droites, ce qui donnera le pentagone régulier ABCDE.

61. — Tracé perspectif du pentagone.

Opération. — Le pentagone ci-dessus, débarrassé de ses lignes de construction, étant décrit (fig. 69) au-dessous de la ligne de terre TT, on élèvera sur chacun des angles des verticales qu'on prolongera jusqu'à la ligne de terre, aux points E', D', A', C', B'. Les grandeurs EE' — DD' — AA' — CC' — BB'

seront successivement reportées sur **TT**, en E'K — D'M — A'L
— C'O — B'N.

Conduire au point de vue P les fuyantes E'P — D'P — A'P
— C'P — B'P et à la distance X les fuyantes diagonales KX —
LX — MX — NX — OX, dont les intersections A", B", C",

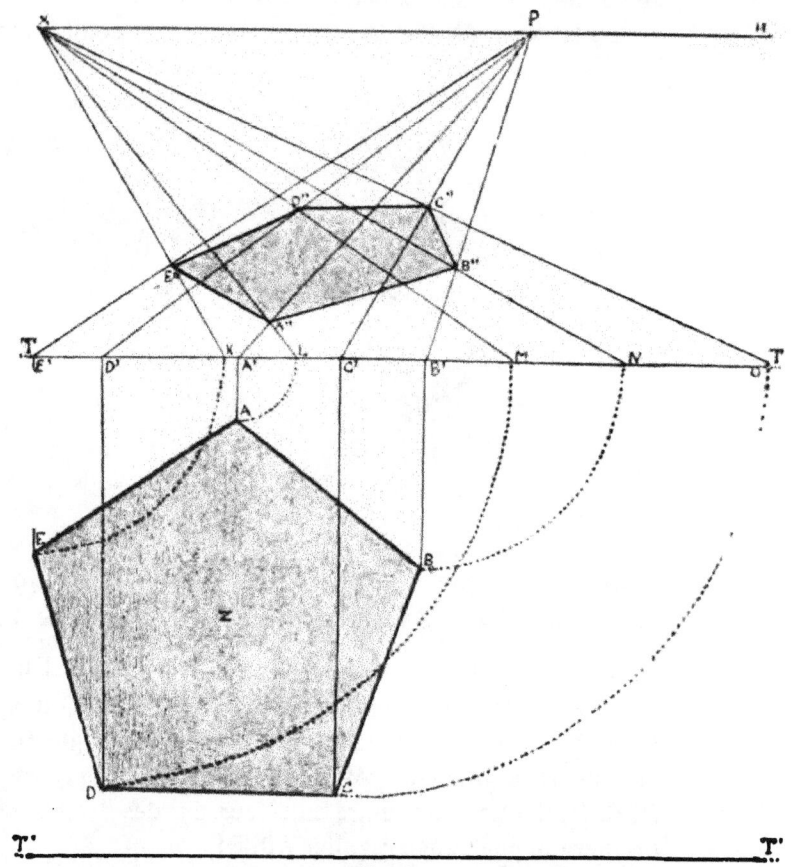

Fig. 69.

D", E", réunies entre elles par des droites, détermineront
l'aspect du pentagone ABCDE en perspective.

62. — Autre application de la ligne de terre transposée.

Le pentagone, ainsi que le triangle de la figure 66, se trouvant ici renversé (fig. 69), nous pensons qu'il n'est pas inutile de le présenter dans le sens donné par le plan géométral, à l'aide d'une autre application de la ligne de terre transposée.

Opération. — Le pentagone étant construit selon les proportions et le mouvement du précédent au-dessous de la ligne de terre (fig. 70), relever exactement la distance existant entre le sommet de l'angle A, qui est le plus rapproché de la

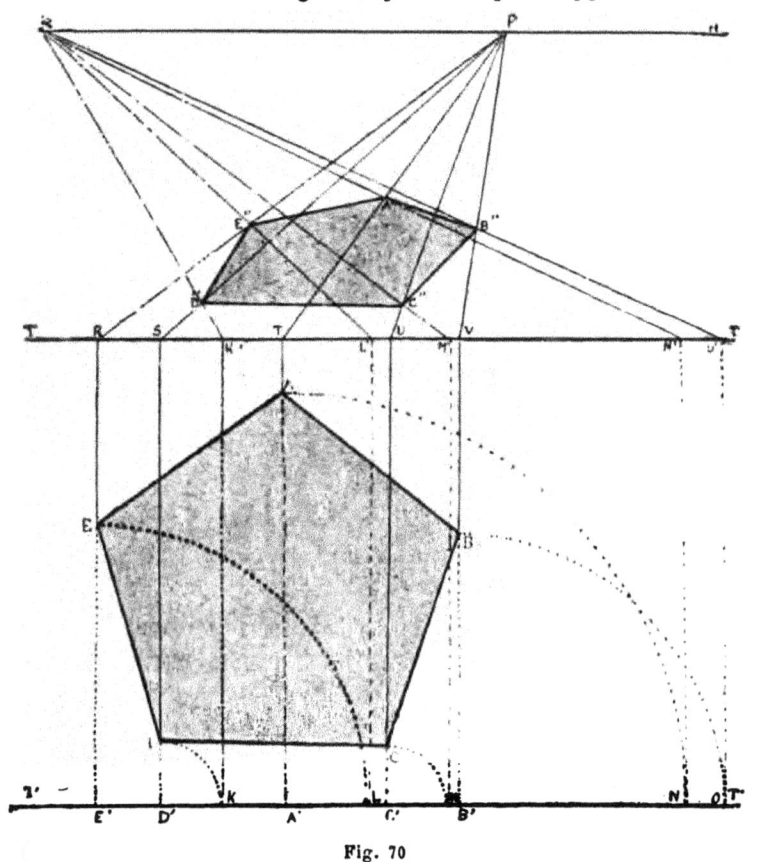

Fig. 70

ligne de terre, et le point T, sommet de la verticale menée de cet angle ; reporter cette grandeur AT au-dessous du point C, sommet de l'angle inférieur du pentagone ; conduire ensuite l'horizontale T'T' (ligne de terre transposée) et reporter sur cette ligne les grandeurs EE' en EL — DD' en D'K — AA' en A'N — BB' en B'O ; élever de ces divers points des verticales donnant, sur TT, les points R, S, T, U, V (report des sommets des angles du pentagone), et les points K', L', M', N', O' (report des distances); conduire les fuyantes RP — SP — TP — UP — VP et les diagonales K'X — L'X — M'X — N'X — O'X : les intersections D", C", B", A", E", réunies par des droites, donneront bien l'aspect du pentagone géométral ABCDE suivant le mouvement apparent de ses divers côtés.

RÉDUCTION DE LA DISTANCE.

63. — D'après ce que nous avons dit de l'éloignement du point de distance, on comprend facilement que ce point ne puisse se trouver dans le tableau et qu'il deviendrait très difficile, sinon impossible, d'exécuter le tracé perspectif d'un ensemble, s'il n'y avait quelque moyen de remplacer ce point, quand il est inaccessible.

Carré fuyant déterminé par la distance réduite.

Opération. — Le carré ABCD (fig. 71) étant donné à la fois comme tableau et comme type géométral du tracé perspectif

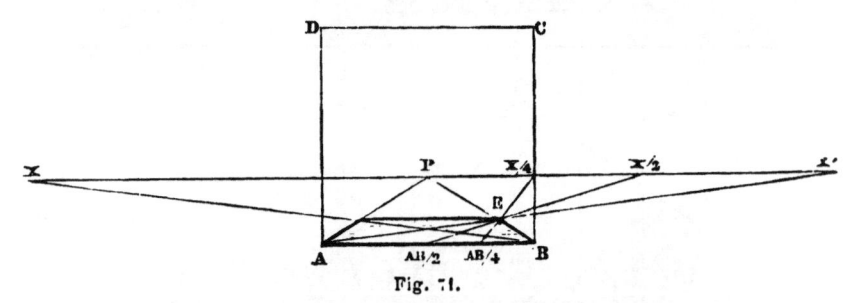

Fig. 71.

à établir, et la distance étant déterminée deux fois égale à la base du tableau, le point extrême X/4 de la ligne d'horizon sur le tableau ABCD déterminera le quart de cette distance.

Soit la profondeur perspective du carré ABCD déterminée par la fuyante diagonale AX'. Si l'on prend en AB/4 le quart de la base AB et que l'on conduise une fuyante au quart de la distance, c'est-à-dire au point X/4, cette fuyante déterminera également sur BP le point E comme profondeur du carré ; il en sera de même, si l'on prend AB/2, moitié de la base, et que l'on dirige la fuyante à la moitié de la distance, soit au point X/2. Si l'on réduit dans la même proportion la distance prise sur l'horizon et la grandeur prise sur la base de l'objet, on ne change pas la profondeur perspective de cet objet : c'est un principe dont l'étude de la perspective démontrera de plus en plus l'importance.

64. — Un point trop rapproché pris comme distance vraie dans un tracé perspectif donne, en théorie comme dans la pratique, des figures d'une disproportion choquante à première vue.

Ainsi, dans cette indication de plusieurs carrés successifs (fig. 72), l'horizon, le point de vue, la distance et la base AB des

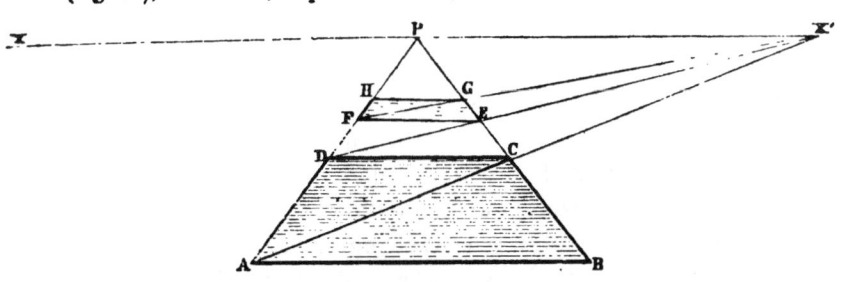

Fig. 72.

carrés étant donnés, conduire les fuyantes AP — BP, puis les diagonales AX' — DX' — FX', qui donneront sur BP les intersections C, E, G, déterminant la profondeur de chacun des carrés. On voit ici que le carré ABCD est beaucoup trop grand relativement au carré DGEF ; cet effet cessera de se produire, si le point X est pris pour moitié de la distance.

Opération. — Soit la base AB (fig. 73) : conduire AP — BP et,

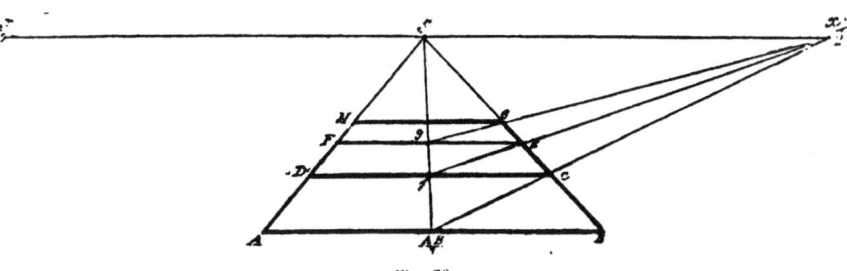

Fig. 73.

par les fuyantes AB/2 $x'/2 - fx'/2 - g\,x'/2$, déterminer la profondeur des carrés aux intersections C, E, G.

Toutefois, afin de ne pas augmenter les difficultés, nous n'emploierons la distance réduite que plus tard, c'est-à-dire quand on sera familiarisé avec la perspective; le tracé portera toujours alors l'indication préalable de cette réduction.

L'ÉCHELLE FUYANTE.

65. — On appelle **échelle perspective** ou **échelle fuyante** une grandeur prise à volonté au premier plan du tableau, verticalement (AB, fig. 74) ou horizontalement (CD),

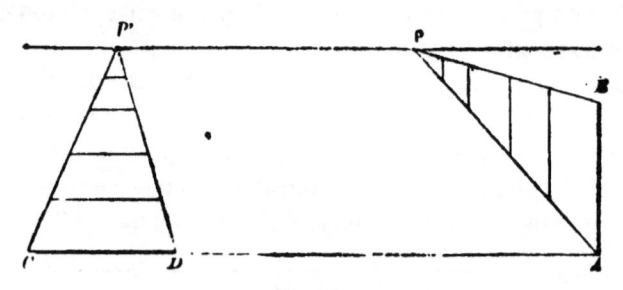

Fig. 74.

et prolongée à l'horizon par deux parallèles fuyantes partant des extrémités de la ligne donnée et se rejoignant en un point quelconque, P ou P', de l'horizon. L'espace compris entre des parallèles restant le même, quelque réduit qu'il paraisse dans l'éloignement, ces échelles servent à trouver la hauteur et la largeur des différents objets à placer dans le tableau, à quelque plan que se trouvent ces objets.

66. — **Application de l'échelle fuyante aux figures.**

Déterminer la grandeur d'un certain nombre de figures placées à volonté sur le terrain perspectif. L'élévation de l'horizon, relativement à ces figures, donne lieu à deux opérations distinctes.

1re opération. — *Horizon placé au-dessus des figures du tableau.*— La figure AB du premier plan (fig. 75) étant donnée de grandeur à volonté, et la place des autres indiquée aux points C, D, F, etc., reporter la grandeur de la figure AB à l'extrémité du tableau en A'B'; conduire les fuyantes A'P — B'P; puis, des points C, D, F, etc., mener des horizontales, qui détermineront sur la fuyante A'P les points c, d, e, etc.; de ces points élever des verticales, qui détermineront sur la fuyante B'P les points c', d', e', etc.; prendre la hauteur comprise entre les fuyantes de l'échelle à ces différents plans : soit cc' pour la figure CC'; dd' pour la figure DD'; ee' pour la figure EE'; de même pour les autres.

Fig. 75.

(Voir, pour l'application de cette règle, la figure 77.)

2° opération. — *Horizon placé à la hauteur des yeux de la figure du premier plan.* — La figure AB du premier plan étant donnée (fig. 76), et l'horizon du tableau se trouvant à la hauteur des yeux de cette figure, l'emploi de l'échelle deviendra

Fig 76.

inutile, puisque, selon l'éloignement où l'on voudra placer chaque figure, il suffira de lui donner la grandeur comprise entre le point déterminé et l'horizon, comme aux figures C, D, E, F.

(Voir, pour l'application de cette règle, la figure 78.)

Fig. 77.

Application pratique de la 1re opération (règle 66 et règle 128 des plans inclinés).

Après avoir pris comme type le personnage EF (fig. 77), établir l'échelle CP — DP et trouver ainsi les différentes hauteurs des figures.

L'ÉCHELLE FUYANTE

Du plan incliné abaisser des verticales sur le terrain perspectif et retrouver sur l'échelle la hauteur des figures. (Voir la règle qui s'applique aux plans inclinés.)

Fig. 78.
Application pratique de la 2ᵉ opération (règle 66).

67. — L'échelle sert à déterminer la hauteur et la largeur des différents objets placés dans le tableau.

Opération. — La grandeur AB (fig. 79) étant prise pour deux mètres au premier plan, et l'échelle étant établie sur cette grandeur par les fuyantes AP — BP, au point C pris à volonté élever une verticale indéfinie formant l'angle d'un monument rectangulaire de 10 mètres d'élévation; conduire l'horizontale CA', donnant le plan de C sur l'échelle; élever la verticale A'B', qui représente deux mètres à ce plan, et la reporter cinq fois sur la verticale élevée au point C: on obtiendra ainsi le point D, qui déterminera la hauteur cherchée.

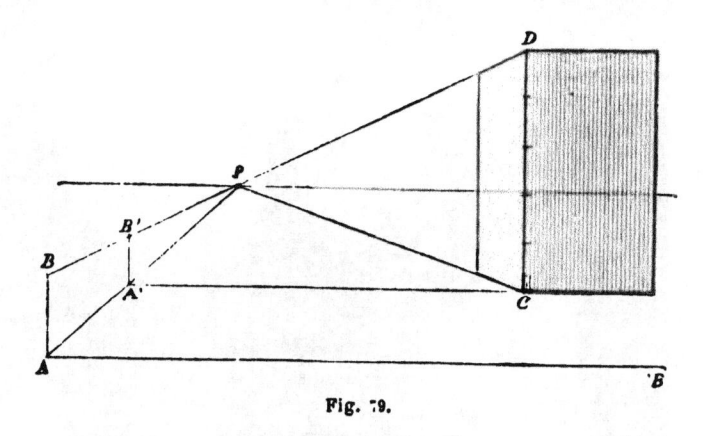

Fig. 79.

68. — Emploi de l'échelle pour la réduction ou l'agrandissement des objets.

Étant donné un monument dont l'élévation ne paraît pas en rapport avec les autres objets du tableau, on peut, au moyen de l'échelle et sans toucher au sommet de ce monument, l'agrandir ou le réduire dans une proportion déterminée.

Opération. — Soit la colonne CC (fig. 80) élevée en C et ayant à ce plan 10 mètres d'élévation, d'après l'échelle AB.

Reportant le pied de la colonne en E, puis prenant sa grandeur sur l'échelle à ce plan en *ee'*, on trouvera qu'elle a 14 mètres d'élévation (EE'); au contraire, si l'on abaisse la base de cette colonne en D, on trouvera, par *dd'*, qu'elle n'a plus que 8 mètres de hauteur (DD').

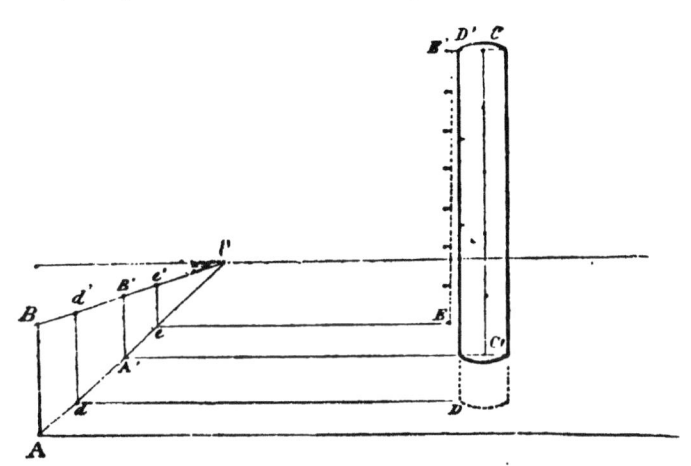

Fig. 80.

Cette différence tient à l'éloignement plus ou moins grand de la colonne; en effet, si sa base est en C', elle sera beaucoup plus éloignée du spectateur, et, le sommet n'en étant pas changé, elle représentera nécessairement un objet beaucoup plus grand.

69. — L'échelle abaissée.

Si le premier plan du tableau est formé par une terrasse ou par la plate-forme d'un monument et se trouve ainsi plus élevé que les fonds, si ce premier plan est, en outre, séparé du second plan par une coupe verticale ou par un plan d'une inclinaison assez rapide pour que la surface en reste invisible à l'œil du spectateur et ne puisse être exprimée dans le tableau, l'application de l'échelle fuyante devra subir quelques modifications.

Dans ce cas, en effet, une partie du terrain perspectif, plus ou moins considérable selon l'élévation du premier plan, devient invisible pour le spectateur.

Opération. — Étant donnés la plate-forme MNOR et le spectateur S (fig. 81), conduire l'horizontale $s'a$ du pied du spectateur au bord de la plate-forme, abaisser la verticale ab et conduire l'horizontale indéfinie bb' : le rayon visuel Sa, prolongé, viendra rencontrer bb' en A ; toute la partie de l'horizontale Ab du terrain et la figure E seront donc invisibles pour S, et la figure D ne sera visible qu'à moitié ; enfin, ce ne sera qu'à partir du point A que S verra le pied des figures placées sur le terrain perspectif.

On comprendra facilement, d'après cette figure, que les objets placés dans le tableau immédiatement au delà de la terrasse MN (fig. 82), qui en forme le premier plan, subiront

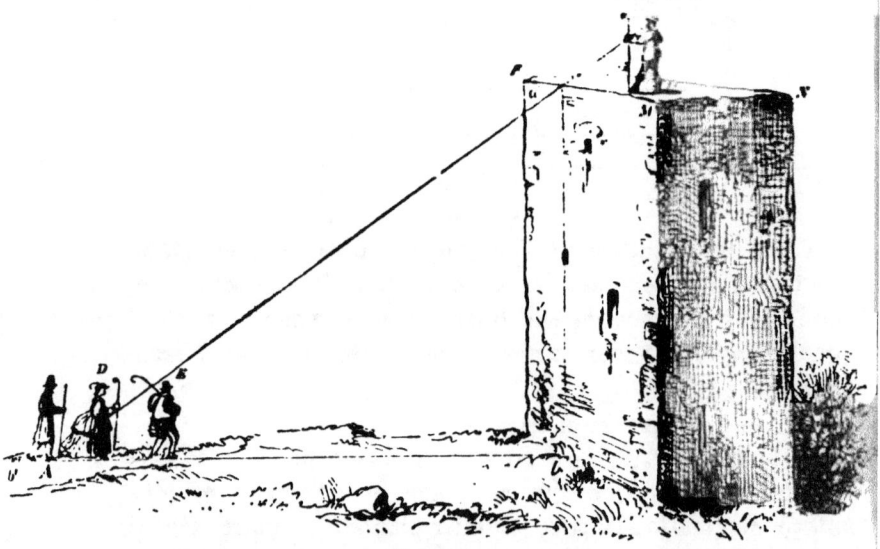

Fig. 81.

une réduction disproportionnée en apparence, et qu'il y aura quelque difficulté à en établir la grandeur vraie.

70. — Si le tracé est fait dans de telles conditions que l'élévation de la terrasse MN (fig. 82), déterminée ici à volonté à 10 mètres, puisse être reportée au-dessous du tableau, la verticale AB, représentant 2 mètres de hauteur, sera abaissée et prolongée en T, la grandeur AT étant faite ainsi cinq fois égale à AB : le point T sera le pied de la terrasse sur le terrain horizontal; prendre T*u* égale à AB et conduire TP — *u*P, échelle fuyante des figures sur le terrain perspectif :

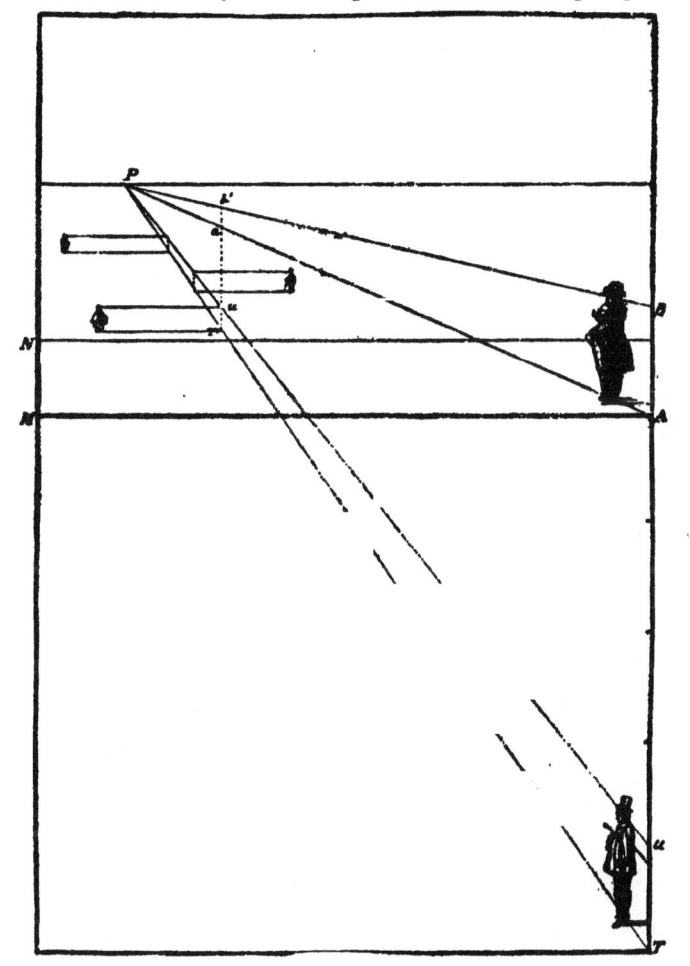

Fig. 12.

cette échelle déterminera au point T' la hauteur T'*u* pour la figure placée à ce plan. On voit que cette grandeur T'*u* est bien égale à *ab'*, prise au même plan sur l'échelle supérieure.

Toute autre figure posant sur le terrain sera déterminée par la règle ordinaire.

71. — Si, comme dans le tableau ABCD (fig. 83), la proportion donnée ne permet pas d'abaisser en deçà du premier plan cette hauteur vraie, il faut, par les fuyantes EP — FP, former au plan de la terrasse une échelle de 2 mètres de hauteur. A une distance à volonté, soit du point f (assez loin pour que la profondeur voulue se trouve dans le tableau),

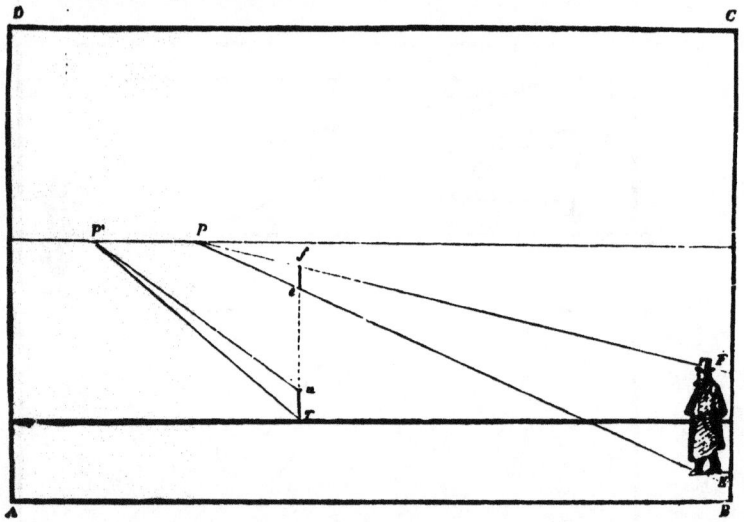

Fig. 83.

abaisser une verticale indéfinie et reporter sur cette verticale cinq fois la grandeur ef, donnée par l'échelle à ce plan : on arrivera au point T, niveau du terrain perspectif, et l'on formera sur la grandeur Tu, égale à ef, l'échelle TP' — uP', qui servira à déterminer la grandeur des figures et des objets divers posant sur le terrain.

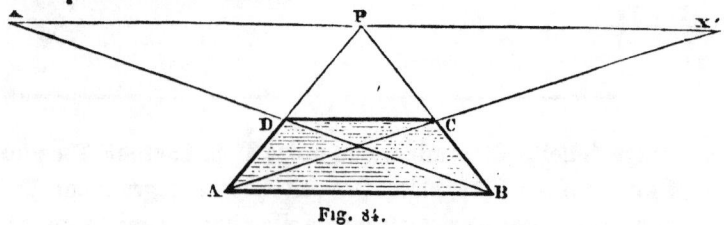

Fig. 84.

DÉFORMATION DES PLANS FUYANTS.

72. — Lorsqu'un plan est fuyant, c'est-à-dire non parallèle au tableau, comme le carré ABCD (fig. 84), on voit qu'il perd l'apparence de sa forme réelle pour en prendre une autre due à sa position perspective, soit ici la forme d'un trapèze.

Cet effet est appelé **déformation**.

La déformation est identique, lorsque le plan est placé au-dessus de l'horizon (fig. 85).

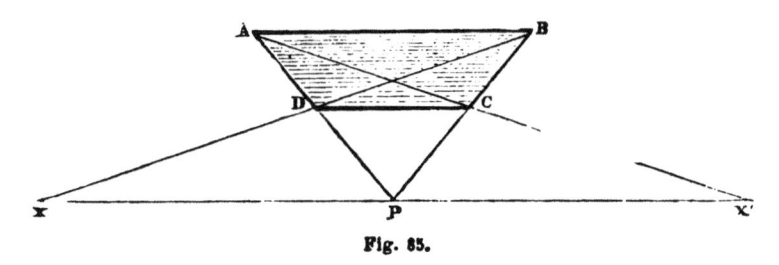

Fig. 85.

Il en est encore de même, lorsque le plan est fuyant verticalement à droite ou à gauche du spectateur, comme les carrés

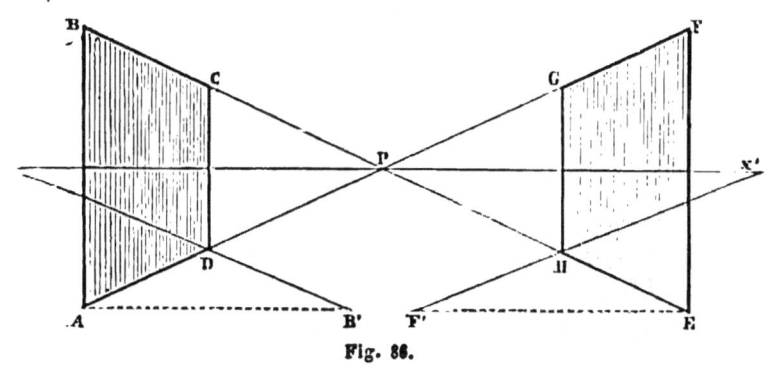

Fig. 86.

ABCD — EFGH (fig. 86).

Le carré vu obliquement subit des déformations variées.

DÉGRADATION DES OBJETS.

73. — Si le carré (ou tout autre objet), en s'éloignant du bord du tableau, reste de face, c'est-à-dire parallèle au plan du tableau, il conservera l'apparence de sa forme, ses proportions relatives, et ne fera que diminuer de grandeur.

Cet effet est appelé **dégradation** ou **réduction**.

Opération. — Le carré ABCD étant donné (fig. 87), conduire les fuyantes AP — BP — CP — DP : ces fuyantes déterminent dans l'éloignement les quatre angles des carrés. Prendre à volonté la profondeur E, conduire l'horizontale EF, élever

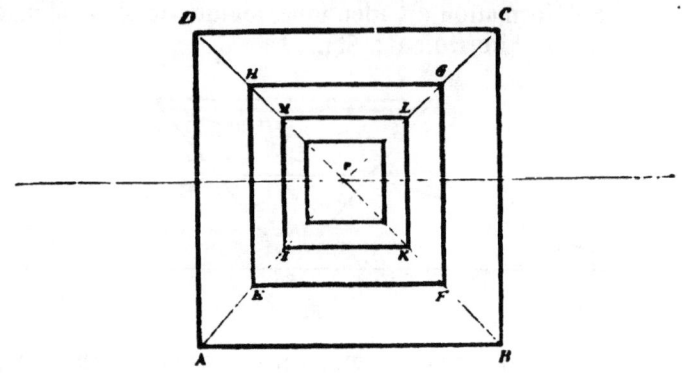

Fig. 87.

les verticales FG — EH, et terminer le carré par l'horizontale HG ; opérer de même, à la profondeur I, pour le carré IKLM, et pour tous les carrés que l'on désire obtenir parallèles à ABCD. Chacun de ces carrés est *dégradé ou réduit* selon son plan.

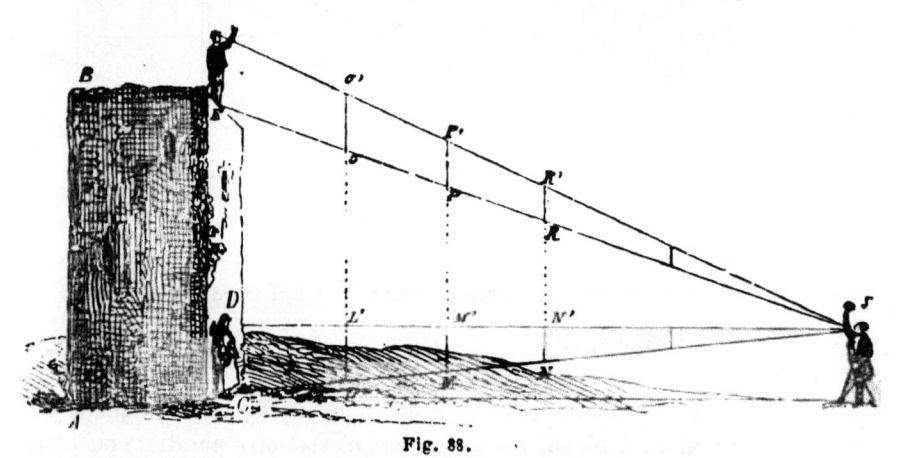

Fig. 88.

74. — C'est en vertu de ce principe qu'on reconnait que les objets ne diminuent pas de grandeur en s'élevant suivant la verticale de leur base sur le terrain perspectif.

POSITIONS DIVERSES DU CARRÉ 55

Opération. — Ainsi, la tour AB (fig. 88) étant élevée à volonté, la figure EF, placée sur le bord de la plate-forme, reste pour le spectateur S aussi grande que la figure CD, placée au pied de la tour.

En effet, si l'on conduit les rayons visuels SC — SD — SE — SF, et que des points L, M, N, pris à volonté, on élève des verticales réunissant ces rayons, on remarquera que, malgré les différents degrés d'obliquité de ces derniers, LL' reste égale à oo' — MM' à PP', etc.

POSITIONS DIVERSES DU CARRÉ.

75. — Par rapport au spectateur, le carré fuyant horizontal peut être placé dans quatre positions principales.

1° *Le carré*, soit ABCD (fig. 89), *est vu de* **face**, lorsque, sa base étant parallèle à l'horizon, le centre O est précisément en face du point principal.

2° *Le carré est vu de* **front**, lorsque le centre O est à droite ou à gauche du point principal, comme dans les carrés EFGH — IKLM (fig. 89) ; dans ce cas, la base reste parallèle à l'horizon ; mais un des côtés, comme EH ou KL, prend un plus grand développement que l'autre.

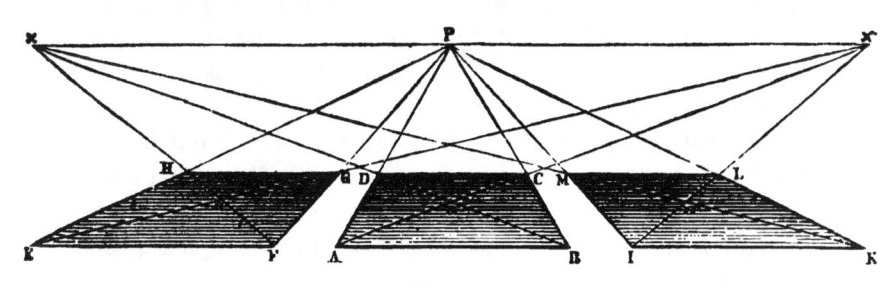

Fig. 89.

La figure est semblable, si les carrés sont au-dessus de l'horizon ; seulement elle est renversée.

76. — 3° Le carré est vu d'**angle**, lorsqu'une de ses diagonales, AC (fig. 90), reste parallèle à l'horizon, et que l'autre,

BD, devient une fuyante à angle droit et se dirige au point de vue ; dans ce cas, les côtés du carré, qui deviennent des obliques à 45 degrés, se dirigent aux points de distance.

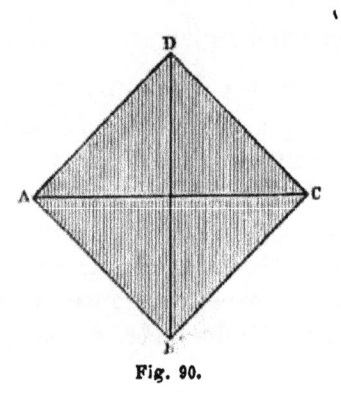

Fig. 90.

Opération. — Soit la grandeur de la diagonale horizontale AC (fig. 91) prise à volonté : conduire AX — CX′, en les pro-

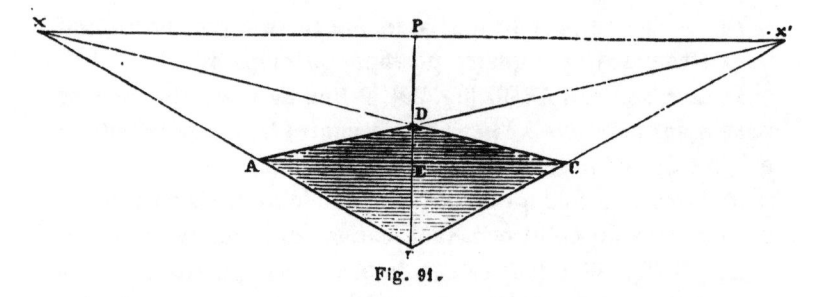

Fig. 91.

longeant en deçà de l'horizontale jusqu'à leur intersection B, qui formera l'angle du carré le plus rapproché du spectateur; conduire AX′ — CX, dont l'intersection D donnera l'angle opposé du carré ; conduire enfin la fuyante BP, passant par D et déterminant sur AC le centre E du carré.

Le *carré d'angle* peut être placé sur le côté du point principal, comme ABCD (fig. 92). On reconnaît, d'après nature, que le carré est d'angle, lorsqu'une diagonale est parallèle à la ligne d'horizon. Même opération que pour la figure précédente.

POSITIONS DIVERSES DU CARRÉ

77. — 4° Le carré est vu **obliquement**, lorsque ses côtés et ses diagonales ne sont pas parallèles à l'horizon et ne se dirigent ni au point principal ni aux points de distance, mais à des points dits *accidentels*.

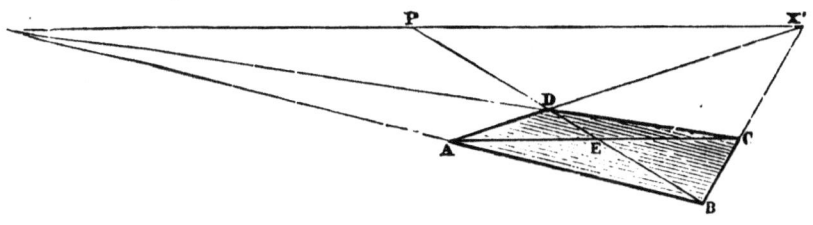

Fig. 92.

On obtient le *carré oblique* en perspective à l'aide du plan géométral, comme il a été dit pour le triangle (règle 58, fig. 66).

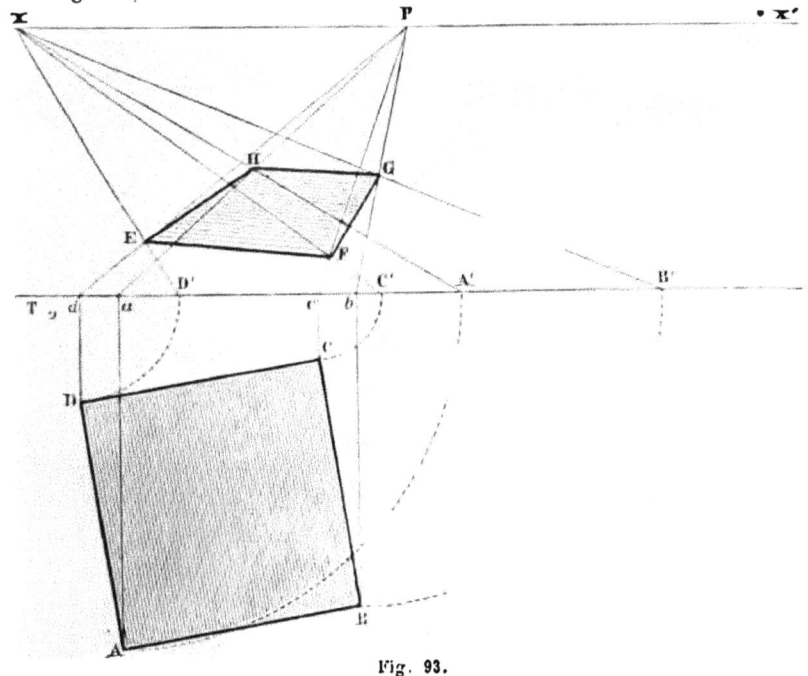

Fig. 93.

Opération.— Étant donné le carré géométral oblique ABCD (fig. 93), établi au-dessous de la ligne de terre T, élever sur les quatre angles A, B, C, D des verticales rencontrant la ligne de terre aux points a, b, c, d; conduire les fuyantes $aP — bP — cP — dP$; reporter successivement sur la ligne de terre les grandeurs $dD' — aA' — cC' — bB'$; conduire les fuyantes $D'X — A'X — C'X — B'X$, dont les intersections E, F, G, H sur les fuyantes au point de vue seront les sommets des angles du carré oblique déterminés perspectivement: réunir ces points par les lignes $EF — FG — GH — HE$.

78. — **Le carré vu obliquement peut être déterminé sans l'aide du plan géométral** sur une ligne oblique donnée à vue comme côté du carré, cette ligne fût-elle de grandeur inconnue ; mais alors le carré, ou tout objet s'élevant sur cette base, sera lui-même de grandeur inconnue, sauf à en rétablir le plan.

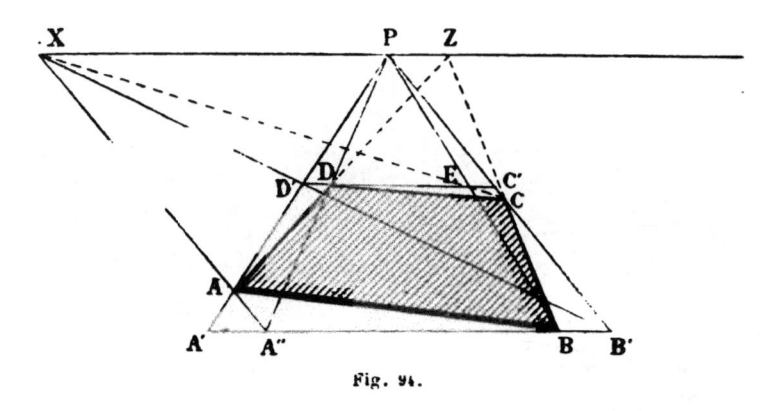

Fig. 94.

Opération. — Étant donnée la ligne AB fuyante obliquement à volonté (fig. 94), faire passer par le point B l'horizontale A'B', indéfinie, et conduire les fuyantes $BP — AP$, celle-ci prolongée jusqu'au point A'. Conduire à la distance la fuyante AX, prolongée sur l'horizontale A'B' en A'': la grandeur A'A'' sera la profondeur perspective du point A, sommet du deuxième angle connu du carré. Reporter A'A'' en BB' et former le carré fuyant de front A'B'C'D'. Conduire les fuyantes A''P — BP et la fuyante à la distance EX, prolongée

POSITIONS DIVERSES DU CARRÉ 59

en C : les intersections D, C seront les sommets des angles cherchés du carré oblique ABCD.

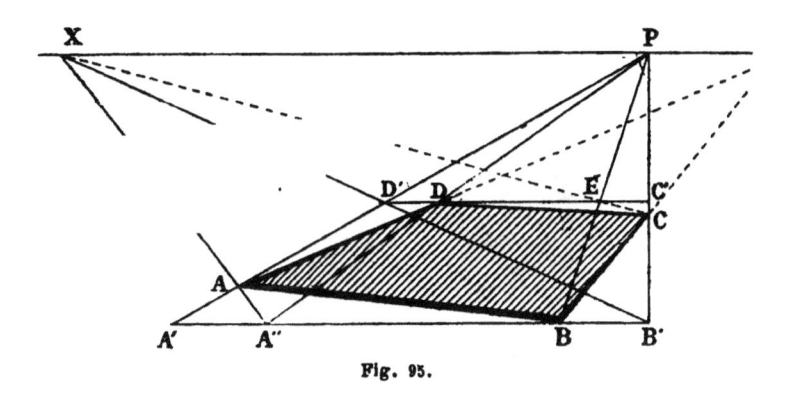

Fig. 95.

OBSERVATIONS. — Les figures 95 et 96, dans lesquelles la ligne AB conserve la même longueur et la même obliquité que dans la figure 94, ne donnent pas lieu à de nouvelles explications sur le tracé du carré vu obliquement ; elles ont seule-

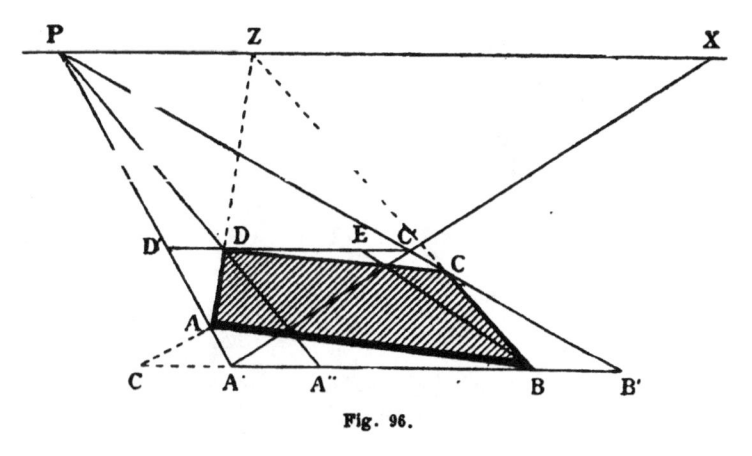

Fig. 96.

ment pour but de présenter ce carré sous ses différents aspects par rapport au spectateur, dont le point de vue P, d'abord en face (fig. 94), est reporté à droite (fig. 95), puis à gauche (fig. 96).

On remarquera que, les côtés opposés d'un carré étant toujours parallèles entre eux et des lignes parallèles entre elles étant toujours, comme on le sait, fuyantes au même point, les côtés AD — BC ont leur point de fuite en Z et les côtés AB — DC sont fuyants hors du tableau.

Fig. 97.

Application de la règle 78

Fig. 98.
Autre application de la règle 78.

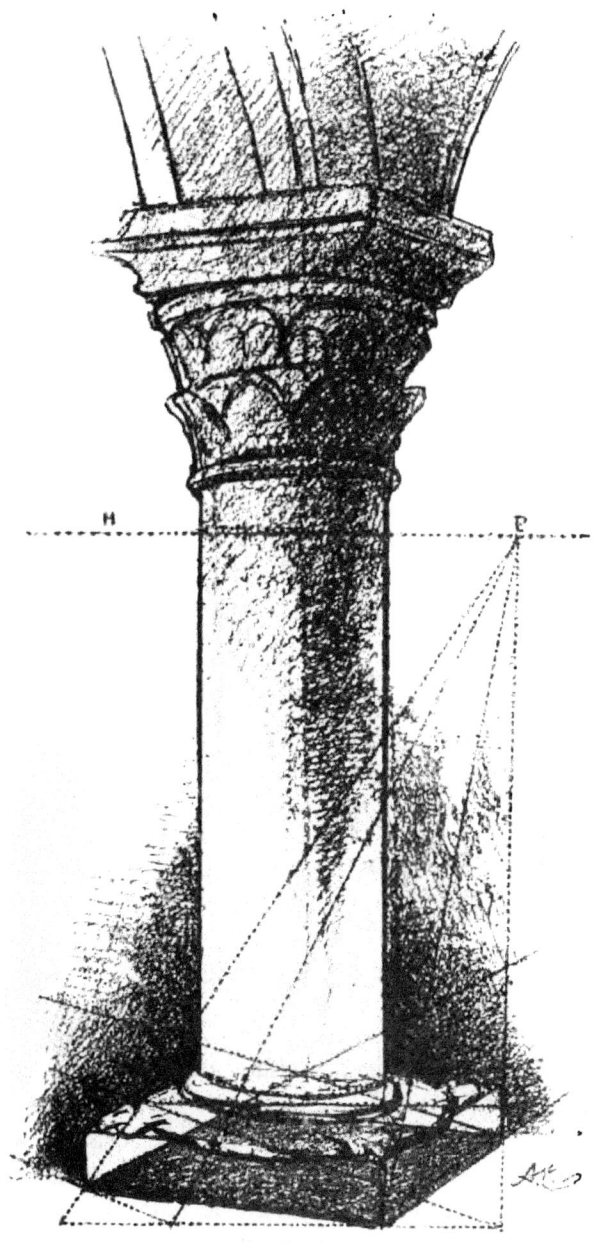

Cette manière de déterminer le **carré oblique** à l'aide de quelques lignes seulement présente ce grand avantage qu'on peut l'employer devant la nature sans règle ni compas. Ce moyen pratique, clair et simple, ainsi appliqué, ne conduira sans doute qu'à un résultat approximatif ; mais il suffira pour donner au dessin l'aspect voulu.

(Voir, pour l'application de cette règle, les figures 97 et 98.)

APPLICATION DE LA DISTANCE TRANSPOSÉE.

79. — La profondeur du carré peut se déterminer aussi par la distance reportée sur la verticale du point principal ou *distance transposée* (n° 53).

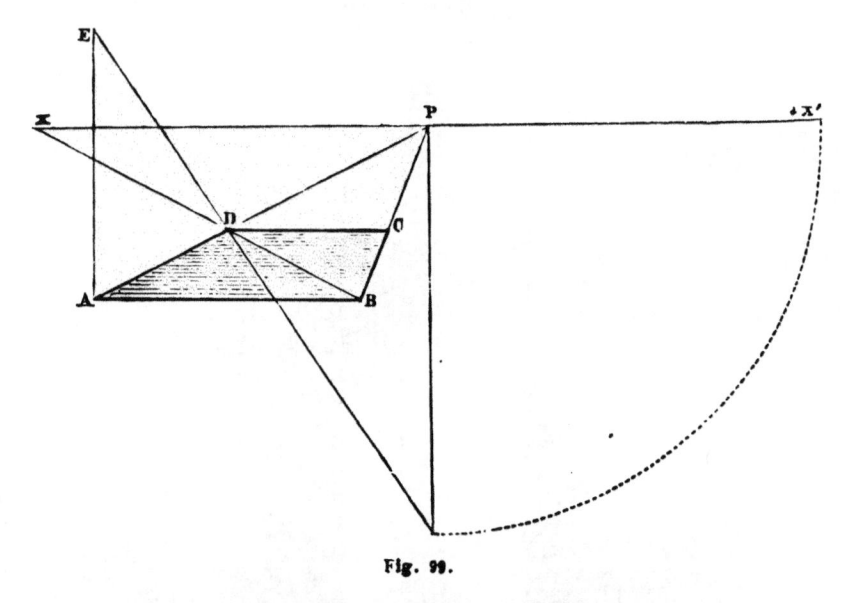

Fig. 99.

Opération. — La grandeur AB (fig. 99) étant donnée comme base d'un carré perspectif, conduire les fuyantes AP — BP ; abaisser la verticale P X/T égale à PX : X/T sera la distance transposée ; élever la verticale AE, égale à AB, et conduire la fuyante E X/T, qui détermine sur AP le point D, c'est-à-dire la profondeur cherchée du carré. On peut voir que, si l'on conduit la fuyante diagonale BX, elle rencontre E X/T au même point D. Conduire l'horizontale DC pour terminer le carré ABCD.

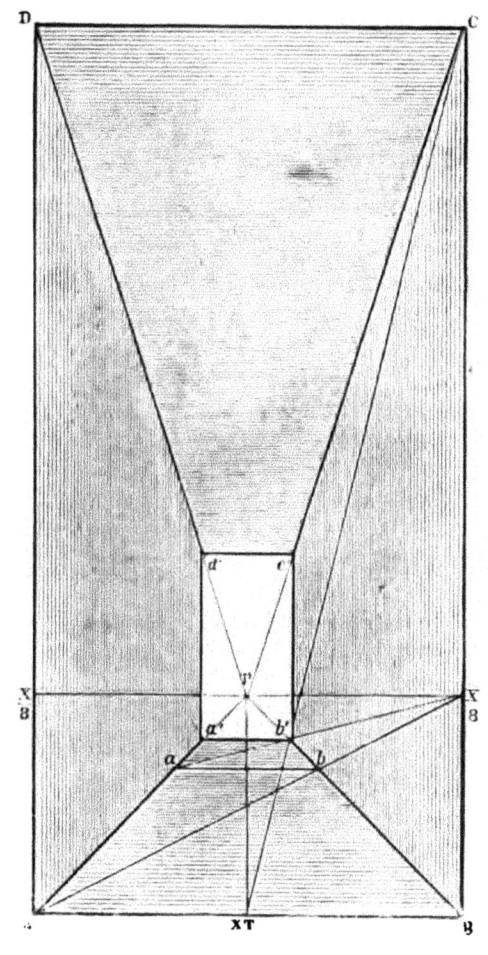

Fig. 100.

80. — Dans les tableaux en hauteur, tels qu'en présentent quelquefois les vues d'intérieur, le point dont nous venons de parler aidera souvent à simplifier le tracé, en déterminant, au moyen d'une seule fuyante, une profondeur plus considérable que celle qu'on obtiendrait par la distance horizontale.

Opération. — Soit donné le tableau ABCD (fig. 100) comme représentant l'entrée d'une galerie dont la profondeur est supposée égale à 16 fois sa largeur AB : opérant par la distance transposée et réduite en X/8, conduire les fuyantes AP — BP — CP — DP, puis la fuyante A X'/8, qui détermine sur BP, en b, une profondeur égale à huit fois AB. Il faudrait donc doubler l'opération et conduire a X'/8 pour obtenir la profondeur totale en b', tandis que, si l'on reporte X'/8 en $\frac{XT}{8}$ et que l'on conduise C $\frac{XT}{8}$, on détermine du premier coup le point b', qui donne la profondeur cherchée. Terminer le tracé en construisant le rectangle $a'b'c'd'$, mur de fond de la galerie.

EMPLOI DES DIAGONALES DU CARRÉ.

81. — L'étude de la perspective est simplifiée, dans un grand nombre de cas, par l'application intelligente des diagonales du carré. Dans le dessin d'après nature, en effet, l'em-

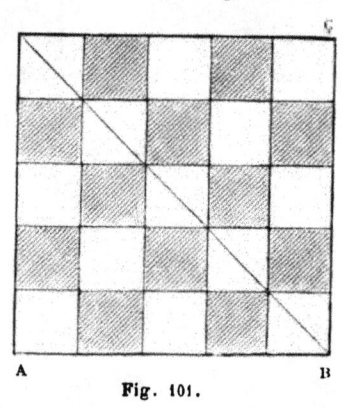

Fig. 101.

ploi des diagonales permet de trouver facilement le centre du carré et les distances successives. Nous allons en donner quelques exemples.

82. — Le damier.

Étant donné à mettre en perspective un damier contenant un nombre de cases à volonté, soit vingt-cinq, comme dans le carré géométral ABCD (fig. 101), on observera que la diagonale BD détermine les intersections des verticales et des horizontales qui forment les cases du damier. Il en sera de même sur le carré fuyant ABCD (fig. 102).

Opération. — Diviser la base AB en cinq parties égales et

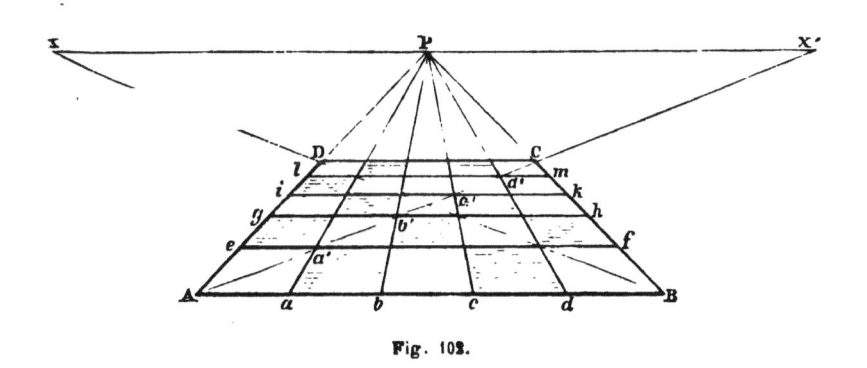

Fig. 102.

conduire les fuyantes aP — bP — cP — dP. La diagonale AC donne sur ces fuyantes les intersections a', b', c', d', par lesquelles on fera passer les horizontales ef — gh — ik — lm, qui diviseront ABCD en vingt-cinq cases égales dégradées et déformées suivant leur éloignement progressif.

Comme le damier suffit pour mettre tous les objets en perspective, il est souvent d'une grande importance, au point de vue qui nous occupe. Nous reviendrons plus loin sur l'emploi de cette figure.

83. — Carrés concentriques déterminés par les diagonales.

Étant donnés des espaces égaux à déterminer entre plusieurs carrés concentriques, tels que pourrait les offrir le plan d'un escalier de calvaire, soit ABCD (fig. 103), l'angle de chaque carré est déterminé par l'intersection des verticales a, b, c, d, etc., sur une des diagonales BD — AC.

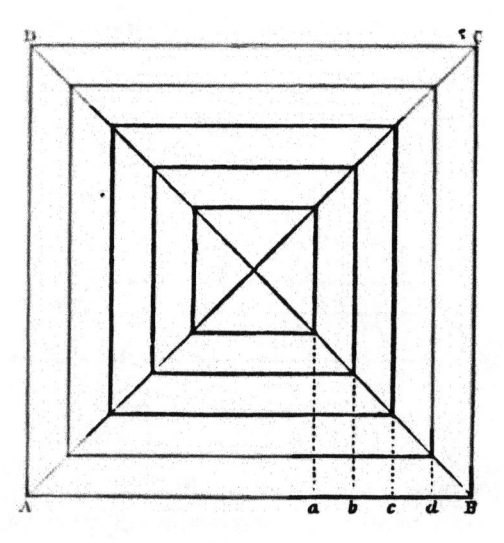

Fig. 103.

84. — Carrés concentriques en perspective.

Opération. — Établir le carré fuyant ABCD avec ses diago-

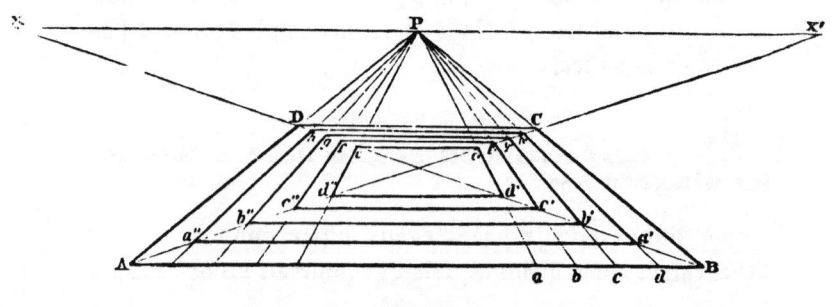

Fig. 104.

nales (fig. 104) et déterminer sur AB les grandeurs a, b, c, d, à volonté; conduire les fuyantes aP — bP — cP — dP, dont les intersections sur la diagonale BD détermineront, aux points a', b', c', d' — e, f, g, h, la profondeur perspective de chaque carré; conduire de ces points des horizontales, qui donneront sur AC les points a'', b'', c'', d'' — e', f', g', h', déterminant les angles opposés des carrés intérieurs.

85. — Autre application des diagonales du carré. *Allée d'arbres.*

Soit la grandeur AB (fig. 105) prise à volonté comme hauteur du premier arbre d'une avenue composée d'un nombre indéterminé d'arbres également espacés entre eux. Si de la base de l'arbre A, de son sommet B et de son centre C, on

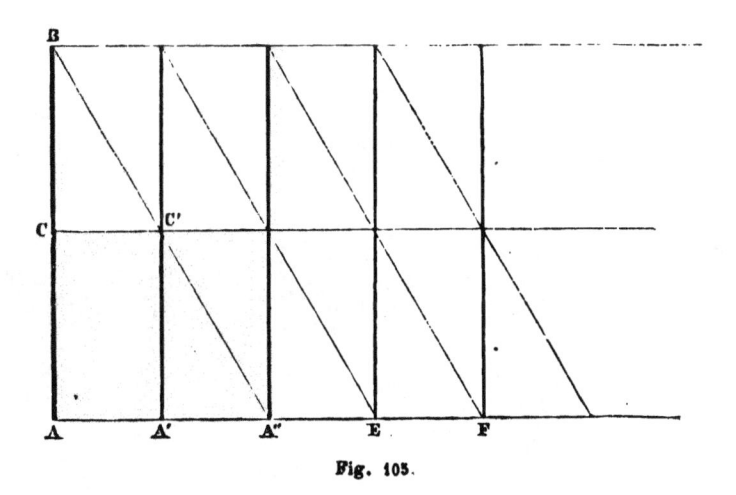

Fig. 105.

conduit des horizontales indéfinies, la première distance AA' étant prise à volonté, la diagonale menée du sommet B et passant par le centre C' du deuxième arbre ira déterminer sur la base le point A'', qui fera la grandeur A''A' égale à AA'. On trouvera de même la distance des arbres suivants E, F, etc.

68   EMPLOI DES DIAGONALES DU CARRÉ

Fig. 105.
Croquis d'après nature. — Application de la règle 86.

86. — Allée d'arbres en perspective.

Opération. — Pour l'avenue fuyante, la hauteur AB (fig. 107) et la première distance AA′ étant prises à volonté, conduire les parallèles fuyantes AP — BP — CP ; du sommet B conduire la diagonale BC′ prolongée en A″ : le point A″ détermi-

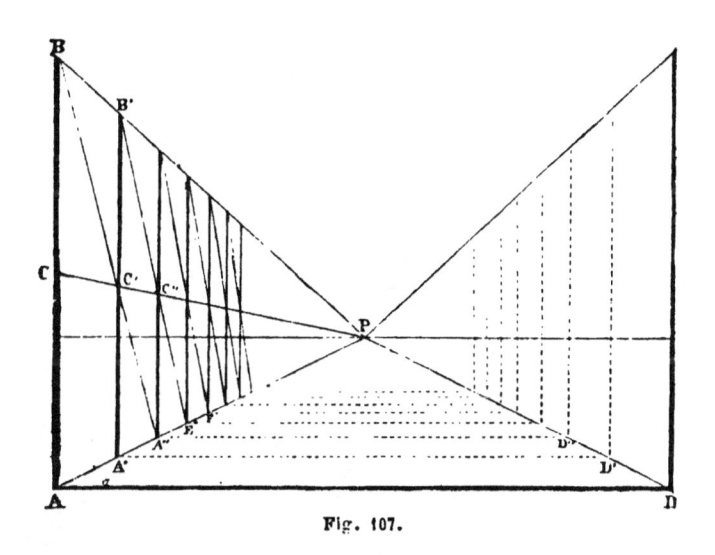

Fig. 107.

nera la place du troisième arbre ; conduire la diagonale B′C″ prolongée en E : le point E sera la base du quatrième arbre. On opérera de même pour les arbres suivants ; puis, de chaque base conduisant des horizontales, on aura sur la fuyante DP les arbres de l'autre côté de l'avenue aux points opposés D′, D″, etc.

Il est facile de voir que la règle 86 s'applique également à une suite de colonnes ou à tous autres objets également espacés entre eux.

(Voir, pour l'application de cette règle, les figures 106 et 108.)

Fig. 108.

Croquis pris sur nature — Autre application de la règle 86.

EMPLOI DES PARALLÈLES

87. — Autre application des diagonales du carré.

La façade d'un bâtiment étant donnée d'une profondeur indéterminée, soit ABCD (fig. 109), trouver aux extrémités de ce bâtiment des pavillons d'une profondeur également indéterminée, mais égaux entre eux.

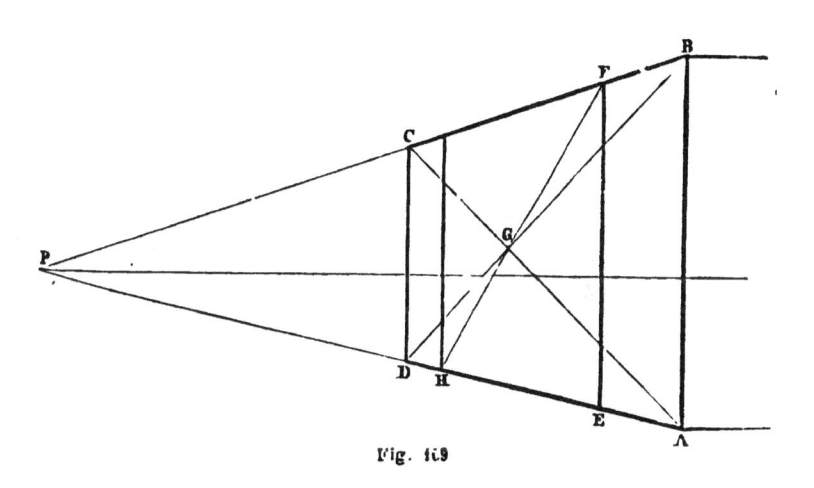

Fig. 109

Opération. — Prendre sur la fuyante AP la grandeur AE à volonté pour le premier pavillon; élever EF et conduire les diagonales du rectangle ABCD, diagonales donnant le centre G; enfin, conduire la diagonale FG prolongée sur AD en E, qui déterminera la profondeur HD égale à AE.

(Voir, pour l'application de cette règle, la figure 110.)

EMPLOI DES PARALLÈLES

88. — L'emploi des parallèles, presque aussi facile dans la pratique que celui des diagonales, lui est même souvent su-

Fig. 110.

Application, d'après nature, de la règle 87.

périeur; on peut toujours, en effet, au moyen des parallèles, diviser exactement une grandeur donnée en autant de parties égales que l'on veut, résultat qu'on ne saurait obtenir, dans un grand nombre de cas, par l'usage des diagonales. C'est pourquoi nous signalons particulièrement aux artistes ce moyen, dont on peut, dans tous les genres, tirer le plus grand parti.

89. — Division d'une ligne d'une grandeur déterminée en parties égales.

Pour diviser une ligne d'une grandeur déterminée, soit AB (fig. 111), en un nombre également déterminé de parties éga-

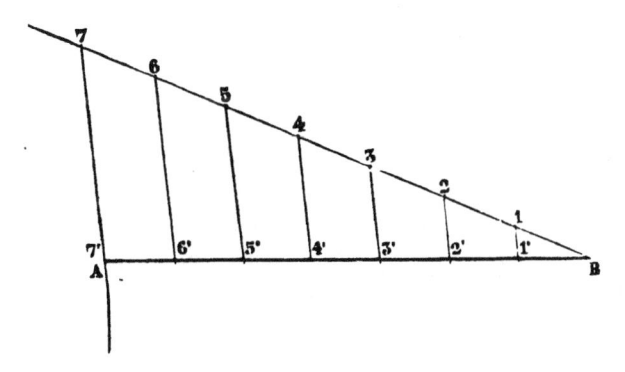

Fig. 111.

les, soit sept, on trace, d'une ouverture d'angle indéterminée, une autre ligne B7 prolongée à volonté ; on indique sur cette ligne, à l'aide du compas, sept grandeurs égales ; puis on joint les points extrêmes, 7 et A, par une ligne droite, et des points 6, 5, 4, etc., on conduit successivement des parallèles à 7A ; on divise ainsi AB en 7 parties égales, 7' 6' — 6' 5', etc.

Opération. — Pour opérer une division analogue sur un plan perspectif, soit ABCD (fig. 112), conduire l'horizontale BE prolongée à volonté ; indiquer avec le compas sur cette horizontale autant de grandeurs égales que l'on désire de parties sur le plan perspectif, soit cinq, B*a* — *ab* — *bc* — *cd* — *de* ; du point *e* conduire la fuyante *e*C prolongée jusqu'à

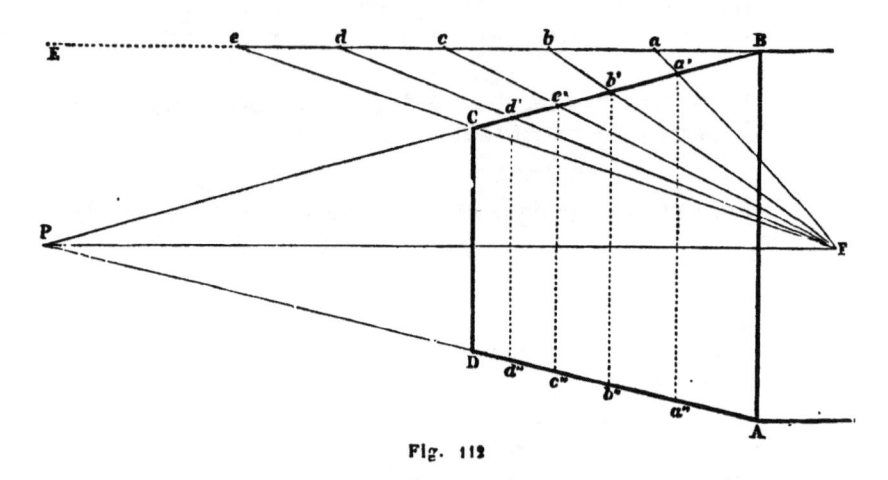

Fig. 112

l'horizon, qu'elle rencontrera en F : ce point deviendra le point de concours des parallèles *d*F — *c*F -- *b*F — *a*F ; des intersections *d'*, *c'*, *b'*, *a'* de ces fuyantes sur BP conduire les verticales *d'd"* — *c'c"* — *b'b"* — *a'a"*, qui donneront les divisions du rectangle ABCD.

(Voir, pour l'application de cette règle, les figures 113 et 114.)

90. — Division d'un plan incliné en parties égales.

Le plan à diviser étant donné par une échelle vue de face, inclinée devant un mur également vu de face et représenté par le rectangle ABCD (fig. 115), prendre à volonté en deçà du mur les points E, F comme pieds de l'échelle ; conduire les fuyantes EP — FP, rencontrant l'horizontale AB en *ef* ;

EMPLOI DES PARALLÈLES 75

Fig. 113.
Croquis d'application de la règle 89.

Après avoir indiqué la ligne fuyante AC, sommet du carré de l'ensemble, il faut, pour trouver la place des colonnes, diviser l'horizontale AB en dix parties égales, puis du point B passer par le point C, sommet de l'angle du carré, et prolonger BC jusqu'au point où elle rencontrera la ligne d'horizon : à ce point se réuniront toutes les lignes menées par les points de division de AB, et chacun des points où elles toucheront l'oblique AC donnera la place de chaque colonne.

Fig. 114.

Autre croquis d'application de la règle 89.

élever les verticales *eg — fi* : ces verticales représentent la place qui serait occupée par l'échelle, si elle était redressée contre le mur. Diviser *eg* en espaces égaux, en nombre à volonté; conduire les obliques EG — FI, montants de l'échelle, suivant l'inclinaison déterminée ; conduire les fuyantes *l*P — *m*P — *n*P — *o*P, etc., prolongées en deçà du plan jusqu'à la rencontre des montants de l'échelle, aux points *l'*, *m'*, *n'*, *o'*, *r'*, et au delà, pour les échelons S, *t*, qui se trouvent dépasser

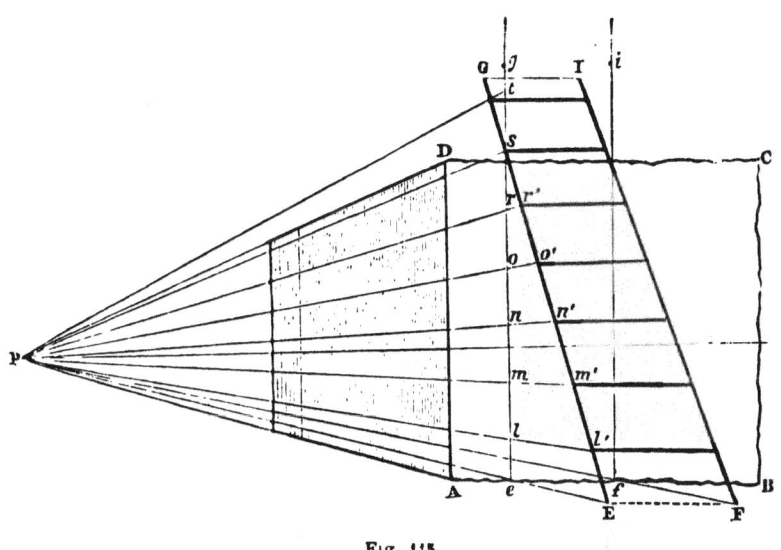

Fig. 115.

la hauteur de la muraille. Enfin, de chacun de ces points mener des horizontales formant les échelons et, par suite, réunissant les deux montants de l'échelle.

LE CUBE.

91. — De quelque côté que l'on pose un cube, il a toujours pour base un carré; or nous avons vu précédemment comment on détermine le carré en perspective selon ses diverses positions : il ne nous reste donc qu'à indiquer les moyens de donner à ce carré une élévation et une profondeur égales à sa base.

L'horizon détermine quelle surface de l'objet l'œil peut apercevoir : si l'objet est au-dessous, on en voit la surface supérieure ; si l'objet est au-dessus, on en voit la surface inférieure.

92. — Cubes placés au-dessous de l'horizon.

1° *A gauche du point principal* (fig. 116). Le carré fuyant ABCD étant donné, sur la base AB élever le carré géométral ABC'D'; conduire les fuyantes C'P — D'P ; des angles C, D du

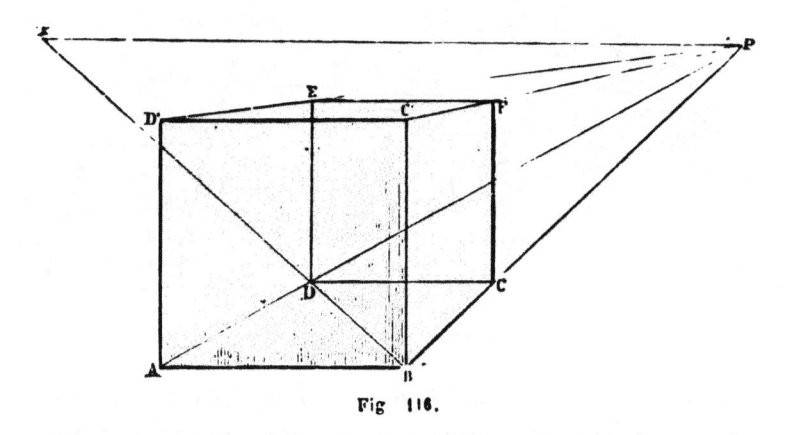

Fig 116.

carré inférieur élever des verticales rencontrant C'P en F et D'P en E; mener l'horizontale EF, qui termine le carré supérieur C'D'EF et le tracé général du cube, dont l'œil aperçoit dans cette position les côtés ABC'D' — BC'FC — D'C'FE.

Nota. — Un seul point de distance étant suffisant pour les profondeurs, nous n'en indiquerons qu'un pour les tracés peu importants.

Soit une chaise prise comme application d'un cube vu de front (fig. 117). Après avoir déterminé les proportions de cette

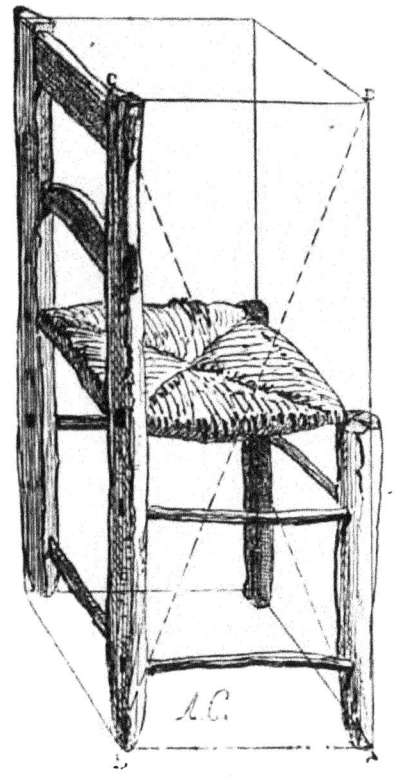

Fig. 117.

chaise en hauteur et en largeur, et la ligne d'horizon étant indiquée, mettre le cube en perspective en conduisant au point de vue; à l'aide des diagonales, trouver le centre, qui est le siège de la chaise; cela fait, on arrivera facilement à déterminer la place du dossier et des barreaux.

Nota. — Lorsque l'objet, comme cette chaise, se développe dans un sens ou dans l'autre de manière que le tracé d'ensemble prenne la forme d'un parallélipipède (cube prolongé sur ses côtés parallèles), l'opération est identique ; c'est pourquoi nous conservons l'expression générique de cube.

80   LE CUBE

Si cette chaise est couchée, ou dans toute autre position, on la trouvera par le même principe.

Second croquis d'application d'un cube vu de front (fig. 118).

Dès qu'on a établi le cube selon la grandeur de la table et la place de l'horizon, cette table est trouvée, puisqu'on en a la longueur, la hauteur et la profondeur.

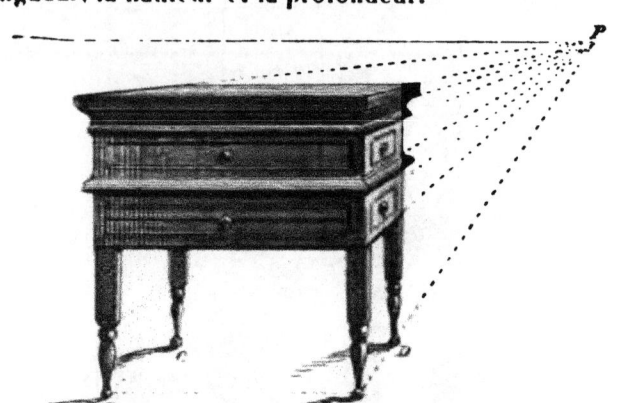

Fig. 118.

On remarquera ensuite que les pieds tiennent la moitié de la hauteur et que, par la diagonale, il est facile d'obtenir cette proportion.

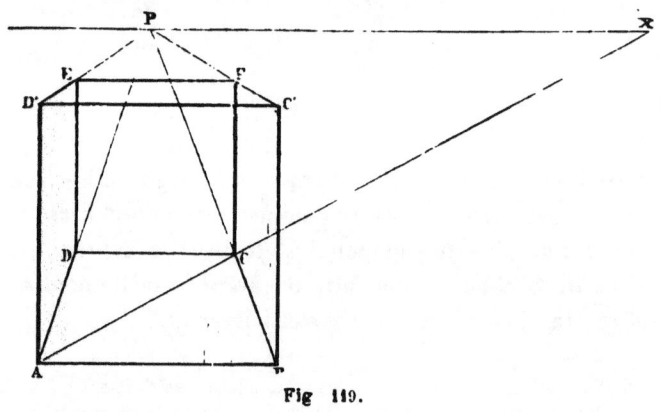

Fig 119.

2° *En face du point principal* (fig. 119). Même opération

que précédemment, mais changement de forme; le spectateur n'aperçoit plus que deux côtés du cube, le carré géométral ABC'D' et le carré fuyant supérieur D'C'FE.

3° *A droite du point principal.* Le cube étant reporté vers

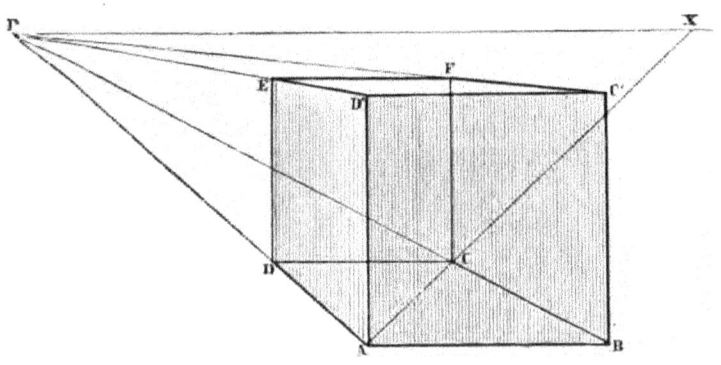

Fig. 120.

la droite du tableau (fig. 120), on en voit de nouveau trois côtés; seulement c'est le côté AD'ED qui devient visible pour le spectateur.

Le carré supérieur est d'autant plus réduit qu'il est plus rapproché de l'horizon.

93. — Cubes vus à moitié de leur hauteur, c'est-à-dire en travers de l'horizon.

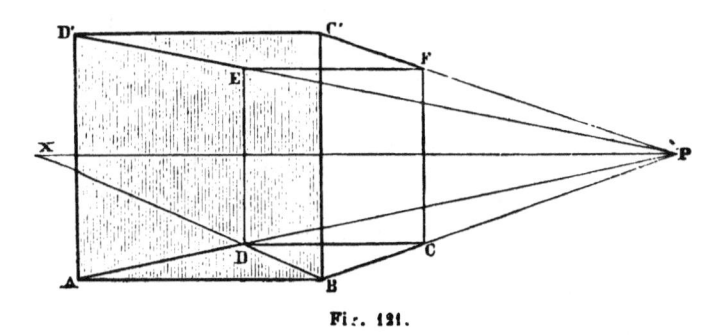

Fig. 121.

1° *A gauche du point de vue* (fig. 121). Le spectateur n'aperçoit que le carré de face et le côté vertical BCFC'.

LE CUBE

Fig. 122.

Application de la règle 93.

2° *En face du point de vue* (fig. 123). Dans ce cas, le cube n'offre plus au spectateur que l'aspect d'un carré ; toutefois,

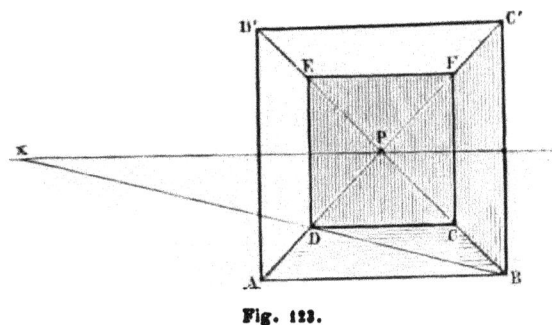

Fig. 123.

si l'objet est transparent, l'œil apercevra intérieurement le carré du fond et les quatre carrés fuyants selon leur développement perspectif.

3° *A droite du point de vue* (fig. 124). Même position, mais en sens inverse, que celle de la figure 121 : développement du côté AD'ED.

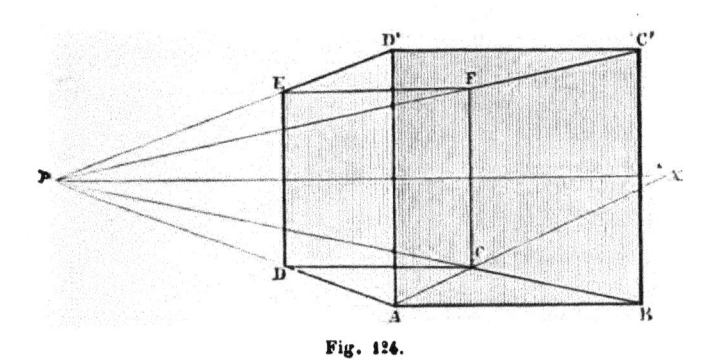

Fig. 124.

L'emploi du cube est utile dans tous les genres, même aux peintres d'animaux, pour la construction de l'esquisse, puisque cette figure peut indiquer tout de suite et clairement la place des pieds, le mouvement de la croupe d'un cheval, d'un âne, etc.

Les figures 122 et 126 offrent des applications de ce prin-

Fig. 125.

Application pratique de la règle 93.

cipe, emprunté au célèbre Crispin de Pas, et qui nous paraît présenter de grands avantages pour l'interprétation de l'ensemble, en rectifiant, quand il y a lieu, l'appréciation de l'œil.

LE CUBE

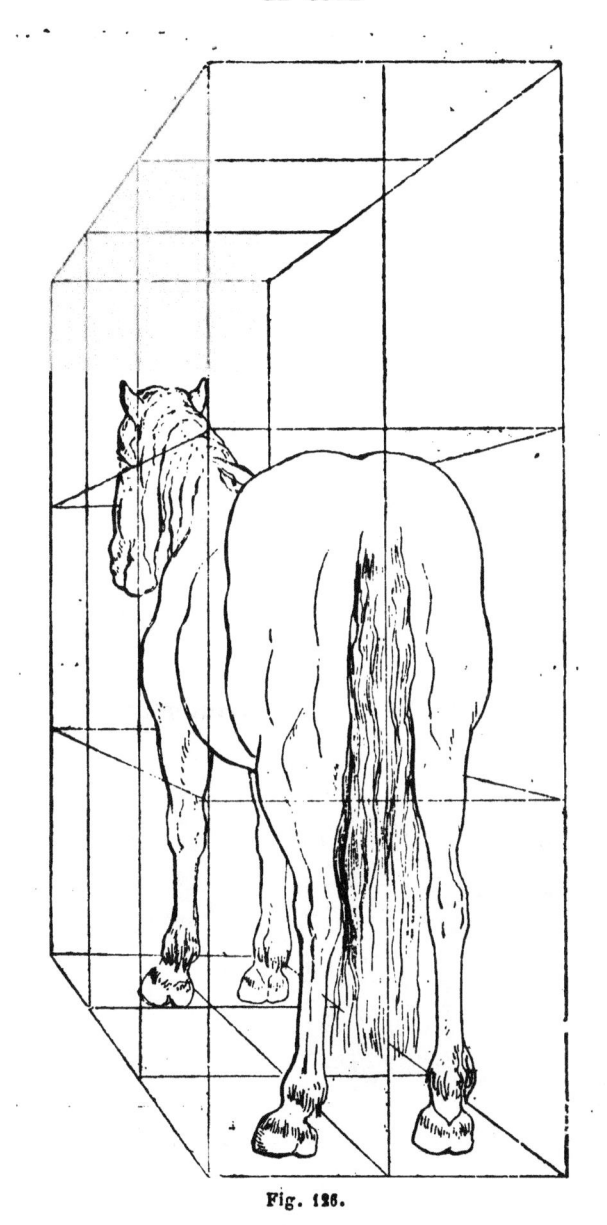

Fig. 126.

Application pratique de la règle 93.

94. — Cubes placés au-dessus de l'horizon.

1° *A gauche du point de vue* (fig. 127). Dans cette position,

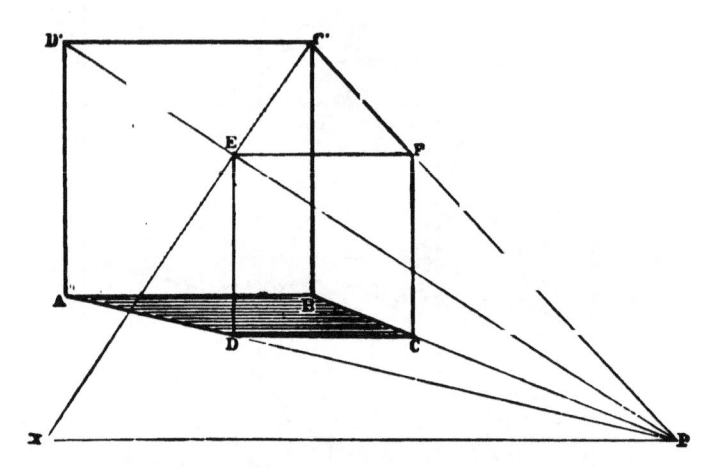

Fig. 127.

le carré de face ABC'D', le carré fuyant inférieur ABCD et le côté BC'FC sont visibles.

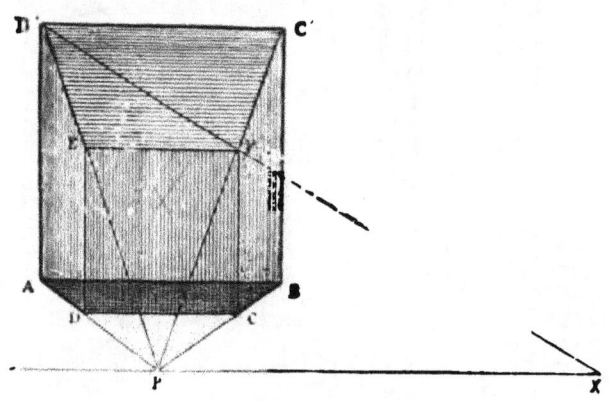

Fig. 128.

2° *En face du point de vue* (fig. 128). Le spectateur verra seulement, dans cette position, le carré de face ABC'D' et le carré inférieur fuyant ABCD.

Fig. 129.

Croquis d'application de la règle 94.

Après avoir bien jugé qu'un des côtés de la tour est parallèle au tableau, établir le carré principal de cette tour, conduire les fuyantes au point de vue et faire les divisions selon leur éloignement au-dessus ou au-dessous de l'horizon ; puis, guidé par ce carré principal, continuer les autres constructions.

3° *A droite du point de vue* (fig. 130). Cette position est l'inverse de celle de la figure 127 ; le spectateur voit toujours le carré de face et le carré fuyant inférieur ; développement du côté AD'ED.

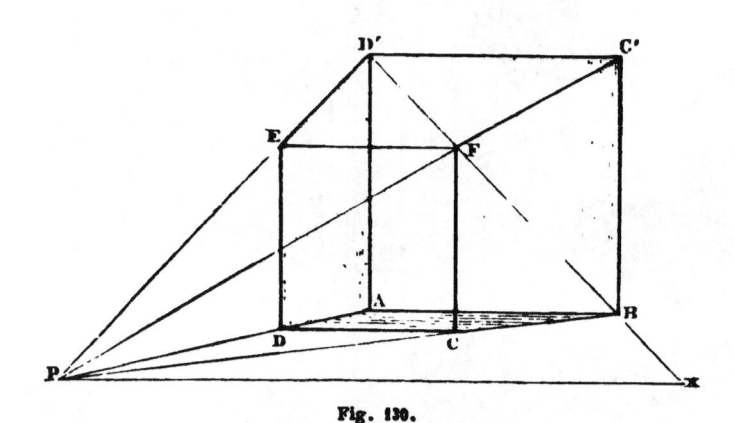

Fig. 130.

Ainsi qu'on peut le voir, ces diverses positions du cube se rapportent toutes aux vues de face et de front, l'un des côtés restant parallèle au tableau.

Il n'y aura donc dans les vues identiques que le développement des côtés fuyants qui variera, selon l'éloignement de l'horizon et du point de vue; mais la manière d'opérer restera la même.

(Voir, pour l'application de cette règle, les figures 129 et 131.)

95. — Cube vu d'angle.

Dans cette vue, le carré d'angle ABCD (fig. 132), ainsi que nous l'avons dit précédemment (règle 76, fig. 91), est établi en plan perspectif.

LE CUBE

Fig. 131.
Autre application de la règle 94.

LE CUBE

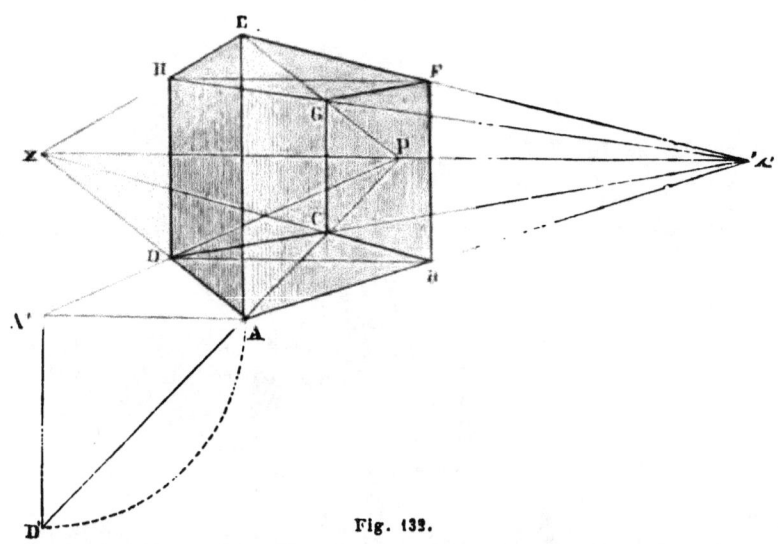

Fig. 132.

Opération. — Élever la verticale AE égale à AD' (grandeur du côté fuyant AD rétabli en plan géométral) ; conduire les fuyantes EX — EX'; élever les verticales BF — DH, et conduire les fuyantes FX — HX' se rencontrant au point G, sommet de l'angle extrême du carré supérieur EFGH.

(Voir, pour l'application de cette règle, les figures 133, 134 et 135.)

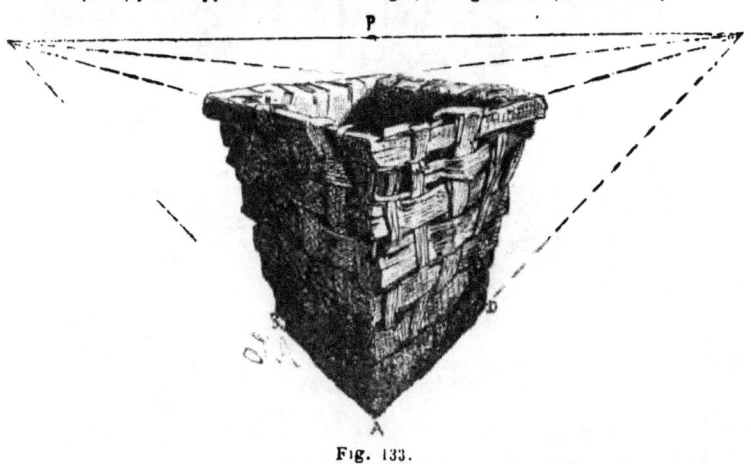

Fig. 133.

Corbeille vue d'angle, application de la règle 95 ; principe ordinaire du carré ; remarquer que les côtés de cette corbeille se dirigent vers les points de distance.

LE CUBE

Fig. 131.

Vue d'angle, croquis d'application de la règle 95.

On reconnaît que cet ensemble est vu d'angle en conduisant une ligne de l'angle extrême de l'un des pavillons à l'angle correspondant du pavillon opposé : cette ligne sera horizontale, ainsi que celle qui réunirait les deux angles du premier plan.

96. — On a vu (règle 56 et fig. 66 et suivantes) que le plan géométral des surfaces qui se présentent obliquement devant le spectateur doit être strictement établi, si l'on veut arriver à déterminer un tracé perspectif régulier de ces surfaces.

Toute construction ou volume simple vu en élévation ayant pour base une surface quelconque, il s'ensuit que le plan géométral est indispensable, si cette construction ou ce volume est vu obliquement ; car de la régularité du tracé perspectif de cette base dépend absolument la régularité linéaire de l'élévation.

Soit donné comme type élémentaire un cube vu obliquement.

Fig. 135.
Application d'après nature de la règle 95.

Placé devant un motif, le dessinateur doit chercher si la vue est de face, d'angle ou oblique ; ici il est facile de reconnaitre que l'église est vue d'angle.
Déterminer la hauteur de la tour en traçant la verticale principale du carré ; puis du sommet et de la base de cette verticale conduire de chaque côté des fuyantes parallèles sur l'horizon aux points de distance ; procéder de même pour les divisions de la tour et pour les constructions parallèles qui l'accompagnent.

Cube vu obliquement.

Établir le carré oblique ABCD (fig. 136) d'après le plan géométral, ainsi que nous l'avons expliqué précédemment (règle 77, fig. 93).

Opération. — Élever sur A la verticale AE égale à AD', côté du carré géométral; prolonger la fuyante AD jusqu'à l'horizon, qu'elle rencontrera au point accidentel n. Si l'on prolonge BC, elle rencontrera l'horizon à ce même point n, AD

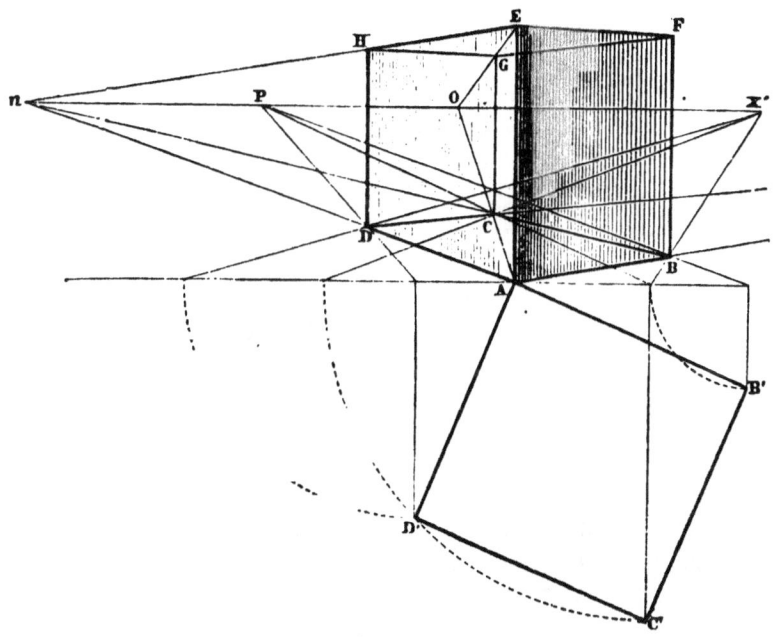

Fig. 136.

et BC étant parallèles; mais on verra que les côtés fuyants AB — DC, prolongés, n'ont pas leur point de concours dans le tableau et que ce point est inaccessible pour le spectateur; pour le remplacer, conduire la diagonale fuyante AC à l'horizon, où elle donne le point O; élever sur les angles B, C, D des verticales indéfinies; conduire En, qui détermine la hauteur DH; conduire EO, déterminant la hauteur CG, puis les obliques FG — HG, qui terminent le carré supérieur du cube.

(Voir, pour l'application de cette règle, les figures 137 et 138.)

Fig. 137.

Application pittoresque de la **règle 96**.

Même principe que pour les vue de front et d'angle; mais ici les lignes se dirigent sur l'horizon à des points accidentels.

Remarquer l'emploi de la diagonale au haut de la tour pour trouver le sommet du toit.

LE CUBE

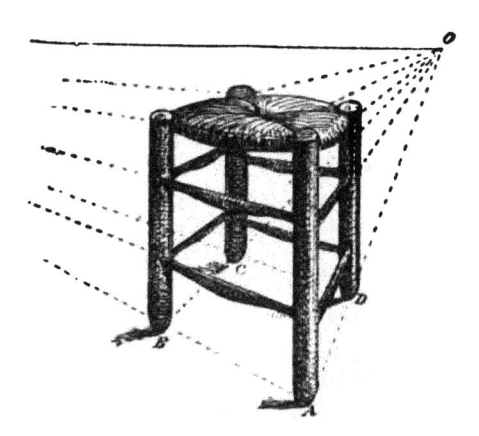

Fig. 138.

Autre application de la règle 96. Tabouret placé obliquement, l'un des points de fuite étant dans le tableau, au point O, et l'autre étant inaccessible.

97. — Autre cube vu obliquement.

Points de fuite inaccessibles.

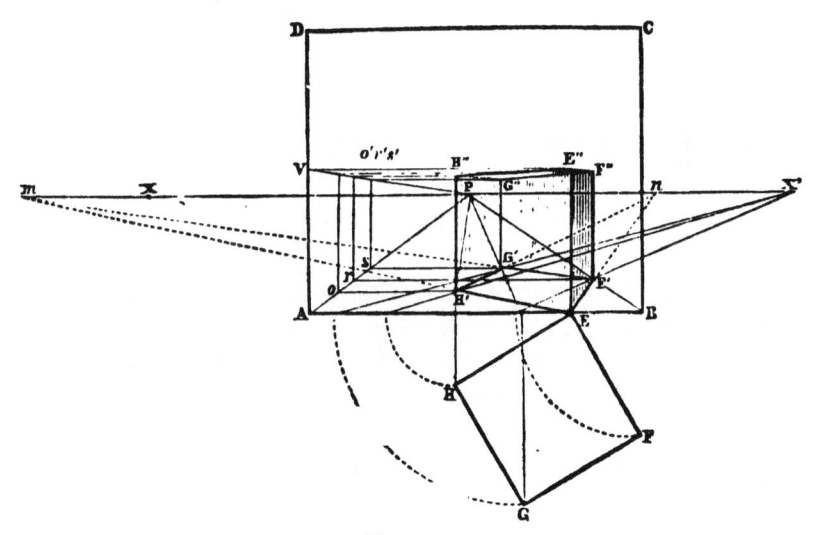

Fig. 139.

Si le cube est placé de telle manière que les points de fuite de ses côtés soient tous deux inaccessibles pour le spectateur, c'est-à-dire hors du tableau, la hauteur du cube sera déterminée au moyen de l'échelle fuyante.

Opération. — Le tableau ABCD (fig. 139) étant donné et les points X, X' pris comme points de distance, établir le carré géométral oblique EFGH et le carré fuyant oblique EF'G'H' : les points de fuite des côtés seront m, n, tous deux hors du tableau. Élever la verticale EE'', égale à EH, et reporter la grandeur EE'' à l'extrémité du tableau en AV; former l'échelle fuyante AP — VP; des angles F', G', H', conduire des horizontales rencontrant AP aux points o, r, s; élever les verticales oo' — rr' — ss'; reporter ces grandeurs en H'H'' — G'G'' — F'F'', et conduire les obliques E''H'' — H''G'' — G''F'' — F''E'', qui achèveront le carré supérieur du cube.

L'emploi de l'échelle fuyante est le moyen le plus simple pour élever les monuments obliques dont les points de fuite sont inaccessibles. On comprendra facilement que l'emploi des parallèles ou des diagonales, comme il a été précédemment indiqué, suffise pour donner aux monuments ainsi élevés la profondeur et les divisions que l'on juge convenables.

98. — Quadrilatère composé.

A titre de corollaire des études qui précèdent sur les vues obliques de surfaces ou d'élévations, un quadrilatère composé (fig. 140) va présenter une construction d'aspect plus complet, mais d'exécution plus complexe, dont le plan est donné ici séparément, pour éviter que les lignes d'opération de ce plan, assez nombreuses, puissent venir se confondre avec celles de l'élévation.

La construction à élever, qui représente une sorte de donjon, est formée d'une tour centrale carrée, accompagnée, à ses quatre angles, de quatre pavillons également carrés, qui

LE CUBE 97

l'enclavent de telle sorte que chacun de ses angles s'appuie sur le centre de chaque tourelle.

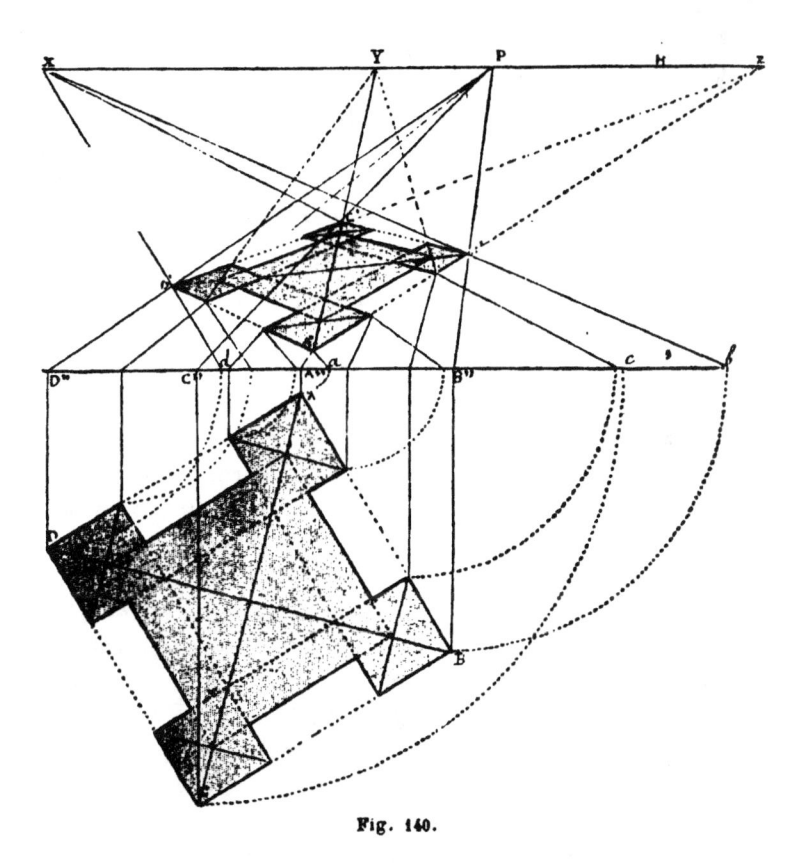

Fig. 140.

Opération. — Établir le plan géométral du carré oblique ABCD, de grandeur à volonté, carré représentant la saillie extérieure des tourelles, soit la proportion totale de la construction.

Prendre sur les angles de ce carré quatre carrés de grandeur semblable et du centre de chacun de ces carrés conduire les côtés du carré central.

Établir la perspective de ce plan suivant la situation donnée de la ligne de terre $D''b$ et de l'horizon XZ. A cet effet, élever successivement les verticales DD″ — CC″ — AA″ — BB″, etc. (règle 61, fig. 69) ; conduire les fuyantes D″P — C″P — A″P — B″P et, par les diagonales fuyantes $dX — aX — cX — bX$, déterminer les angles extérieurs du grand carré A′B′C′D′, dans lequel il sera facile d'inscrire le carré intérieur, en observant qu'une diagonale de ce carré a son point de fuite en Y, à gauche du point de vue.

Dans cette figure, le point de fuite de l'un des côtés se trouve à l'extrémité du tableau en Z; on observera que toutes les parallèles à A′B′ devront être dirigées vers ce point

99. — Élévation perspective du donjon, d'après le plan de la figure 140.

Sur l'angle A (fig. 141) du plan perspectif ABCD prendre à volonté en AA′ la hauteur du corps de la tourelle du premier plan ; conduire vers l'extrémité du tableau l'horizontale AA″; élever la verticale A″A‴ égale à AA′ et former une échelle fuyante sur un point quelconque de l'horizon, soit Z; sur cette échelle A″Z — A‴Z on déterminera successivement la hauteur égale des quatre tourelles suivant la verticale de leur plan. (Voir la règle 97, fig. 139.) C'est à l'aide de cette même échelle surélevée qu'on donnera une élévation semblable aux toits de ces quatre tourelles. Enfin, bien que le toit de la tour centrale soit unique et, par conséquent, ne tombe pas absolument sous l'application de la règle de l'échelle, on peut cependant reconnaître la proportion relative de ce toit en formant, d'après la verticale centrale CC′, l'échelle C″Z — C‴Z, dont la fuyante supérieure C‴Z, prolongée en avant sur A″A‴, permet de reconnaître que le sommet central a une élévation à peu près double de celle du corps de la tourelle AA′.

LE CUBE

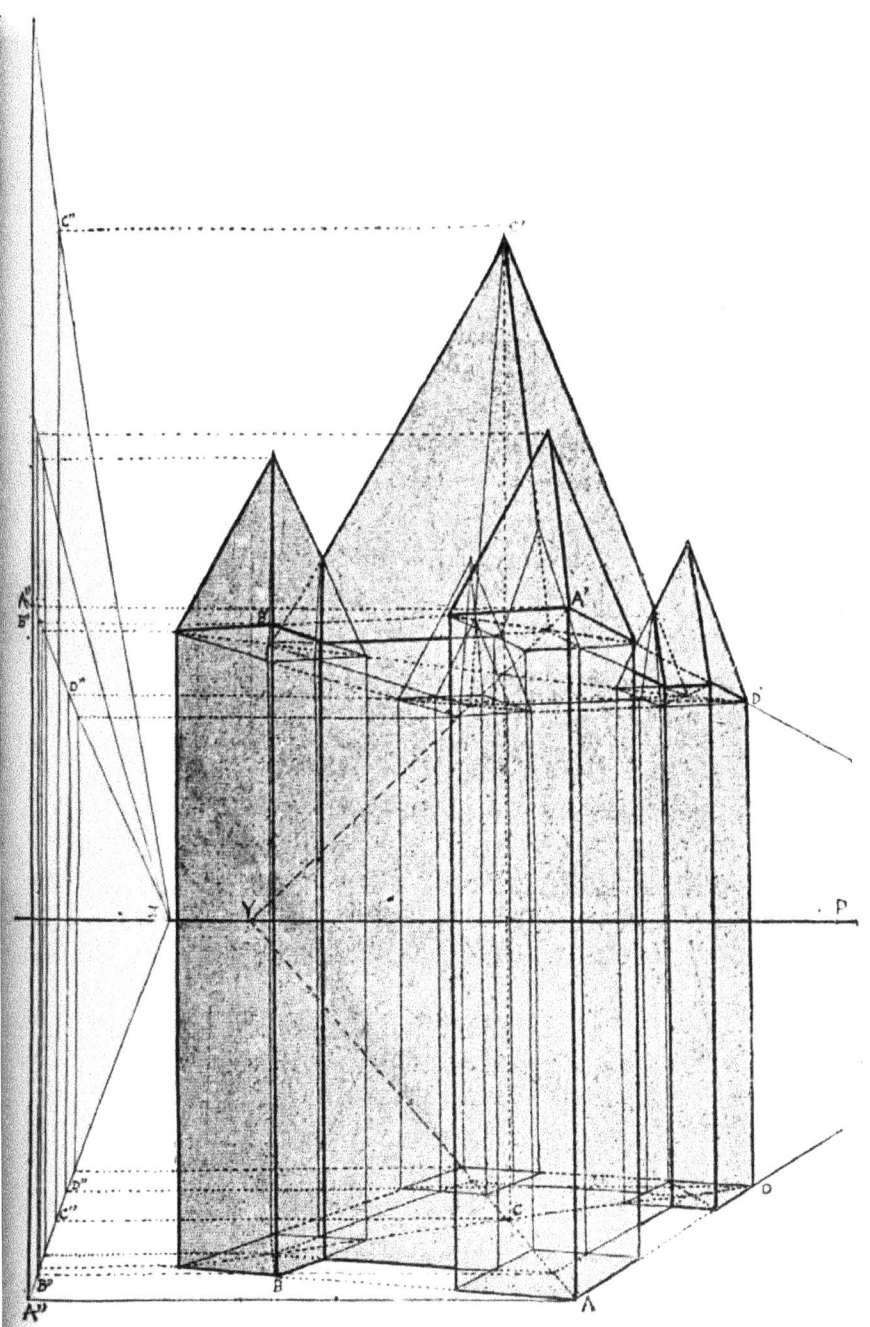

Fig. 111.

LES TOITS.

100. — Il y a de nombreuses variétés de toits, différant entre eux de hauteur et de forme selon la nature des matériaux employés à la toiture des constructions et les pays où elles sont élevées.

Ainsi, pour ne parler que de la France, les toits, dans le Centre et le Midi, sont moins élevés que dans le Nord, où l'ardoise, le plus souvent, sert à les recouvrir; par sa légèreté, l'ardoise se prête à l'élégance des formes.

En général, la coupe de ces toits est au moins celle d'un triangle équilatéral (fig. 142), c'est-à-dire que les côtés en

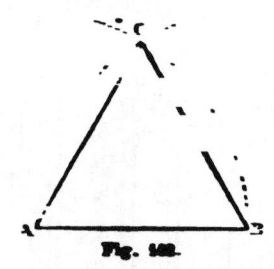

Fig. 142.

sont égaux à la base ; quelquefois même ils sont beaucoup plus élancés, comme, par exemple, en Flandre et surtout vers les bords du Rhin.

L'emploi de la tuile plate, plus lourde que l'ardoise, est fréquent dans les constructions simples de l'Est et du Centre;

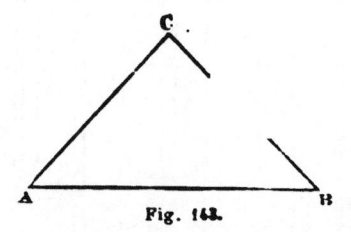

Fig. 143.

il présente des toits un peu plus surbaissés et donnant à peu près l'ouverture d'un angle droit (fig. 143).

Dans le Midi, on rencontre à chaque pas des toits couverts en tuiles creuses demi-cylindriques, dites tuiles-canal; ces toits présentent dans leur coupe un angle obtus plus ou moins ouvert (fig. 144).

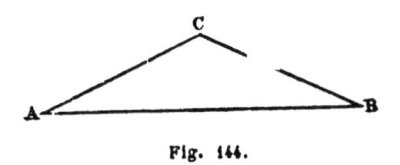

Fig. 144.

A part ces différences locales, il y a, comme construction et étude de perspective, quatre sortes de toits :

1° Le *toit pyramidal*, qui a le plus souvent quatre côtés, mais qui peut en avoir un plus grand nombre, selon qu'il a pour base un carré, un hexagone ou tout autre polygone ;

2° Le *toit de pavillon*, qui a quatre côtés inclinés sur un rectangle ;

3° Le *toit à pignon*, qui a deux côtés ;

4° Le *toit en appentis*, qui n'a qu'un seul côté réunissant deux murs parallèles de hauteur différente.

101. — Le toit pyramidal s'emploie pour les clochers ou les tourelles; il est d'un effet gracieux et élégant dans une vue pittoresque.

102. — Toit pyramidal simple.

Opération. — Étant donné (fig. 145) pour base d'un toit en pyramide le carré fuyant ABCD, élever sur le centre E une verticale indéfinie, sur laquelle viendront s'attacher, aux points F, G ou H, pris à volonté, les obliques partant des quatre angles du carré et déterminant le plus ou moins d'élévation du toit.

(Voir, pour l'application de cette règle, les figures 146 et 147.)

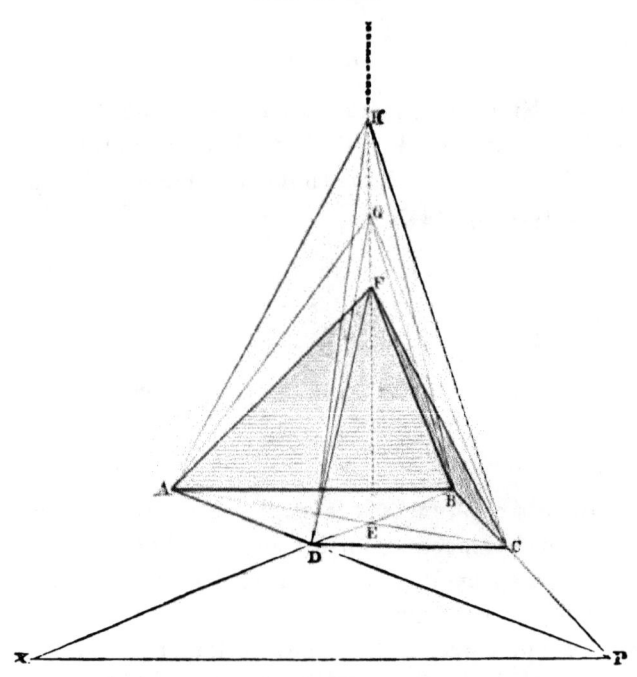

LES TOITS

Fig. 143.

Fig. 146.

Toit pyramidal, croquis d'application de la règle 102.

LES TOITS

Fig. 147.
Application pratique du principe général de la pyramide, règle 102.

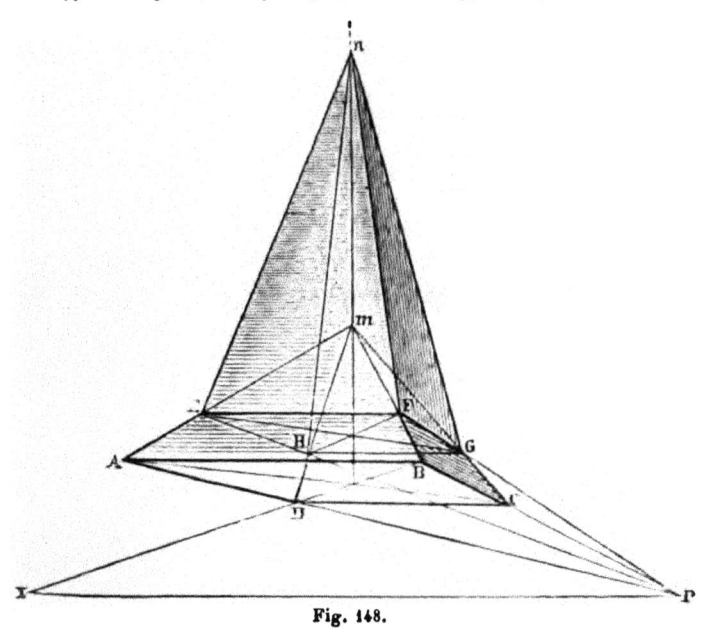

Fig. 148.

104　　　　　　　LES TOITS

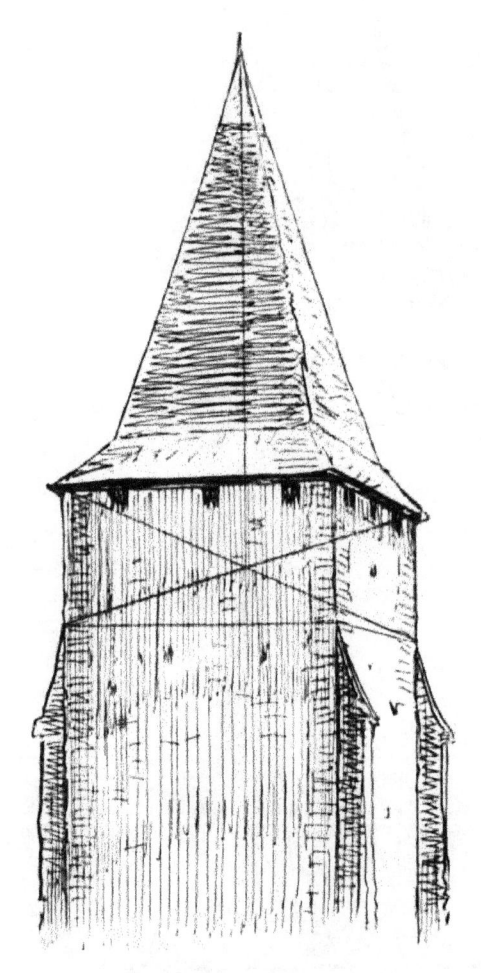

Fig. 149.

Croquis d'application de la règle 103.

103. — **Toit pyramidal composé**.

Quelquefois le toit de clocher est formé d'une double pyramide; la première, ayant son sommet en m (fig. 148) et tronquée à un point donné, forme à ce point le carré EFGH, qui devient la base de la pyramide supérieure, terminant le clocher au point n par un angle beaucoup plus aigu.

On voit que le carré EFGH est parallèle au carré inférieur ABCD et conserve en conséquence les mêmes points de fuite.

(Voir, pour l'application de cette règle, la figure 149.)

104. — Quelquefois encore deux ou plusieurs pyramides à bases égales forment la partie inférieure du clocher (fig. 150)

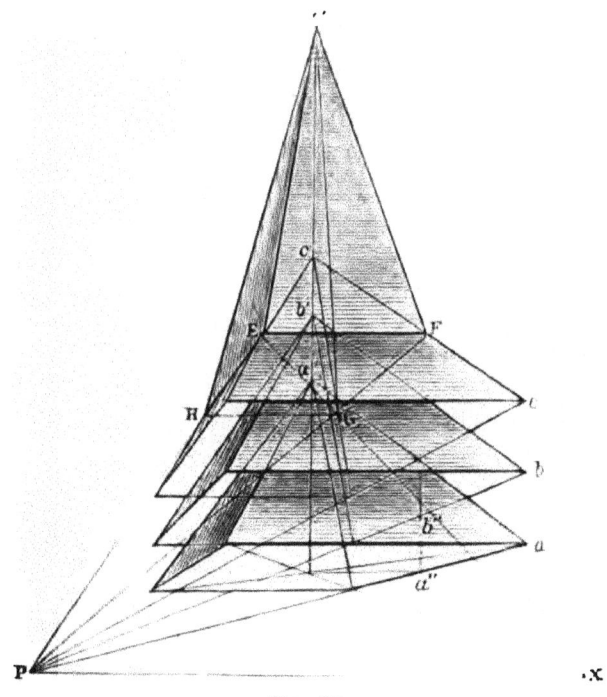

Fig. 150

et viennent en accidenter la silhouette, tandis que la pyramide supérieure s'élève, comme la précédente, sur un carré intérieur plus petit.

Fig. 151.
Application pittoresque de la règle 104.

Opération. — Pour ce toit (fig. 150), établir les carrés a, b, c, parallèles; prendre à volonté le sommet a' de la première pyramide, puis les grandeurs $a'b' - b'c'$, égales à $a''b'' : b'$ sera le sommet de la deuxième pyramide, et c' le sommet de la troisième, tronquée en EFGH, qui est la base de la pyramide centrale.

(Voir, pour l'application de cette règle, la figure 151.)

105. — Le toit pyramidal peut être élevé dans un sens opposé à celui des précédents, c'est-à-dire que, par exemple, les angles de la pyramide inférieure ABCD (fig. 152) se diri-

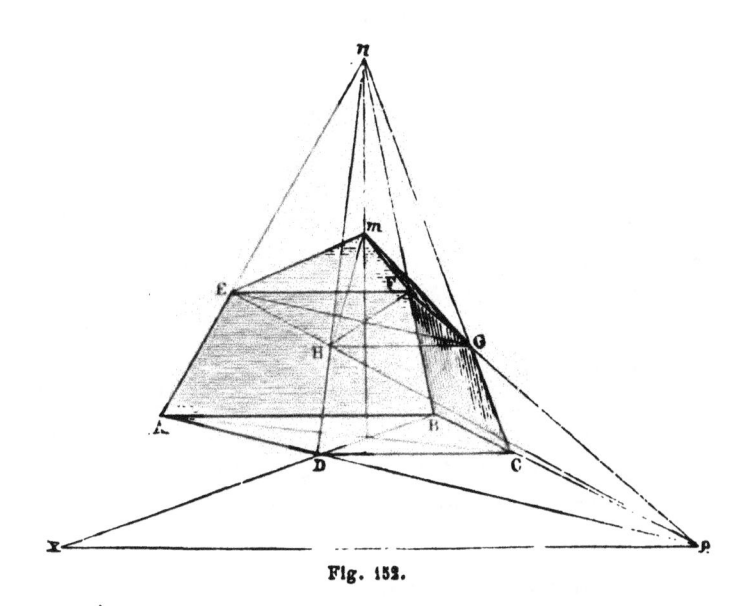

Fig. 152.

gent vers un sommet n très élevé; mais cette pyramide est tronquée à une hauteur à volonté, soit en EFGH; et le toit se termine par une seconde pyramide surbaissée, établie sur le carré EFGH et dont le sommet se trouve au point m.

Ce toit se rencontre assez souvent, comme toit de tourelle ou de pavillon carré, dans les constructions modernes.

106. — Toit de pavillon.

Ce toit est formé à chacune de ses extrémités par une pyramide dont l'œil n'aperçoit que deux côtés et dont les sommets sont réunis par une horizontale.

Opération. — Soit le rectangle ABCD (fig. 153) formant la base du toit : conduire la fuyante BX, déterminant sur AP, au point E, la profondeur du premier carré, que l'on terminera par l'horizontale EF ; conduire la fuyante DX prolongée jus-

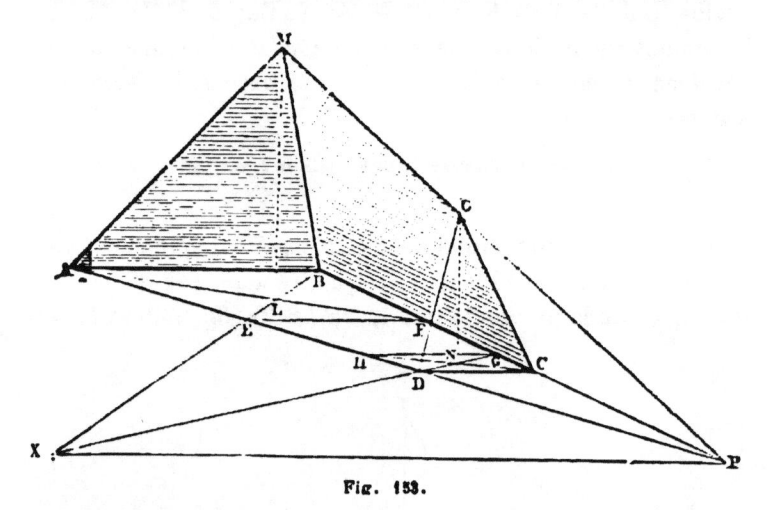

Fig. 153.

qu'à sa rencontre sur BP au point G, donnant la profondeur du second carré, que l'on terminera par l'horizontale GH. Sur le centre L du premier carré élever une verticale à volonté, soit LM ; conduire MP, qui déterminera la hauteur O de la verticale NO élevée sur le centre du second carré ; réunir les angles du toit aux points M, O par les obliques AM — — BM — CO — DO. La fuyante MO formera l'arête du toit.

Les toits de pavillon peuvent être construits sur des pyramides plus ou moins hautes ; on en rencontre aussi beaucoup qui sont élevés sur des pyramides tronquées, comme le toit de la figure 152.

(Voir, pour l'application de cette règle, les figures 154 et 155.)

Fig. 154.

Application pittoresque de la règle 106.

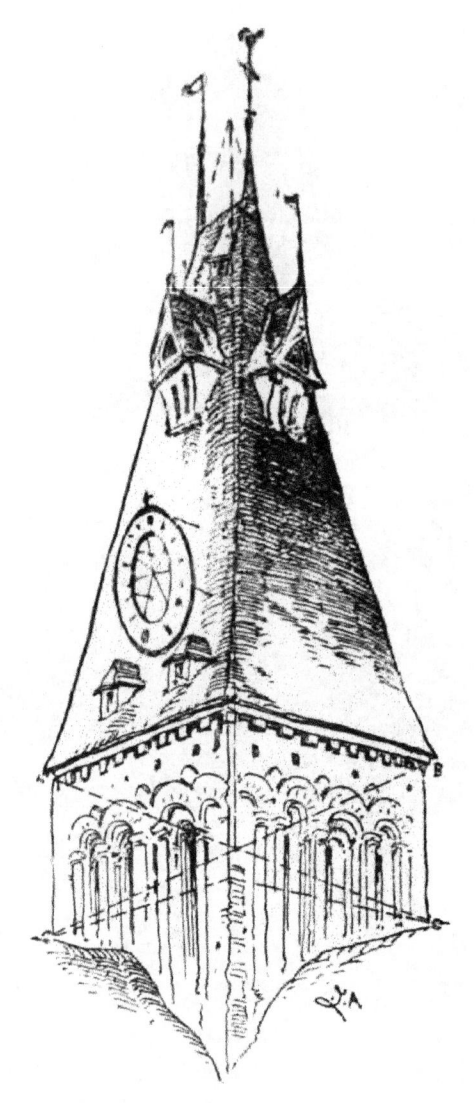

Fig. 155.

Autre application pittoresque de la règle 106. — Moyen pratique de trouver le sommet.

107. — Toit à pignon.

Ce toit offre à son sommet et dans toute sa longueur une arête qui le termine et qui forme à chaque extrémité du bâtiment le sommet d'un triangle ou fronton plus ou moins élevé.

Opération. — Étant donné le rectangle fuyant ABCD (fig. 156) comme base d'un toit à pignon, conduire les diagonales AC —

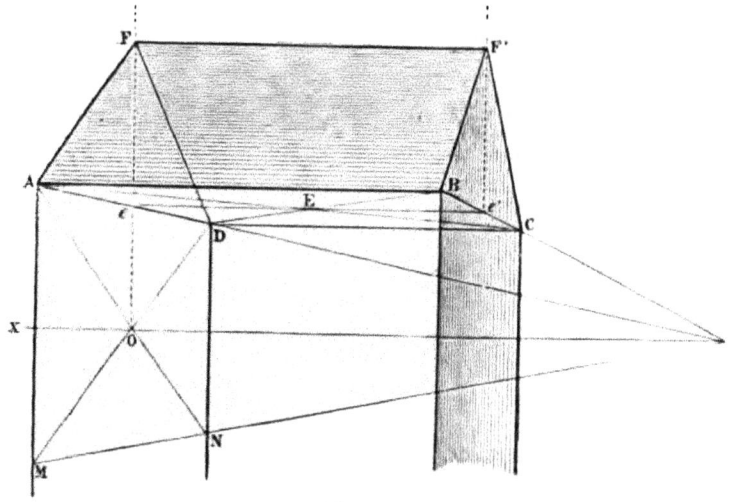

Fig. 156.

BD, se rencontrant au centre E; faire passer par le point E l'horizontale ee', déterminant le centre perspectif de BC — AD; élever sur e et sur e' des verticales indéfinies ; à une hauteur à volonté conduire l'horizontale FF', qui forme l'arête du toit, et réunir les angles aux sommets F, F' par les obliques AF — FD — BF' — F'C.

On remarquera que ce tracé est déterminé par l'emploi des diagonales (voyez n° 81) et que, si l'on prend à volonté, sur la façade du bâtiment, la hauteur AM, pour en former le rectangle perspectif AMND, la verticale élevée sur le centre O de ce rectangle conduira également au point F, sommet du pignon.

(Voir, pour l'application de cette règle, les figures 157 et 160.)

Fig. 157.
Double application de la règle 107.

108. — **Toit en appentis.**

Le toit dit en appentis n'offre aucune difficulté sérieuse;

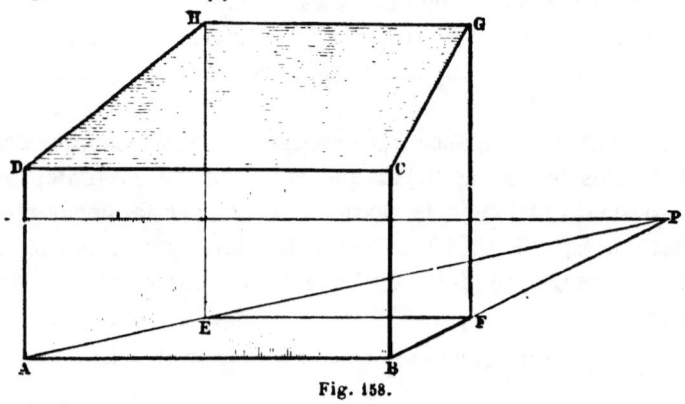

Fig. 158.

nous ne le mentionnons que pour en bien faire connaître la forme.

Ce toit étant donné sur un bâtiment vu de face, élever à volonté le rectangle ABCD (fig. 158) comme façade de la construction, et, à une profondeur également à volonté, le rectangle EFGH pour le fond du bâtiment : ce rectangle sera parallèle à ABCD, mais plus élevé, pour soutenir le sommet de l'appentis. Conduire les obliques DH — CG, qui termine-

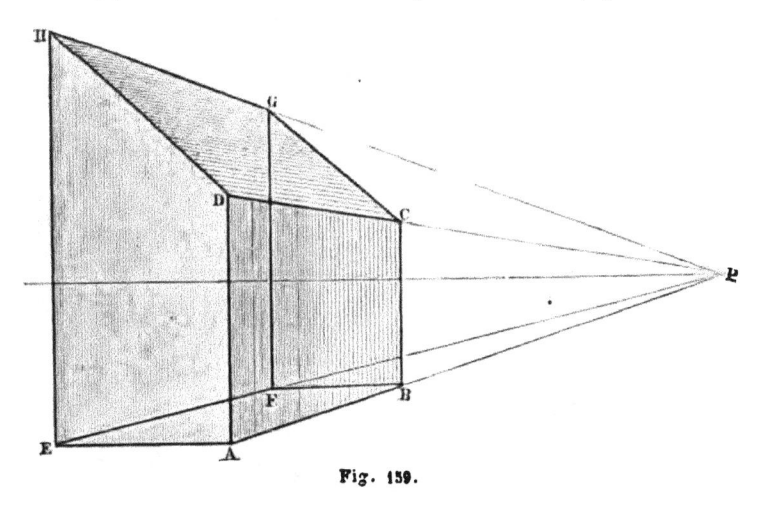

Fig. 159.

ront le toit. Si ces obliques, fuyantes inclinées, étaient indéfiniment prolongées, elles se réuniraient à un point donné (accidentel aérien), plus ou moins élevé sur la verticale du point de fuite P de la base. (Règle 128, fig. 180.)

(Voir, pour l'application de cette règle, la figure 160.)

109. — Si, au contraire, un des côtés, soit EADH (fig. 159), est en face du spectateur, il suffira de conduire les fuyantes parallèles EP — AP — DP — HP, et d'établir à une profondeur donnée FBCG parallèle à EADH.

Nous avons insisté sur ce toit, parce qu'en raison de la facilité qu'il présente, c'est sûrement un des premiers dont l'élève essayera l'étude d'après nature, et qu'on ne saurait rendre trop facile tout début, quel qu'il soit.

110. — **Toit de chalet.**

Les toits forment presque toujours en avant des murs une saillie plus ou moins grande, destinée à les préserver des

Fig. 160.

Application pittoresque des règles 107 et 108.

pluies ou des vents; mais cette saillie prend surtout de l'importance dans la construction des chalets, et il est bon de pouvoir la déterminer d'une manière précise.

Ce tracé nous reporte à la règle des carrés concentriques

(règle 84, fig. 104); seulement, ici (fig. 161), c'est le carré intérieur qui est donné en ABCD comme sommet du bâtiment sur lequel le toit doit être établi.

Opération. — Prendre sur l'horizontale AB prolongée les grandeurs Aa — Bb à volonté, mais égales entre elles, comme

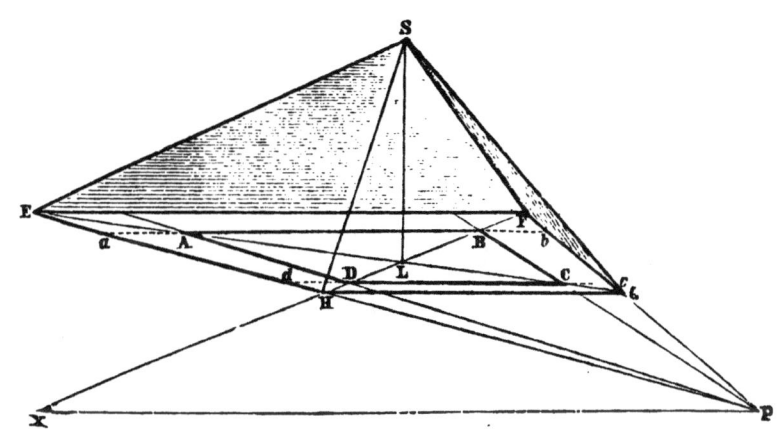

Fig 161.

saillie du toit; conduire bP — aP et prolonger AD — BC en deçà de AB; conduire la diagonale fuyante BX prolongée jusqu'à sa rencontre F sur bP prolongée et H sur aP; conduire les horizontales EF — HG, terminant le carré extérieur EFGH, qui sert d'appui au toit, dont les angles seront réunis au sommet S par les obliques ES — FS — GS — HS.

111. — Toit à quatre pignons.

Nous ne terminerons pas ce chapitre sans donner quelques exemples de toits pittoresques qu'on retrouve souvent encore sur des clochers de construction ancienne.

Tel est celui de la figure 162.

Ce toit, qui a pour base un carré, ABCD, est formé de deux toits à pignon dont les arêtes *ac — bd* se coupent à angle

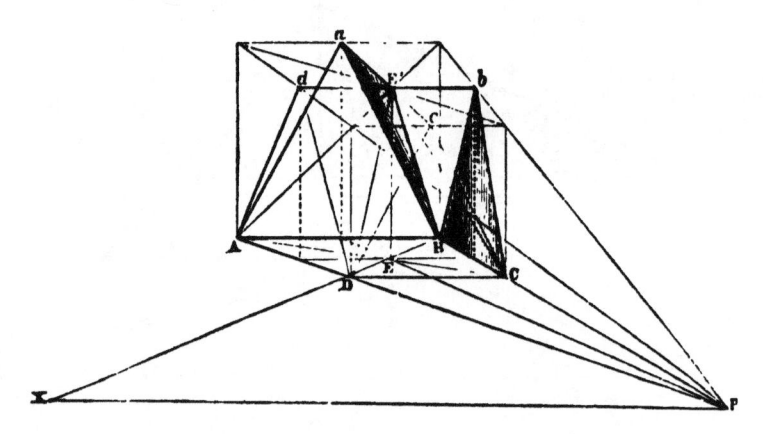

Fig. 162.

droit au centre E'. L'intersection des côtés forme les arêtes AE' — BE' d'une pyramide quadrangulaire dont le sommet se trouve également au centre E'. Le monument est ainsi terminé sur chacune de ses faces par un fronton dont l'élévation est quelquefois plus grande, mais n'est jamais moindre que celle d'un triangle équilatéral.

(Voir, pour l'application de cette règle, la figure 164.)

112. — Même toit avec pyramide centrale.

Quelquefois encore une pyramide centrale vient briser les arêtes et s'élève au-dessus de l'intersection des pignons.

Opération. — Les quatre frontons A*a*B — B*b*C, etc., étant déterminés (fig. 163), sur le centre E du carré ABCD élever une verticale indéfinie ; conduire vers le sommet E″, pris à

volonté, les obliques AE″ — BE″ — CE″ — DE″; des centres
m, n, o, r des côtés du carré, conduire les obliques mE″

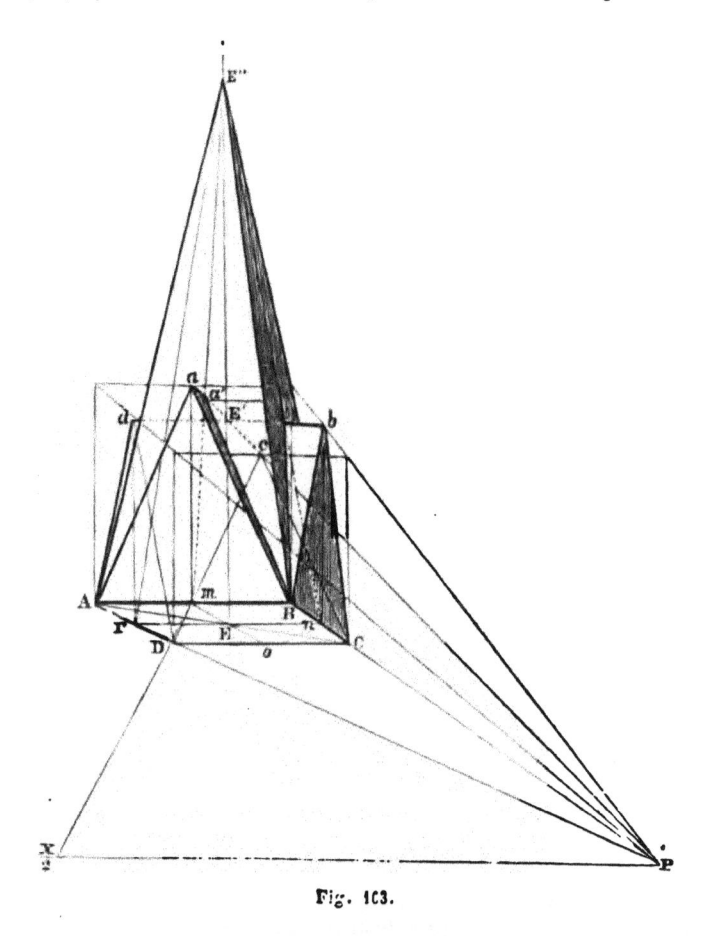

Fig. 103.

— nE″— oE″—rE″; tracer l'arête horizontale db, dont la rencontre en b′, sur nE″, indiquera l'intersection visible b′B des deux toits sur le côté BE″C de la pyramide; enfin, conduire l'arête fuyante aCP, dont la rencontre en a′, sur mE″, déterminera l'intersection visible a′B des deux toits sur le côté AE″B de la pyramide.

(Voir, pour l'application de cette règle, la figure 104.)

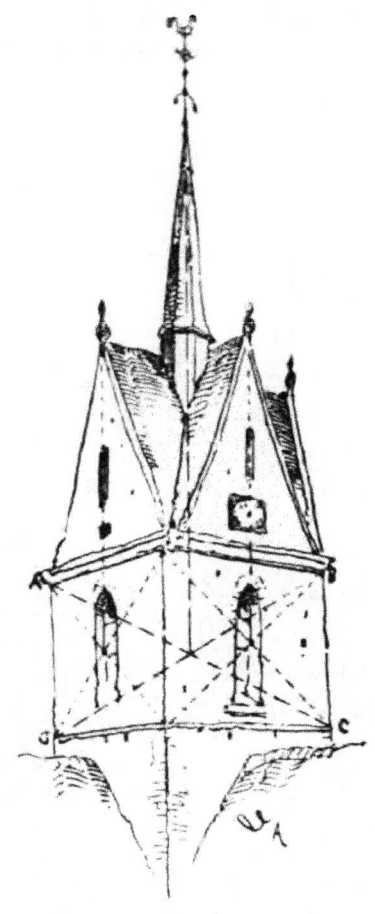

Fig. 164.

Application prise sur nature du toit à quatre pignons (règles 111 et 112).
Emploi multiple des diagonales.

PORTES ET FENÊTRES.

113. — Déterminer par le carré l'épaisseur visible des murs dans des ouvertures rectangulaires, telles que portes, fenêtres ou trappes.

114. — **Porte fuyante**.

Soit le rectangle ABCD (fig. 165) pris comme ouverture d'une porte dans un mur fuyant au point de vue et placé à droite du spectateur.

Opération. — Prendre à volonté la grandeur KL comme épaisseur du mur au bord du tableau ; conduire les fuyantes

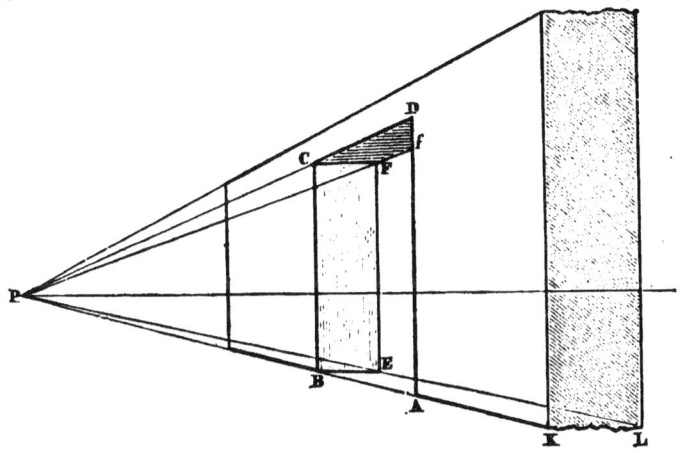

Fig. 165.

KP — LP et déterminer par l'horizontale BE l'épaisseur du mur au plan B ; élever la verticale EF et conduire CF parallèle à BE : CF sera l'angle rentrant du haut de la porte ; conduire la fuyante FP prolongée jusqu'à sa rencontre en f, sur AD : fF sera le côté du mur parallèle à DC.

115. — **Fenêtre ayant l'horizon à la moitié de sa hauteur**.

Le rectangle ABCD (fig. 166) représente l'ouverture d'une fenêtre placée de telle manière que le spectateur aperçoit à la fois l'appui de cette fenêtre et l'épaisseur du mur au-dessus de l'horizon.

Opération. — Prendre à volonté les grandeurs KL — K'L' égales entre elles ; conduire les fuyantes KP — LP — K'P — L'P ; déterminer l'épaisseur du mur en BC par les horizontales BE — CF et élever la verticale EF, qui termine la partie visible de l'intérieur de la fenêtre.

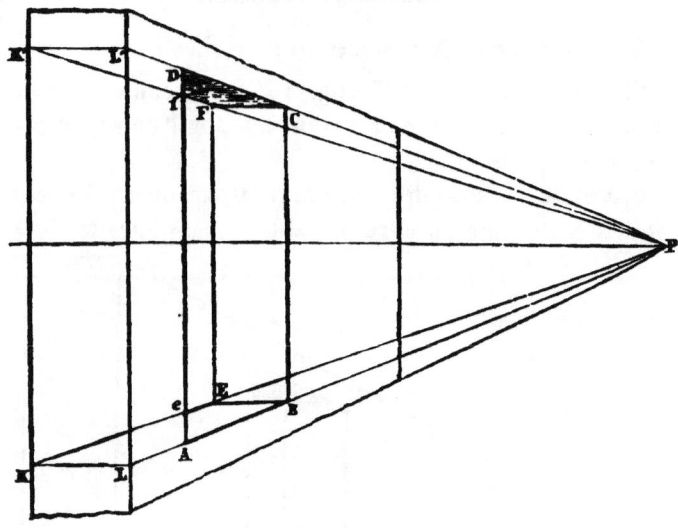

Fig. 166.

116. — Porte vue de face.

Une porte étant ouverte dans un mur placé en face du spectateur, déterminer l'épaisseur de ce mur sur tous les côtés de la porte.

Opération. — Les angles intérieurs du carré ABCD (fig. 167) concourront au point de vue par les fuyantes AP — BP — CP

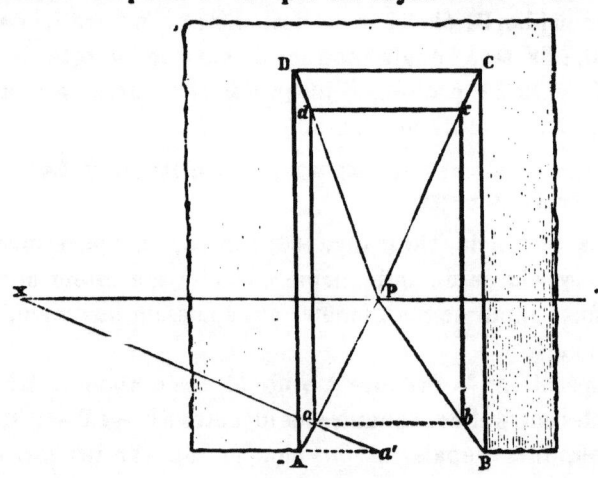

Fig. 167.

— DP, et la profondeur du mur se déterminera par la grandeur Aa', prise à volonté et reportée sur la fuyante AP, que coupera en a la fuyante $a'x$. (Règle 55, fig. 64.)

Trouver sur l'autre côté de la porte une profondeur égale à Aa par l'horizontale ab; élever les verticales ad — bc et terminer le rectangle intérieur de la porte par l'horizontale dc.

117. — Ouverture horizontale fuyante au-dessus de l'horizon.

Étant donné le rectangle fuyant ABCD (fig. 168) comme grandeur de l'ouverture, prendre au premier plan les épaisseurs ad — bc à volonté, mais égales entre elles; conduire les

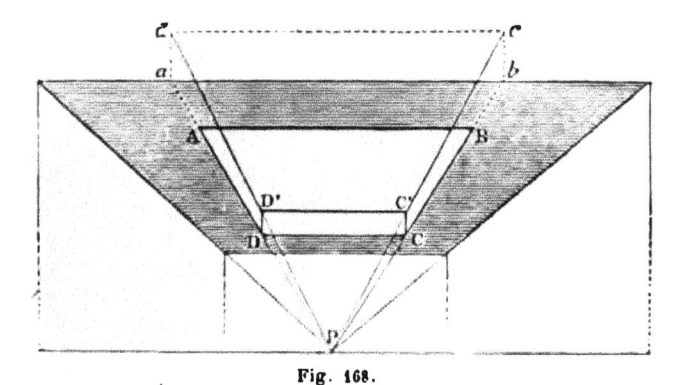

Fig. 168.

fuyantes dP — cP; élever les verticales DD′ — CC′ et réunir les points D′, C′ par une horizontale, qui terminera l'épaisseur intérieure visible de l'ouverture ABCD.

118. — La figure 169 offre, dans un intérieur qui est lui-même une application du cube (voir figure 123), la réunion de ces diverses ouvertures. La difficulté consiste ici à conserver la même épaisseur de muraille ab aux ouvertures verticales A, B, C, D, tandis que l'épaisseur cd de l'ouverture E du plafond sera moins grande; mais, si au contraire une trappe est donnée comme entrée de cave en F, le mur formant voûte au-dessus de cette cave devra présenter une épaisseur plus considérable.

PORTES ET FENÊTRES

Cet intérieur est supposé vu de face pour faciliter l'exécution du tracé ; si, d'après nature, il se présentait obliquement,

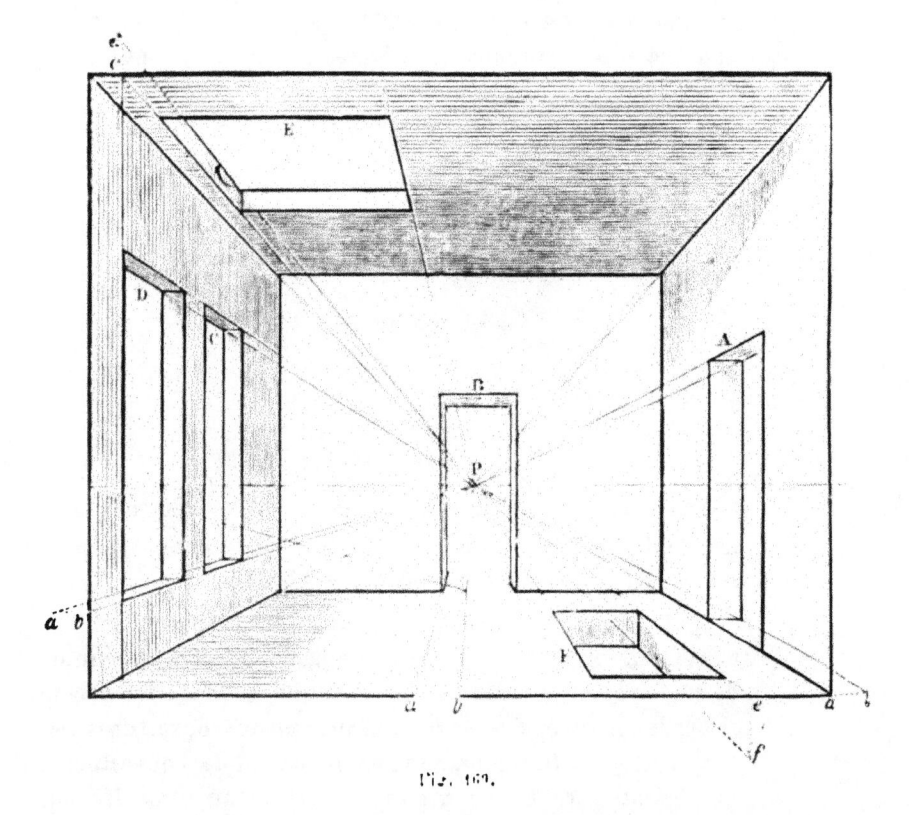

Fig. 169.

les bords des ouvertures, qui sont toujours **parallèles aux fuyantes des angles intérieurs des murs**, se dirigeraient en conséquence aux mêmes points que ces fuyantes.

L'ESCALIER.

119. — L'escalier offre une nouvelle et multiple application du carré, chaque marche étant le plus souvent formée de deux rectangles, l'un horizontal et l'autre vertical.

120. — Escalier vu de face.

Opération. — Étant donné le rectangle ABCD (fig. 170) comme élévation de la première marche d'un escalier vu de face, élever la verticale indéfinie A, sur laquelle on détermi-

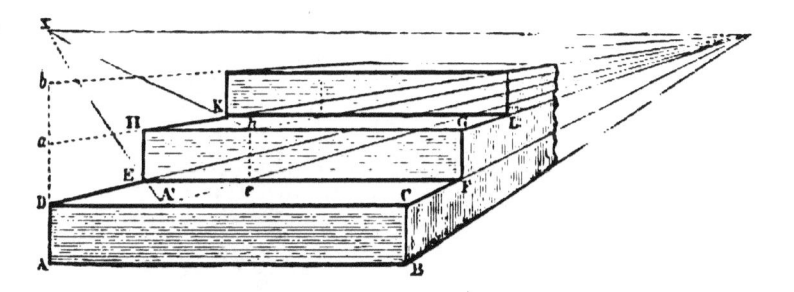

Fig. 170.

nera les grandeurs Da — ab, égales à AD; conduire les fuyantes BP — CP — DP — aP — bP; prendre à volonté sur DC la grandeur DA' au moins deux fois égale à AD; conduire la fuyante A'X, dont l'intersection E sur DP sera la profondeur cherchée de la première marche, qu'on terminera par l'horizontale EF; élever la verticale EH, dont l'intersection H sur aP déterminera la hauteur de la deuxième marche; élever FG parallèle à EH; conduire l'horizontale HG, complétant le rectangle EFGH. Pour trouver le dessus de cette

marche d'une profondeur égale à DE, conduire A'P, élever
eh et conduire hX, qui donnera sur aP, au point K, la profondeur cherchée. Conduire l'horizontale KL, qui terminera
le rectangle HGLK. Opérer de même pour les autres marches.

<small>(Voir, pour l'application de cette règle, les figures 171 et 173.)</small>

Fig. 171.

Croquis d'après nature ; application de la règle 120.

121. — **Escalier fuyant**.

L'escalier est vu de côté, c'est-à-dire qu'il a ses marches
fuyantes au point de vue.

Opération. — Établir d'abord le côté ABC (fig. 172) avec l'indication du profil des marches en nombre à volonté, soient a, b, c, d; conduire les fuyantes aP, a'P — bP, b'P — cP, c'P

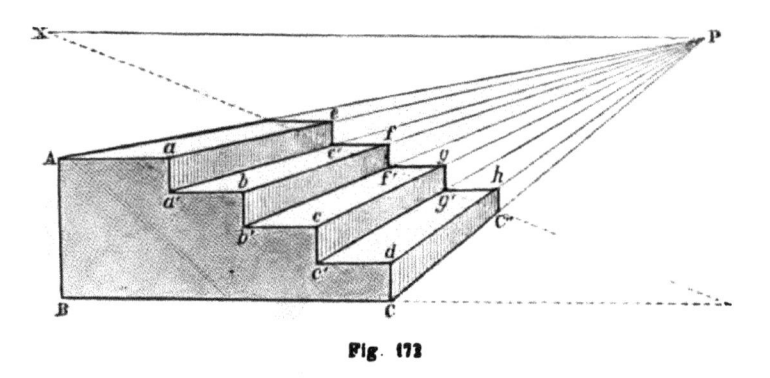

Fig. 173

— dP, cP; à la profondeur C″, déterminée à volonté par la fuyante C′X, élever la verticale C″h; enfin, conduire successivement des horizontales et des verticales réunissant les fuyantes entre elles et formant le profil opposé de l'escalier.

122. — Escalier de perron à pans coupés (application d'après nature des règles 120 et 121).

Opération. — Après avoir tracé la ligne AB (fig. 173), la diviser en deux parties égales : la première partie donnera la largeur de l'escalier de face et la seconde donnera la largeur de l'escalier de côté.

Pour l'escalier de côté, la seconde partie de la ligne AB étant divisée en autant d'autres parties que l'on désire de marches, six par exemple, on conduira de chacun des points de division des fuyantes au point de vue, pour déterminer la place occupée par chaque marche au plan de l'escalier fuyant.

Fig. 173

123. — Escalier de calvaire.

Cet escalier, formé d'un nombre donné de marches carrées de grandeurs dégradées également, est une application des deux règles précédentes réunies.

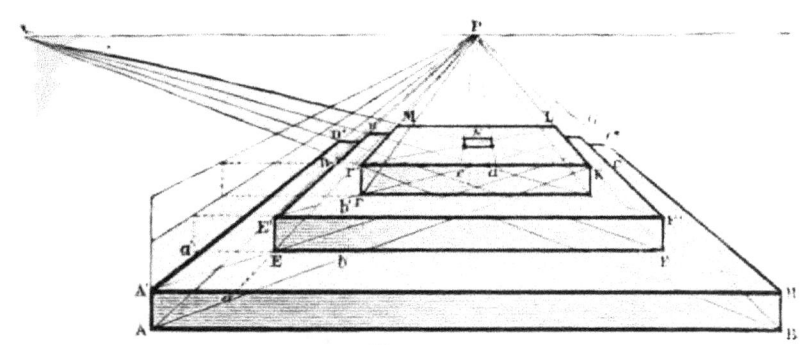

Fig. 174.

Opération. — Étant donné, pour base du calvaire, le carré perspectif ABCD (fig. 174), et l'élévation AA' étant prise à volonté comme hauteur de la première marche, mener les diagonales A'C' — B'D'; prendre la grandeur A'a à volonté (mais au moins deux fois égale à AA') et conduire la fuyante aP, dont l'intersection E sur la diagonale A'C' déterminera l'angle du carré inférieur de la seconde marche, dont nous ne voyons ici que le côté parallèle EF; donner à cette marche l'élévation perspectivement égale à AA'; établir le carré E'F'GH, formant le dessus de la deuxième marche. Faire Eb égale à Ea'; élever la verticale bb' et conduire b'P, dont l'intersection r sur la diagonale E'G donnera l'angle du carré r'KLM, base de la troisième marche; déterminer l'élévation égale de cette marche, dont le dessus sera la plate-forme du calvaire; au centre N de cette plate-forme former un carré sur la grandeur donnée cd : ce carré marquera la place occupée par l'arbre de la croix dont nous allons parler à la page suivante.

128 LA CROIX DE CALVAIRE

Cet escalier se rapporte à la règle des carrés concentriques (n° 84, fig. 104).

LA CROIX DE CALVAIRE.

124. — Croix vue de face.

Soit en ABCD la plate-forme du calvaire (fig. 175) et en A′B′C′D′ l'épaisseur de l'arbre de la croix.

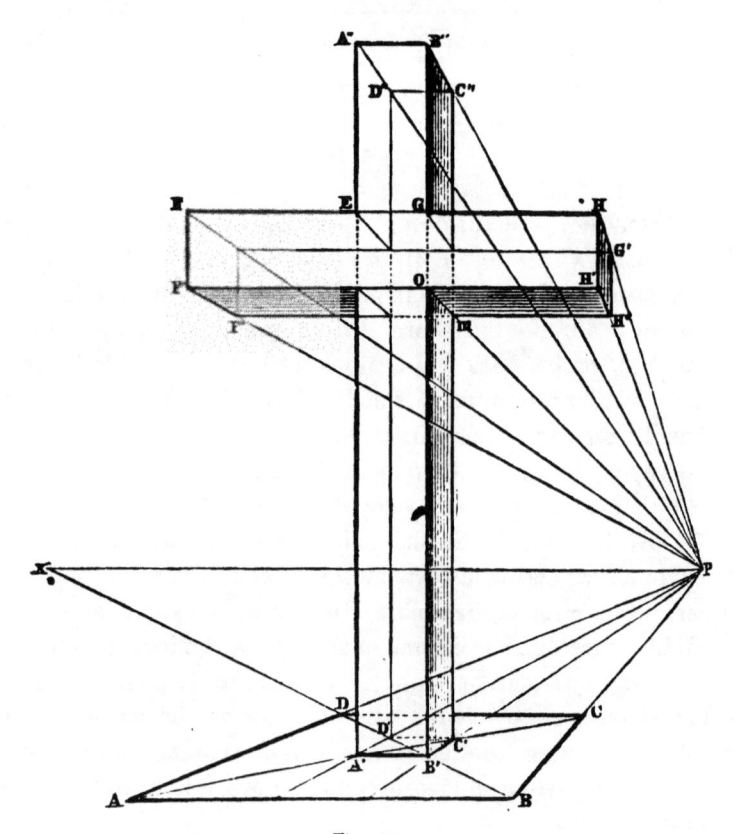

Fig. 175.

Opération. — Élever les verticales A'A″ — B'B″ à volonté ; conduire l'horizontale A″B″ et les fuyantes A″P — B″P ; élever les verticales C'C″ — D'D″ : les intersections C″, D″ termineront le carré A″B″C″D″, sommet de la croix et parallèle à A'B'C'D'.

Prendre la grandeur A″E et la reporter horizontalement en EF ; sur cette horizontale prolongée faire GH égale à EF, abaisser les verticales FF' — HH', égales à A″B″, et conduire l'horizontale F'H', formant le rectangle des branches de la croix ; conduire les fuyantes FP — F'P — HP — H'P et la fuyante OP, dont l'intersection m sur C'C″ déterminera l'épaisseur visible du dessous des branches ; conduire l'horizontale F″H″ et former, à l'extrémité de la branche GH, le carré perspectif HH'H″G', qui en déterminera l'épaisseur visible.

La croix a été supposée transparente pour faciliter l'opération.

125. — Croix vue de côté.

Les branches de la croix sont supposées fuyantes.

Opération. — Établir (fig. 176) l'arbre comme il vient d'être dit pour la figure 175 ; prendre à volonté la grandeur B″E et conduire EP prolongée indéfiniment en deçà de B″E ; prendre horizontalement EF égale à B″E et GH égale à C″G ; conduire les fuyantes HX — FX, dont les intersections sur EP donneront les points F', H', extrémités des branches de la croix ; prendre la grandeur EE' égale à A″B″, conduire E'P indéfinie, abaisser F'F″ et terminer l'extrémité de cette branche par un carré géométral LF'F″L' ; conduire LP et l'horizontale E'M, angle rentrant de la branche EF' sur la croix ; abaisser H'H″ et conduire H″N, angle extérieur de la branche GH'.

Indiquer, comme dans le tracé précédent, les épaisseurs en transparence.

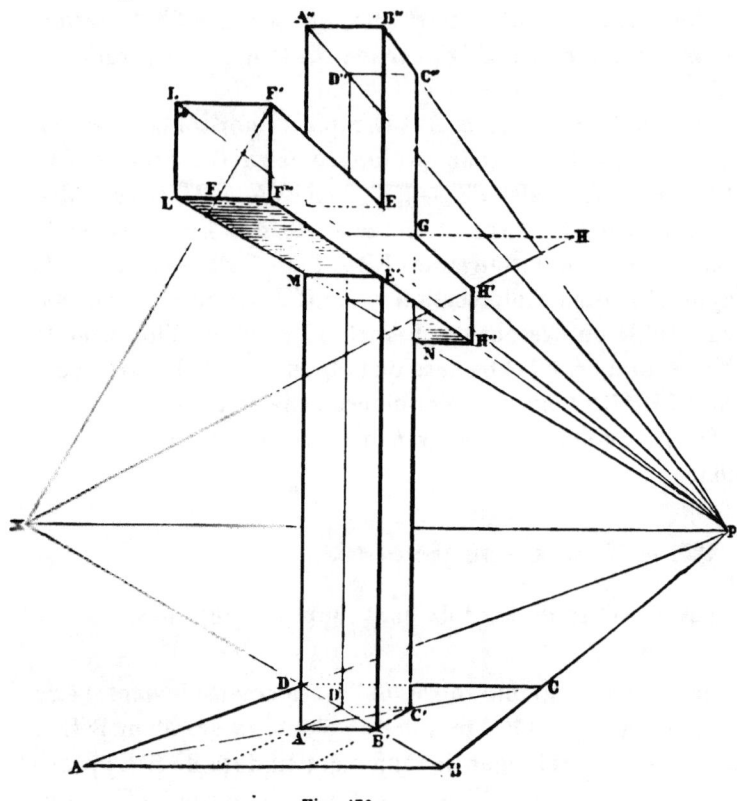

Fig. 176.

TABLE FUYANTE.

126. — Mettre en perspective une table ayant la forme d'un carré long ou rectangle.

Opération. — Déterminer à volonté sur le terrain perspectif le rectangle ABCD (fig. 177) comme grandeur totale de la table; prendre les grandeurs égales AL — MB et conduire les fuyantes LP — MP; déterminer, par la fuyante MX et l'horizontale mF, l'angle F du rectangle intérieur EFGH, formé par les pieds de la table; prendre à volonté sur EF les grandeurs égales Ee — fF pour l'épaisseur de ces pieds; conduire eP — fP et les diagonales fuyantes $f\mathrm{X} - \mathrm{EX} - \mathrm{H'X} - g\mathrm{X}$, qui détermineront les bases perspectivement égales des mêmes pieds ; élever à volonté les verticales AA' — BB' et conduire A'P — B'P; élever les verticales DD' — CC' et conduire les horizontales A'B' — D'C', qui termineront le rectangle supérieur de la table. On déterminera à volonté l'épaisseur visible de cette table par l'horizontale ab et la fuyante aP; pour terminer le

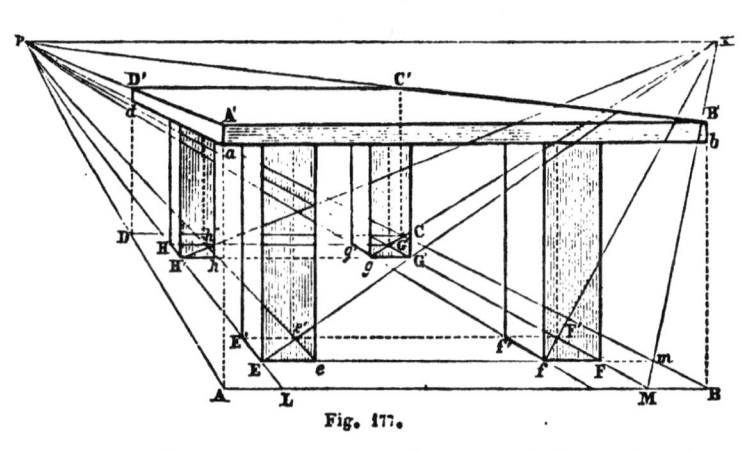

Fig. 177.

tracé, élever de tous les angles visibles des pieds de la table des verticales jusqu'à leur intersection sur ab — ad.

LES PLANS INCLINÉS.

127. — Le profil d'un plan incliné est considéré comme la diagonale d'un carré ou d'un rectangle de dimensions plus ou moins grandes, selon l'obliquité du plan : soit la rampe ABC

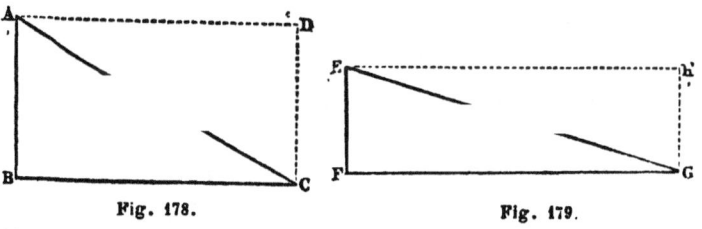

Fig. 178.   Fig. 179.

(fig., 178), donnant le rectangle ABCD, ou la rampe EFG (fig. 179), donnant le rectangle EFGH.

128. — Plan incliné montant.

Tout objet incliné de manière à présenter un profil analogue et dont l'extrémité la plus haute est la plus éloignée du spectateur a son point de fuite au-dessus de l'horizon, sur la verticale menée du point de fuite de sa base. Ce point, dit *aérien* (voir n° 46), est plus ou moins élevé au-dessus de l'horizon, selon que l'inclinaison du plan est plus ou moins rapide.

Opération. — Étant donnée la planche ABCD (fig 180), dont la base BC' se dirige au point de fuite horizontal P, cette

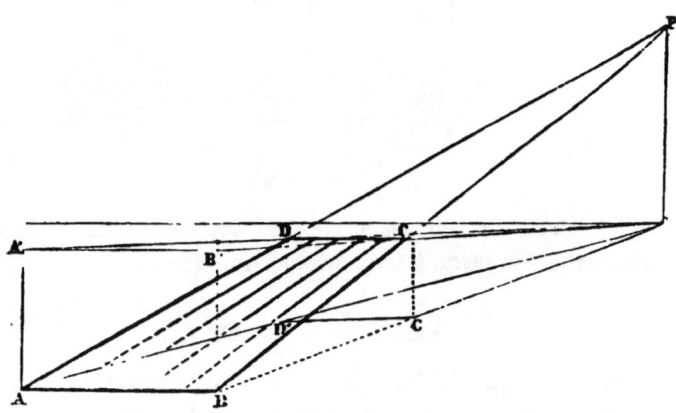

Fig. 180.

planche aura, suivant son inclinaison BC, son point de fuite aérien en P', vers lequel se dirigeront toutes les parallèles à BC; si l'on conduit la fuyante CP, prolongée jusqu'à la verticale BB', on aura en B'B l'élévation géométrale de la planche. (Voir règle 108, fig. 158.)

129. — Plan incliné descendant.

Si la planche est inclinée en sens opposé, c'est-à-dire plus élevée du côté le plus rapproché du spectateur, son point de fuite sera au-dessous de l'horizon, sur la verticale abaissée du point de fuite de sa base.

Opération. — Soit ABCD (fig. 181), dont la base B'C est fuyante au point P : abaisser la verticale indéfinie PP'; prolonger BC jusqu'à son intersection sur PP' en P', qui sera le point de fuite de la planche et où l'on dirigera toutes les parallèles à BC. Ces points sont dits *points terrestres, souterrains ou sous-horizontaux*.

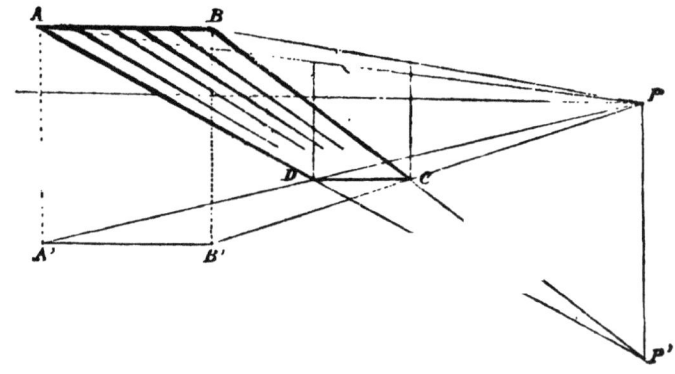

Fig. 181.

130. — Escalier de perron présentant la double inclinaison, montante et descendante.

Opération. — Soit le perron ABCD (fig. 182) : lui donner à volonté l'élévation AE, divisée en quatre marches égales en l, m, n, E; conduire les fuyantes AP, base de ce perron, lP — mP — nP — EP, son sommet; déterminer sur AP, par la distance réduite au tiers, la profondeur AB pour la partie montante, la grandeur BC pour la plate-forme du perron, enfin la grandeur CD égale à AB pour le côté descendant; diviser AB en trois parties perspectivement égales : Ao — or — rB'. La première marche Al étant indiquée, élever les verticales oo' pour la seconde marche, rr' pour la troisième : la verticale B'b déterminera l'angle b de la plate-forme du perron, et la verticale C'c donnera en c l'angle opposé de cette plate-forme. Si maintenant on élève une oblique fuyante passant par les sommets l, o', r', b de chaque marche, cette fuyante prolongée ira toucher le point aérien P' sur la perpendiculaire PP'; la fuyante A$o''r''b''$, qui lui est parallèle, se dirigera également au point P'; enfin, si du point D', sommet de l'angle inférieur donné de la première marche du côté descendant, on élève une verticale touchant la fuyante ;P en s, le point s sera le sommet de cette première marche.

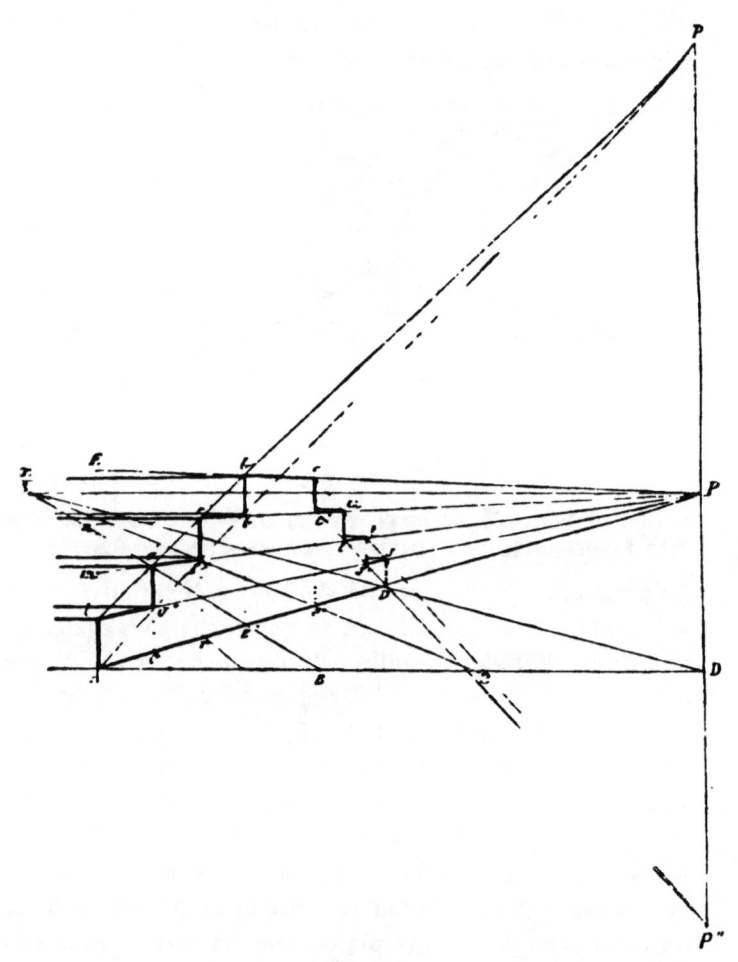

Fig. 182.

En conséquence, si l'on abaisse l'oblique fuyante csP″, on déterminera les angles supérieurs des marches, et par la fuyante parallèle c'D'P″ on en déterminera les angles inférieurs t', s', etc.

131. — Application de l'échelle fuyante aux plans inclinés.

S'il est facile, lorsqu'un escalier est seulement de quel-

LES PLANS INCLINÉS 135

ques marches, comme le perron de la figure 182, de déterminer chacune de ces marches par la règle des carrés, il n'en est pas de même lorsque l'escalier s'élève à une grande hauteur et se compose d'un grand nombre de marches : c'est alors que l'emploi de l'échelle fuyante simplifie beaucoup le tracé.

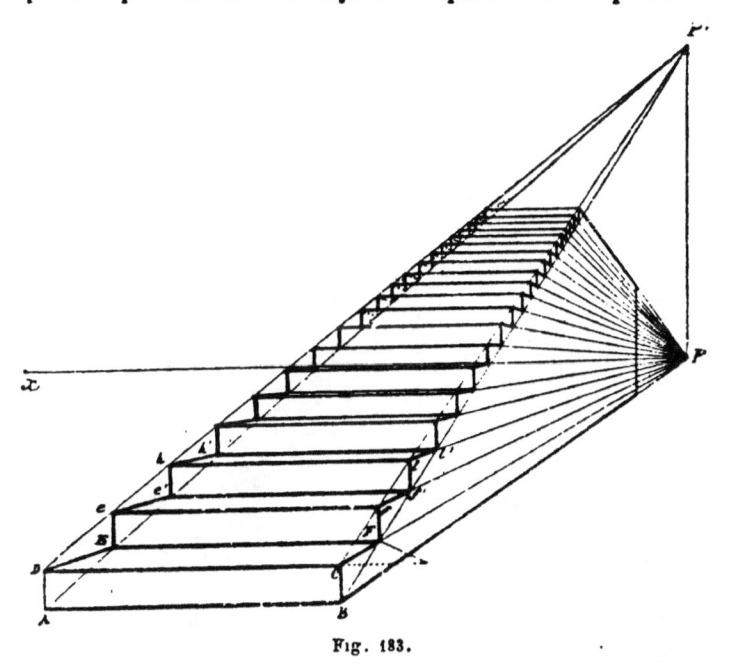

Fig. 183.

Opération. — La figure 183 représente en ABCD la première marche d'un escalier à élever à volonté, et la profondeur de cette marche est déterminée en EF. Pour les marches suivantes, conduire l'oblique fuyante BF prolongée jusqu'à la verticale du point de vue, qu'elle rencontre en P' : ce point sera le point de fuite des parallèles à BF, soient CP' — AP' — DP' ; élever entre ces parallèles les verticales Ee — Ff, et conduire les fuyantes eP — fP : les intersections e', f' donneront les angles intérieurs de la seconde marche ; élever les verticales $e'h$ — $f'l$, et conduire les fuyantes hP — lP : les intersections h', l donneront les angles intérieurs de la troisième marche. On opérera de même pour les marches suivantes.

Fig. 184.
Application pittoresque des règles 131 et 132.
Emploi des parallèles et de l'échelle pour trouver les marches un escalier.

LES PLANS INCLINÉS

Fig. 185.

Autre croquis d'application de la règle 131.

132. — Le croquis de la figure 184 donne l'**application simultanée de l'échelle fuyante et des parallèles**.

Opération. — Ayant déterminé en D le point de fuite aérien de l'escalier, élever la perpendiculaire AB et la diviser en autant de parties égales qu'il y a de marches, soit ici vingt. Du sommet B passer par l'angle de la marche supérieure : l'endroit où la ligne BC touche l'horizon est le point de réunion de toutes les lignes menées des points de division de AB, et l'endroit où ces dernières touchent l'oblique indique l'angle supérieur de chaque marche.

(Voir, pour une autre application de cette règle, la figure 185.)

133. — **Chemin montant en face du spectateur.**

On reconnaît que, dans un tableau, le terrain est montant à ce que les lignes nécessairement horizontales des construc-

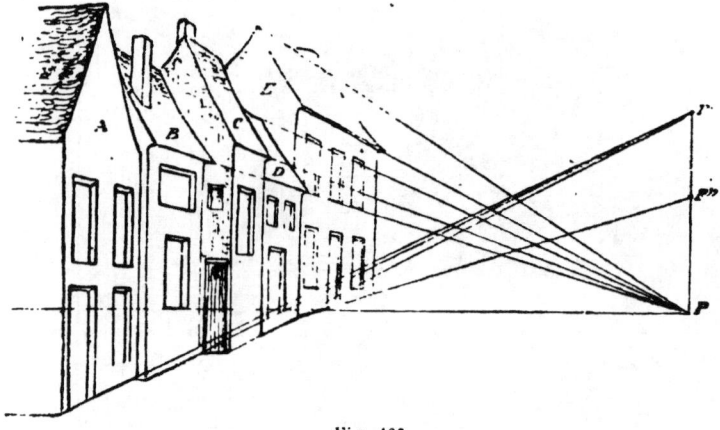

Fig. 186.

tions, telles que bords de toits, de portes, etc., ont leur point de fuite au-dessous du point de fuite des bases de ces constructions, leurs bases devant suivre l'inclinaison du terrain.

Opération. — Ainsi les constructions A, B, C, D (fig. 186) auront le point de fuite de leurs horizontales au point de vue P, tandis que leurs bases s'élèveront avec le terrain au point aérien P'. Si l'inclinaison du terrain devient moins rapide, comme au pied de la construction E, la base de celle-ci se

LES PLANS INCLINÉS 139

dirigera vers un point aérien moins élevé, soit P″, et ses horizontales continueront de se diriger au point de vue P.

(Voir, pour l'application de cette règle, la figure 187.)

Fig. 187.

Application prise sur nature d'un chemin montant, règle 133.

Afin de rendre appréciable le changement de direction des lignes, nous avons exagéré les mouvements de terrain.

134. — Chemin descendant en face du spectateur.

Le terrain étant descendant, le point de fuite de la base changera seul et se dirigera vers un point terrestre plus ou moins abaissé sur la verticale du point de fuite horizontal, selon l'inclinaison plus ou moins rapide du terrain.

Opération. — Ainsi la construction A (fig. 188) aura le point de fuite de sa base au point P' et la construction B le point de fuite de sa base au point P'''. Au pied de la construction C,

Fig. 188.

le terrain s'inclinant moins rapidement, le point de fuite de la base de cette construction est en N ; enfin la construction D s'abaisse de nouveau et sa base se dirige au point N'.

(Voir, pour l'application de cette règle, la figure 189.)

LES PLANS INCLINÉS

Fig. 189.

Application prise sur nature d'un chemin descendant, règle 134.

135. — Autre application de l'échelle fuyante aux plans inclinés.

Soit le terrain incliné ou **rampe AB** (fig. 190), sur lequel, à différentes distances, se trouvent des figures dont on veut déterminer la **hauteur**.

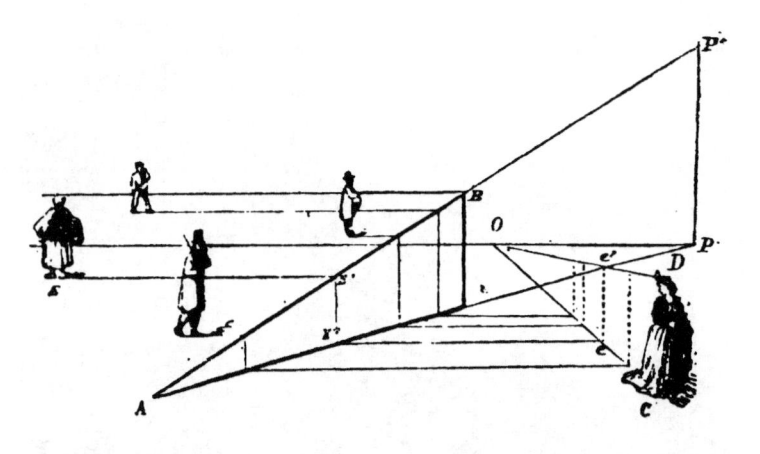

Fig. 190.

Opération. — Prendre au bord du tableau la grandeur CD à volonté ; conduire les fuyantes CO — DO, formant entre elles l'échelle de la figure CD ; du point E, où se trouve placée la première figure du plan incliné, conduire l'horizontale EE' ; abaisser la verticale E'E" et conduire une horizontale jusqu'à l'échelle, qu'elle rencontre au point e ; prendre la hauteur ee' et la reporter sur EE', pour la grandeur de la figure E. Opérer de même pour toutes les autres figures.

136. — La règle est la même, si le plan incliné est vu en sens opposé. Soit l'escalier AB (fig. 191), dont un certain nombre de figures occupent les marches.

Opération. — Établir l'échelle CP—DP ; du pied de la figure Ee', pris à volonté, conduire l'horizontale EE', puis abaisser la verticale E′E″ : la partie E″e de cette verticale comprise dans l'échelle sera la grandeur à reporter en E pour déterminer la hauteur de la figure Ee′.

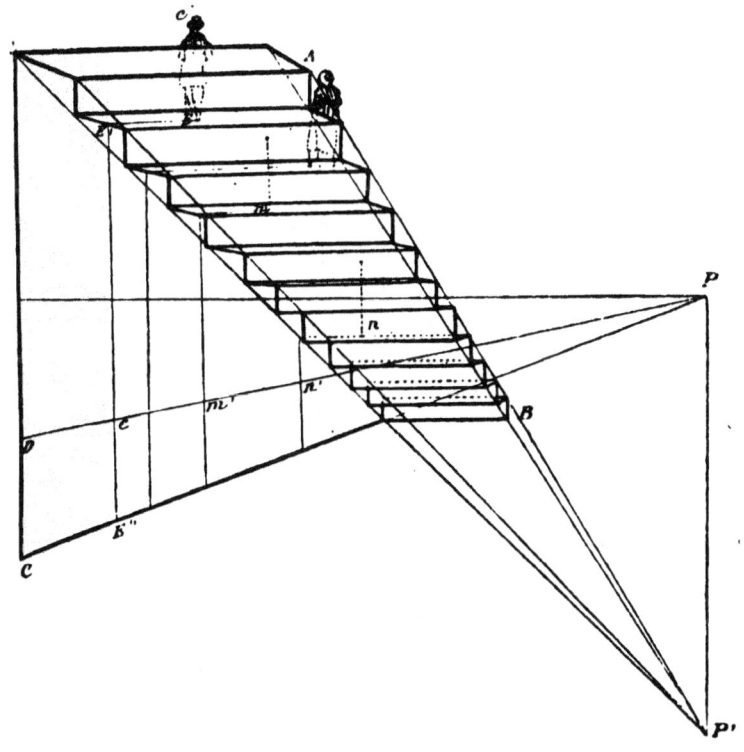

Fig. 191.

On observera qu'ici une partie de la hauteur des figures est absorbée par la distance qui les sépare du bord de l'escalier, et qu'à un moment donné les figures deviendront même tout à fait invisibles à l'œil du spectateur : telles seraient les figures placées aux points m, n.

CHAPITRE IV

LE CERCLE ET LES COURBES

LE . CERCLE.

137. — Le cercle est, après le carré, le sujet d'étude le plus important de la perspective linéaire, tant à cause du grand nombre d'objets auquel il s'applique que par la variété des formes données par le raccourci de la circonférence.

138. — La déformation subie par un cercle, lorsqu'il est vu en perspective, est telle que le tracé en serait impossible, si l'on ne commençait par établir le carré fuyant dans lequel ce cercle doit être inscrit et par déterminer les points conduc-

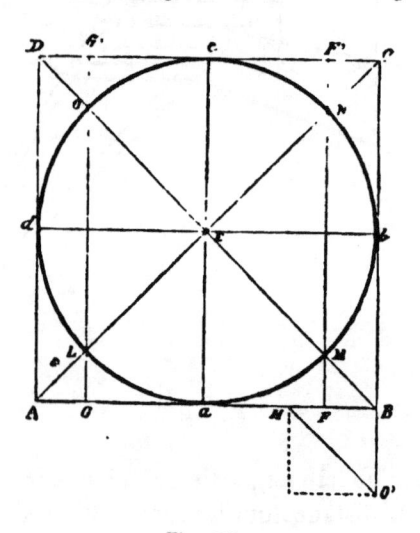

Fig. 192.

teurs de la courbe perspective en rapport avec les principaux points donnés par la circonférence dans le carré géométral.

Soit donné le carré ABCD (fig. 192), dans lequel est inscrit le cercle E; on observera que la circonférence du cercle vient toucher les côtés du carré aux points *a, b, c, d,* qui sont les extrémités de la croix établie sur le centre E. Ces quatre points sont strictement suffisants pour conduire la courbe du cercle perspectif ; mais cette courbe peut être plus régulièrement faite, surtout quand le tracé est d'une certaine grandeur, si l'on cherche sur le plan géométral quatre autres points conducteurs faciles à retrouver sur le plan perspectif, tels que les points L, M, N, O, sur lesquels la circonférence rencontre les diagonales du carré.

Abaissant la verticale LG, on observera que la grandeur G*a* est égale à la diagonale HO′ du carré construit sur HB, prise égale à *a*H (ou quart de la base). Pour abréger l'opération, on fait seulement l'angle droit HBO′ et l'on reporte la grandeur HO′ de chaque côté de *a*, en G et en F ; enfin sur G et sur F on élève les verticales GG′ — FF′, passant sur les points cherchés L, M, N, O.

(Voir, pour l'application de cette règle, les figures 193, 194, 195 et 218.)

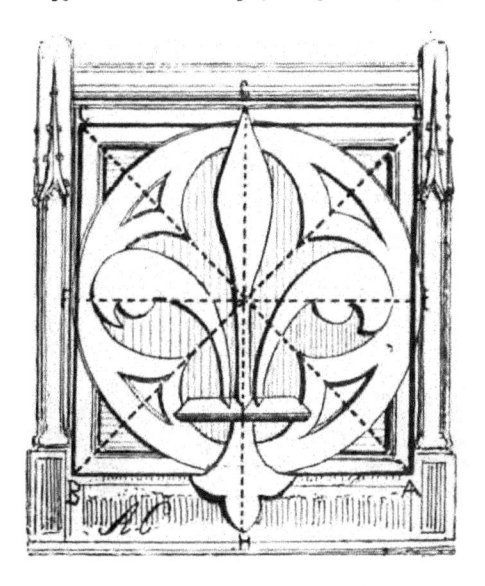

Fig. 193.

Application des diagonales et de la croix à l'ornementation.

Tracer le carré ABCD, puis la croix GHEF, qui détermine la base et le sommet de la fleur de lis, ainsi que le centre des feuilles latérales.

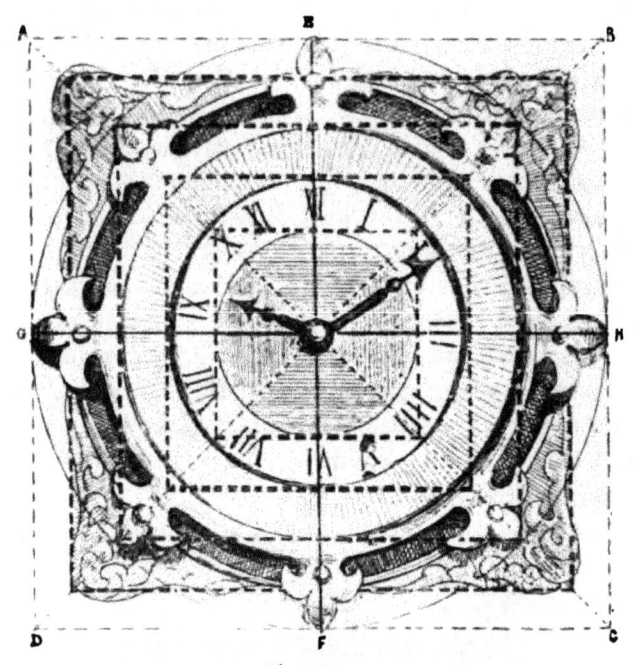

Fig. 194.

Autre application du même principe.

Dans le carré ABCD tracer les diagonales et la croix, pour trouver les détails d'ornementation de l'horloge.

Fig. 195.

Autre application du même principe.

Dans beaucoup de cas, le dessinateur de monuments aura

un grand avantage à employer le carré pour tracer le cercle; si, par exemple, dans cette colonne ionique (fig. 195) on veut trouver les spirales, le carré et les diagonales les donneront immédiatement.

139. — Cercle fuyant horizontal, au-dessous de l'horizon.

Opération. — Sur le carré perspectif ABCD (fig. 196) déterminer, par les diagonales et la croix, les points a, b, c, d, correspondant aux points du tracé géométral. Pour trouver les autres points conducteurs, prendre sur AB la grandeur HB égale à aH; faire l'angle droit HBO'; prendre la grandeur HO' et la reporter de chaque côté de a en G et en F; conduire les fuyantes GP—FP, qui donneront les intersections L, M, N, O, correspondant aux mêmes points du tracé géométral; faire passer la courbe du cercle perspectif sur les points trouvés a, M, b, N, c, O, d, L, en commençant par d, L, a.

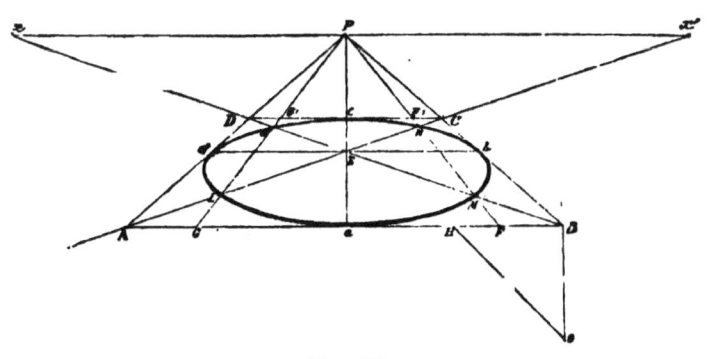

Fig. 196.

On remarquera que les grandeurs AG — FB sont à peu près égales au tiers des lignes aA — aB; on pourra donc, dans la pratique, se contenter de prendre cette proportion, qui n'est qu'approximative, mais qui suffit pour le paysagiste.

Voir, pour l'application de cette règle, la figure 197.)

148 LE CERCLE

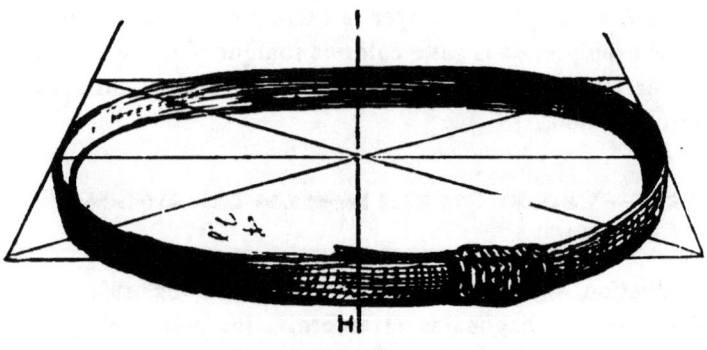

Fig. 197.

Croquis d'application de la règle 139.

140. — Cercle au-dessus de l'horizon.

Le cercle étant placé au-dessus de l'horizon, le tracé s'exécutera de la même manière que précédemment, mais en sens inverse. Soit ABCD le carré perspectif (fig. 198) : sur le centre E établir la croix par l'horizontale *db* et la fuyante *ac*; faire l'angle droit HA*o*′; reporter la grandeur H*o*′ de chaque côté de *a* en F et en G; enfin conduire FP — GP, donnant sur les diagonales les intersections L, M, N, O, points conducteurs de la courbe.

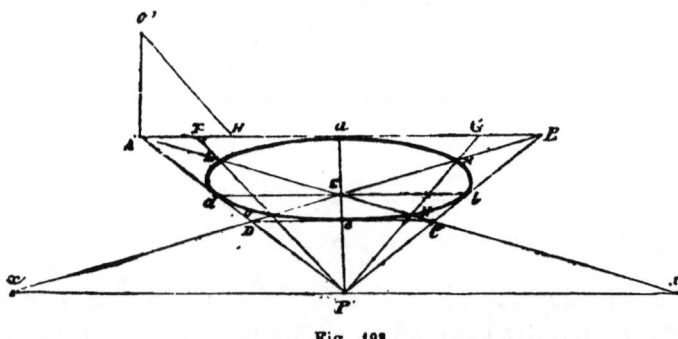

Fig. 198.

On pourrait déterminer un plus grand nombre de points conducteurs, mais ceux-là sont suffisants pour donner à la courbe la grâce et la régularité désirables.

141 — Cercle vertical fuyant, à gauche du point de vue.

Le cercle placé verticalement à droite ou à gauche du point de vue donnera lieu aux mêmes détails d'opération que précédemment ; mais, comme la base du carré est donnée ici sur la verticale AB (fig. 199), après avoir conduit les fuyantes AP — BP, il faut, pour trouver sur AP la profondeur du carré, mener l'horizontale AB' égale à AB et conduire la fuyante B'x, donnant, par l'intersection D, la profondeur cherchée ; on trouverait également cette profondeur par la distance trans-

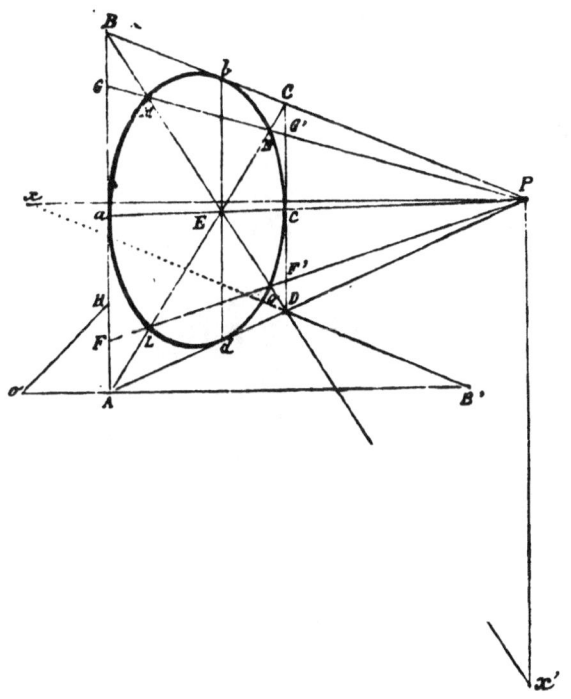

Fig. 199.

posée, en reportant Px en Px' et en conduisant la diagonale fuyante Bx', qui déterminerait sur AP la même profondeur. Pour trouver le cercle, conduire les diagonales AC — BD ; du centre E conduire EP, donnant *ac ;* élever la verticale *db*,

150   LE CERCLE

passant par E; faire l'angle droit OAH; reporter OH en aF et en aG; conduire FP — GP et mener la courbe par les points donnés a, L, d, o, c, N, b, M, en commençant par b, M.

(Voir, pour l'application de cette règle, les figures 200 et 212.)

Fig. 200.
Croquis d'application de la règle 141.

142. — Cercle vertical à droite du point de vue.

La verticale AB étant donnée (fig. 201) comme côté du carré

LE CERCLE   151

ou diamètre du cercle, opérer comme pour la figure 199; mais, comme la grandeur AB est hors de proportion avec la distance PX, il faut, pour trouver la profondeur, prendre X pour demi-distance, faire l'horizontale $A\frac{B}{2}$ égale à la moitié de AB et conduire $\frac{B}{2}\frac{x}{2}$, donnant la profondeur D; prendre la grandeur AH et la reporter en A'H'; faire l'angle droit o'A'H'; reporter H'o' sur AB en aF et en aG et conduire la courbe sur les intersections données L, M, N, O.

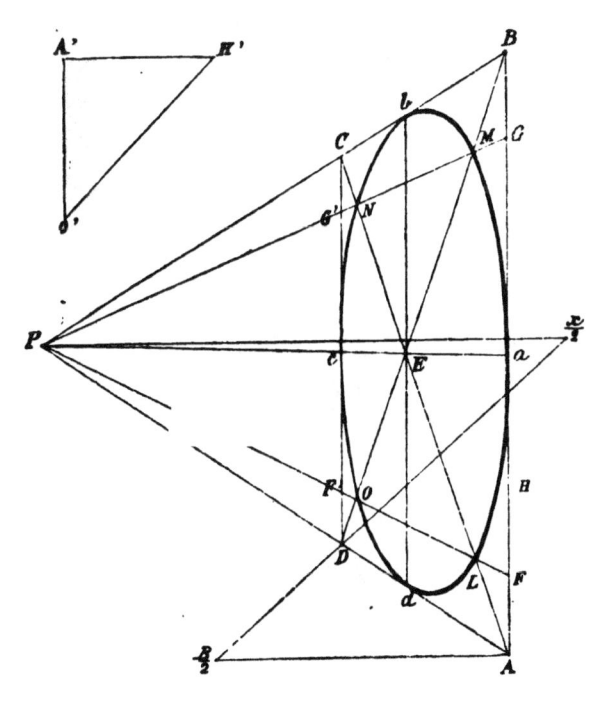

Fig. 201.

43. — Cercles horizontaux vus de côté.

Le cercle horizontal vu à droite ou à gauche du point de vue présentera, selon son éloignement de ce point, une déformation souvent peu harmonieuse dans quelques parties de sa circonférence perspective (fig. 202 et 203); c'est au dessi-

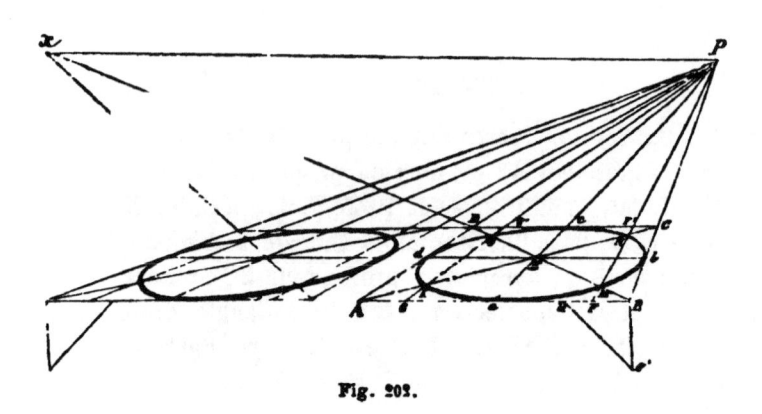

Fig. 202.

nateur d'éviter ou au moins d'atténuer ces effets en ce qu'ils pourraient avoir de disgracieux.

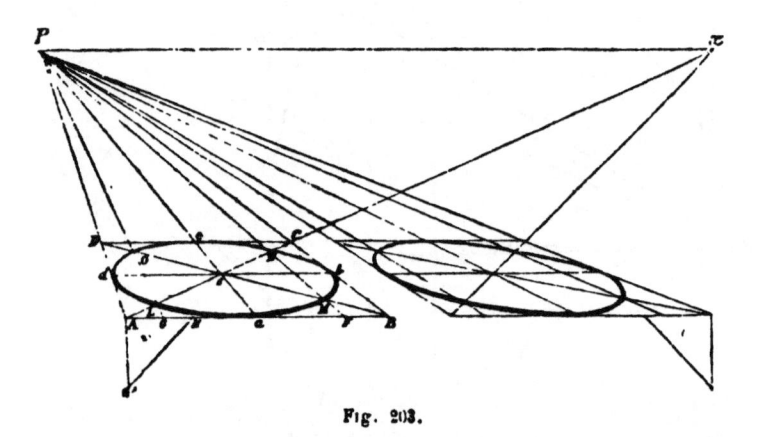

Fig. 203.

144. — Cercle vertical parallèle au plan du tableau.

Le cercle ainsi placé, soit en face du spectateur, soit vu de côté, suit la règle générale des objets se trouvant dans cette position, c'est-à-dire qu'il diminue de grandeur à mesure qu'il s'éloigne, mais qu'il conserve intégralement sa forme.

Opération. — Soit (fig. 204) une suite de cercles supposés précisément en face du point de vue et éloignés à volonté :

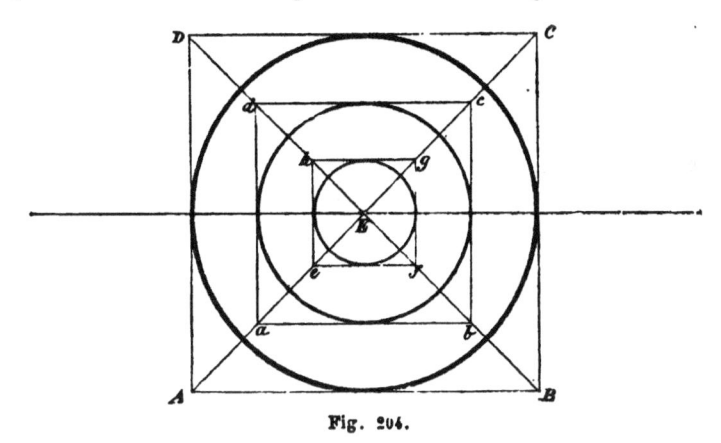

Fig. 204.

ces cercles seront réduits proportionnellement, mais ils resteront concentriques, comme les carrés ABCD — $abcd$ — $efgh$, à l'aide desquels ils sont formés.

145. — **Application du cercle vertical parallèle au tableau.**

Opération. — Dans la suite de cercles placés à droite ou point de vue (fig. 205) et pouvant figurer un tube d'une pro-

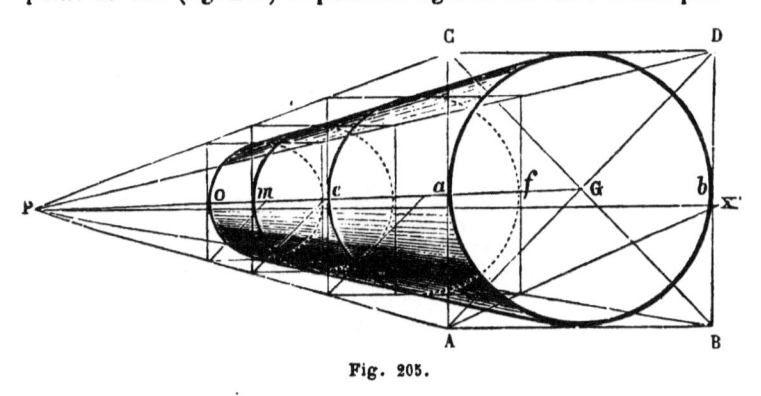

Fig. 205.

fondeur indéterminée, chaque cercle, formé à son plan à l'aide des carrés établis sur les fuyantes AP — BP — DP — CP,

154   LE CERCLE

conservera sa forme ; mais il aura son centre sur la fuyante
GP, en sorte que l'œil verra l'intérieur du tube aux points b, f,
et l'extérieur de l'autre côté, aux points a, e, m, o.

146. — **Application de l'échelle fuyante aux cercles parallèles.**

Déterminer à différents plans de la base l'épaisseur d'un
objet de forme cylindrique, soit une *meule posée horizontalement*.

Opération. — Dans le carré fuyant ABCD (fig. 206), dont la
profondeur sera déterminée par la distance réduite au tiers,
tracer le cercle fuyant $aMbNc'OdL$, formant la base de la
meule, et prendre à volonté en AE la hauteur de cette meule;

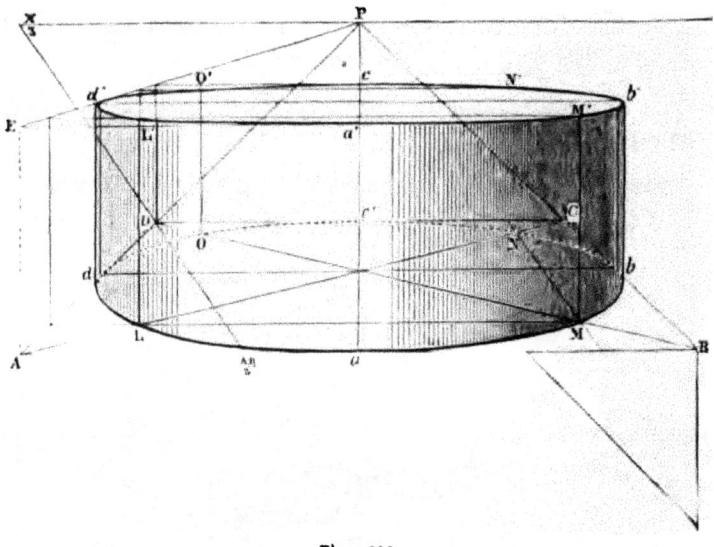

Fig. 206.

le point E se trouvant trop rapproché de l'horizon pour que
le tracé du cercle supérieur puisse s'obtenir facilement par
le carré, former l'échelle fuyante AP — EP et sur les points

LE CERCLE

conducteurs de la courbe LO, etc., élever des verticales, dont la hauteur sera déterminée par l'échelle aux différents plans de ces points.

On observera que, la hauteur LL' étant trouvée, on n'a qu'à conduire l'horizontale L'M', le point M se trouvant au même plan que L ; on conduira de même les horizontales $d'b' - O'N'$, et l'on fera passer la courbe du cercle supérieur par les points a', M', b', N', c, O', d', L'.

147. — Autre application de l'échelle fuyante aux cercles parallèles. *Bassin de jardin vu à l'intérieur.*

Le bassin étant vu en profondeur, établir d'abord le carré ABCD (fig. 207), dans lequel on conduira la courbe du cercle extérieur; du point c' prendre à volonté la hauteur cc' comme profondeur du bassin et du point O pris également à volonté

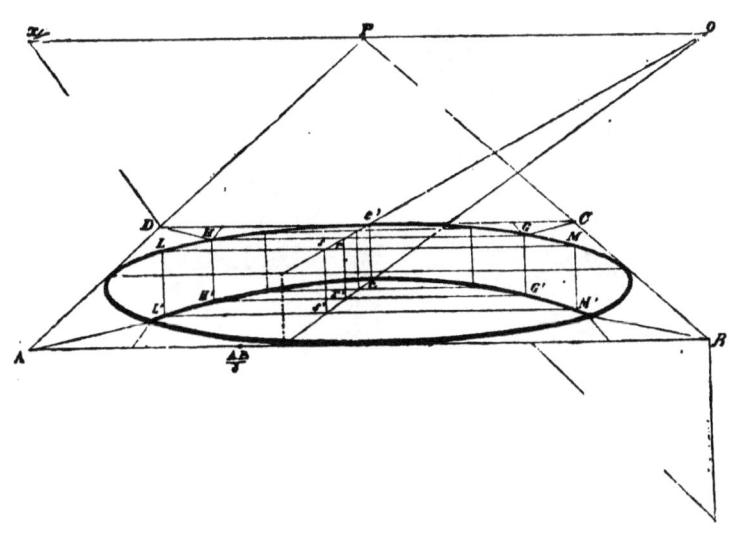

Fig. 207.

sur l'horizon former l'échelle $cO - c'O$, prolongée indéfiniment en deçà de cc'. Pour déterminer en H une profondeur égale à cc', conduire l'horizontale Hr, abaisser rr' et conduire r'H' : H' sera le premier point conducteur de la courbe du

cercle inférieur ; du point L conduire Ls, puis abaisser ss'
et conduire s'l'.' : le point L' donnera la profondeur du bassin
à ce plan et sera le deuxième point conducteur de la courbe,
dont la suite devient invisible, puisqu'elle est absorbée par
la partie supérieure du bassin et par le terrain perspectif.

La profondeur de l'autre côté du bassin s'obtiendra en
prolongeant les horizontales Hr en G, Ls en M, et en abaissant GG' — MM'.

(Voir, pour l'application de cette règle, la figure 208.)

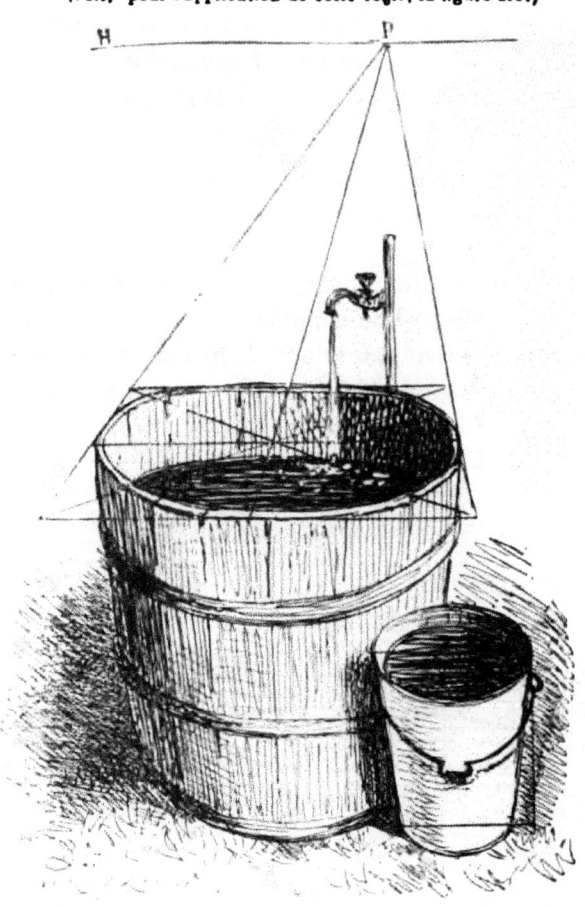

Fig. 203.
Croquis d'application de la règle 147.

148. — Cercles horizontaux concentriques.

Soient deux cercles concentriques, tels que les présenterait le dessus d'un puits; l'ouverture de celui-ci forme le cercle intérieur, et le cercle extérieur est déterminé par l'épaisseur de la margelle.

Opération. — Établir par la distance réduite au tiers le carré fuyant ABCD (fig. 209) et tracer dans ce carré la courbe du cercle extérieur, comme il a été dit pour la figure 196; puis, déterminant à volonté la grandeur AR comme profondeur de la margelle, conduire RP, dont l'intersection sur AC donnera

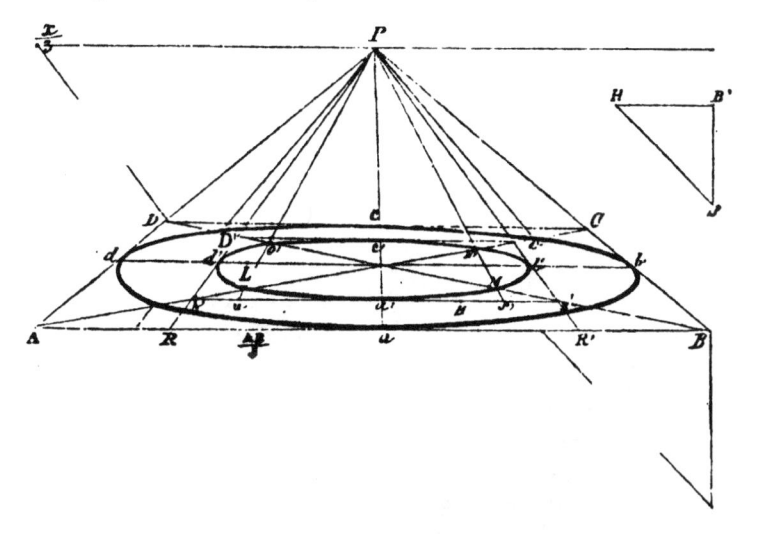

Fig. 209.

l'angle A′ du carré intérieur A′B′C′D′, dans lequel on devra chercher de nouveau, par l'angle droit HB′S établi sur la grandeur HB′ et par les fuyantes s′P — uP, les points L, M, N′, O′, conducteurs de la courbe sur les diagonales; les points a′, b′, c′, d sont déjà donnés par la croix du carré précédent.

(Voir, pour l'application de cette règle, les figures 210, 211 et 212.)

158   LE CERCLE

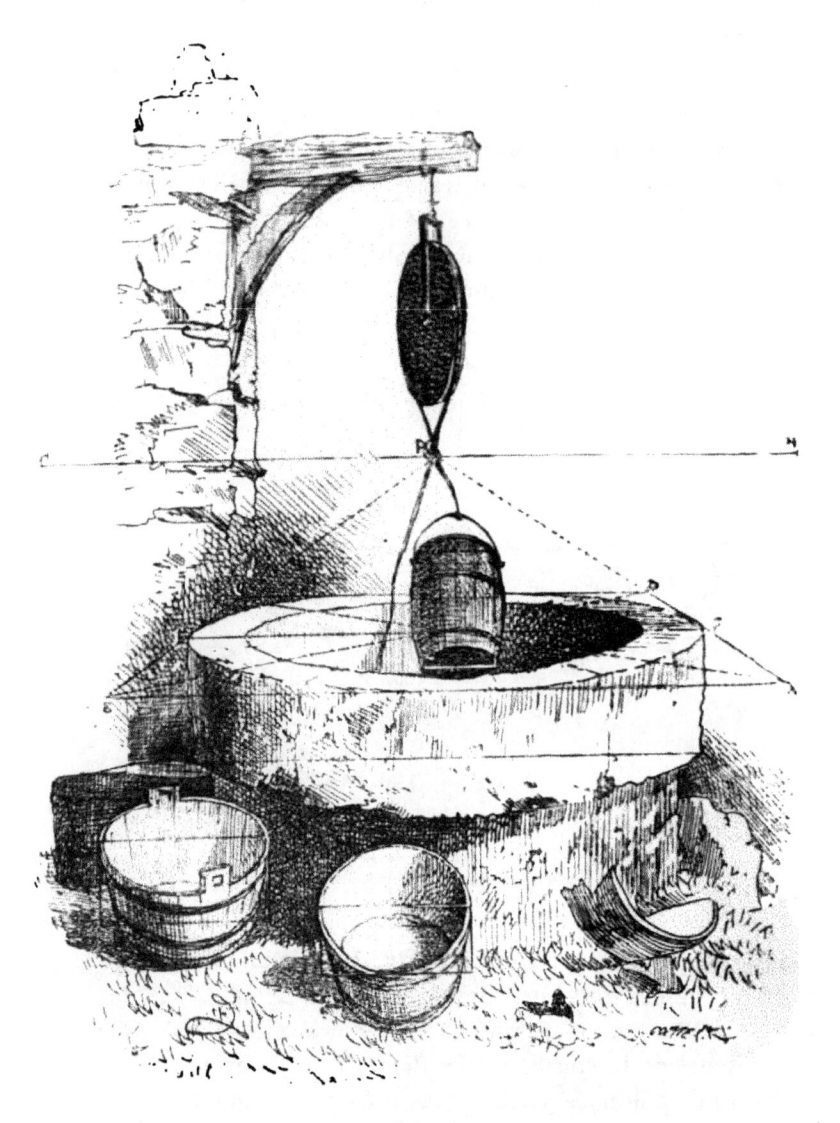

Fig. 210.

Dans cette figure, où l'ouverture du puits offre l'application exacte de la règle 148, se trouvent différents cercles dans des mouvements variés.

LE CERCLE

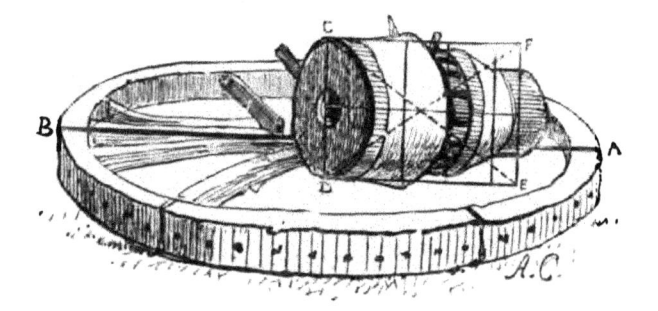

Fig. 211.

Autre application de la règle 148.

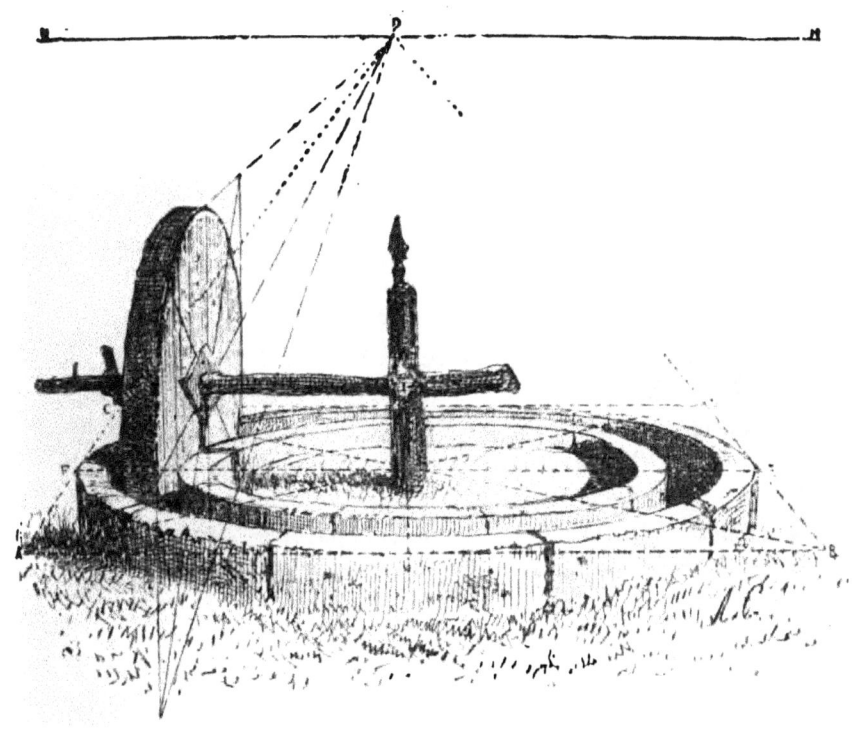

Fig. 212.

Application de la règle 148 et du cercle vertical (règle 141).

149. — Autres cercles concentriques. *Plan perspectif d'un perron demi-circulaire.*

Opération. — Établir le rectangle fuyant ABCD (fig. 213), en conduisant la fuyante $\frac{AB}{2}\frac{x}{3}$; dans ce rectangle, sur le dia-

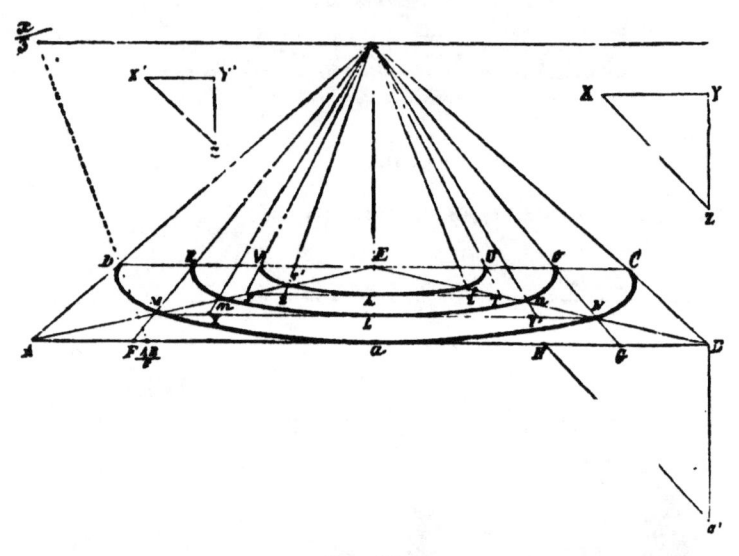

Fig. 213.

mètre horizontal DC et le centre E, inscrire le demi-cercle perspectif DMaNC; prendre les grandeurs égales DR — OC comme largeur du dessus de la marche; sur RO former le rectangle MNOR, dans lequel on inscrira le demi-cercle RmLnO; prendre les grandeurs RV — UO égales à DR et, sur le diamètre VU, former le rectangle STUV et le demi-cercle inscrit V$s'ht$U. La grandeur XZ est reportée en YL et en LY', et la grandeur X'Z, en Zh et en hZ.

150. — Élévation perspective du perron du n° 149.

Cette élévation est l'application simultanée des cercles concentriques et des cercles parallèles.

Opération. — Suivant le plan perspectif de la figure 213, prendre à volonté la hauteur BS (fig. 214), divisée par S', S'' en trois parties égales; conduire les fuyantes BP — S''P — S'P — SP; déterminer la hauteur de la première marche en formant l'échelle BP — S''P, puis en élevant les verticales aa' égale à BS'', Mm — Nn égales à gg', et, sur les angles D, C,

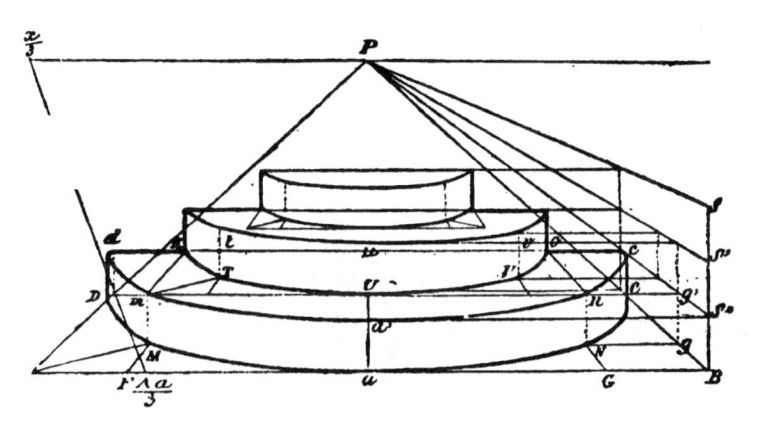

Fig. 214.

les verticales Dd — Cc égales entre elles; les réunir par l'horizontale dc et terminer cette première marche en conduisant la courbe $dma'nc$, qui en forme le bord supérieur; prendre sur dc la grandeur RO égale à RO du plan géométral, établir le demi-cercle RTUVO et déterminer la hauteur de la deuxième marche en Tt — Uu — Vv par l'échelle S''P — S'P, comme il vient d'être dit pour la première marche; opérer de même avec l'échelle S'P — SP, pour la troisième et dernière marche du perron.

151. — Cercles parallèles et cercles concentriques. — *Roue de moulin verticale fuyante, dont les palettes sont également espacées entre elles.*

Opération. — L'épaisseur de la roue étant indiquée par les carrés verticaux fuyants ABCD—*abcd* (fig. 215), avec leurs cercles inscrits, et étant donné de grandeur à volonté le cercle intérieur, sur lequel s'appuient les palettes, établir sur AB un demi-cercle géométral ; indiquer sur ce demi-cercle autant de rayons que l'on en suppose à la moitié de la roue, soit ici huit, en B, *m*, *n*, *o*, *r*, *s*, *t*, *u*, A, la verticale *a'b'* déterminant les rayons *a'*E — E*b'* ; conduire les horizon-

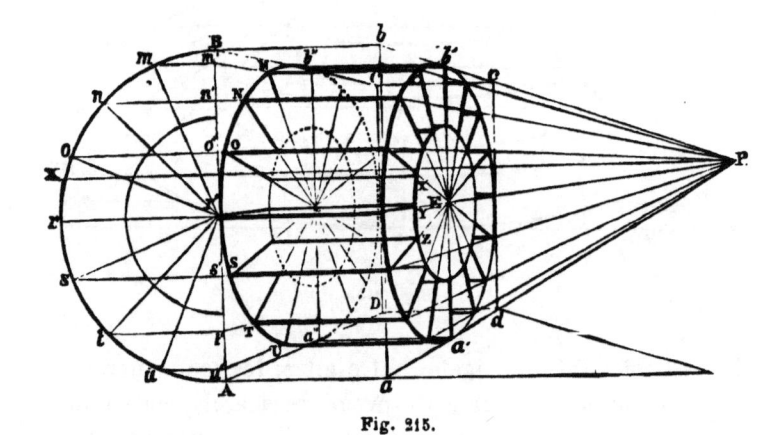

Fig. 215.

tales *mm'* — *nn'* — *oo'* — *rr'*, etc., et les fuyantes *m'*P — *n'*P — *o'*P, etc.; de tous les points d'intersection de ces fuyantes sur la circonférence du cercle ABCD, soient M, N, O, etc., mener des horizontales rejoignant le cercle *abcd* : ces horizontales indiqueront le bord visible des rayons, dont l'épaisseur se dirigera vers le centre de chaque cercle en s'arrêtant sur le cercle intérieur en X, Y, Z, etc.

(Voir, pour l'application de cette règle, la figure 216.)

LE CERCLE 163

Fig. 216.

Application de la règle 151.

152. — **Application multiple des cercles parallèles.**

Une tour ronde étant donnée, déterminer la courbe perspective des cercles formés par l'assise des pierres, selon la distance qui existe entre ces cercles et l'horizon.

Opération. — Sur les angles du carré perspectif ABCD (fig. 217) élever à volonté les verticales Aa — Bb — Cc — Dd; former le carré supérieur $abcd$; diviser Aa, par les points E, L. R, V, etc., en autant de parties qu'il y a de courbes à déterminer; établir sur ces points des carrés parallèles a ABCD, puis dans chaque carré trouver le cercle correspondant en élevant des verticales des points conducteurs des carrés extrêmes : ces verticales détermineront sur chaque carré les points conducteurs correspondants, comme les points e, f, g, h, sur le carré EFGH, etc. Le bord du toit conique

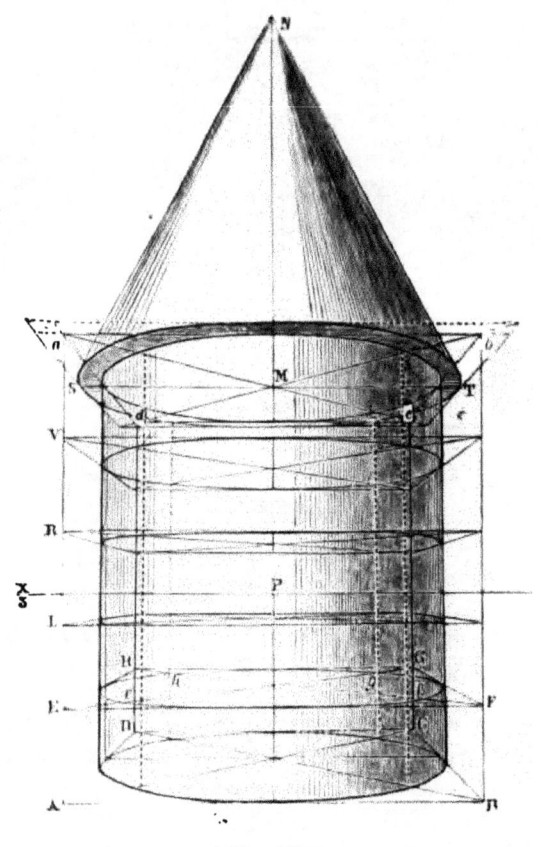

Fig. 217.

de la tourelle avancé extérieurement donnera lieu à l'application de la règle des cercles concentriques expliquée par la figure 209; on trouvera le sommet de ce toit en élevant à volonté la verticale **MN** et en réunissant au sommet N les obliques SN -- TN.

(Voir, pour l'application de cette règle, les figures 218 et 219.)

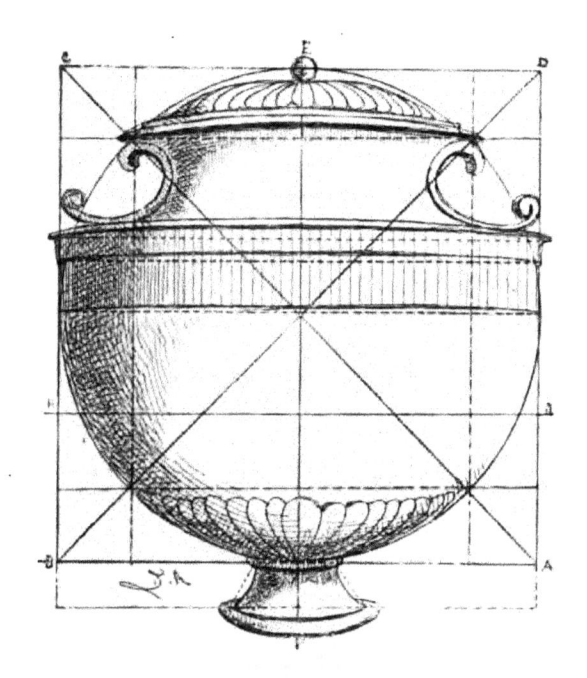

Fig. 218.

Application à l'ornementation de la règle des diagonales (n° 138) et de la règle des cercles parallèles (n° 152).

Vase dont le contour présente un cercle vertical.

Par le centre du carré ABCD élever la verticale EF, qui donnera le centre du sommet et celui du pied du vase ; indiquer avec soin la ligne d'horizon et, à la place de chaque cercle horizontal servant à l'ornementation, tracer une ligne droite, sur laquelle on décrira une courbe plus ou moins accentuée selon l'éloignement de l'horizon.

Fig. 219.

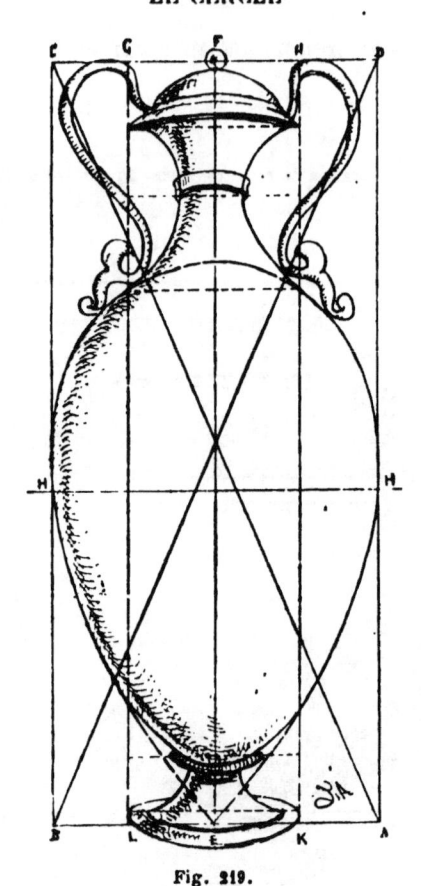

Autre application de la règle 152.

153. — Application de la distance réduite et des parallèles.

Déterminer des profondeurs connues, parallèles, égales entre elles et placées à différentes hauteurs au-dessous ou au-dessus de l'horizon, telles que les cercles formés par les assises de pierres d'une tour ronde. Ces cercles peuvent être tracés régulièrement, suivant le développement progressif exigé par leur élévation successive, sans l'aide du plan et seulement au moyen du diamètre donné, fractionné proportionnellement à la distance choisie.

LE CERCLE 167

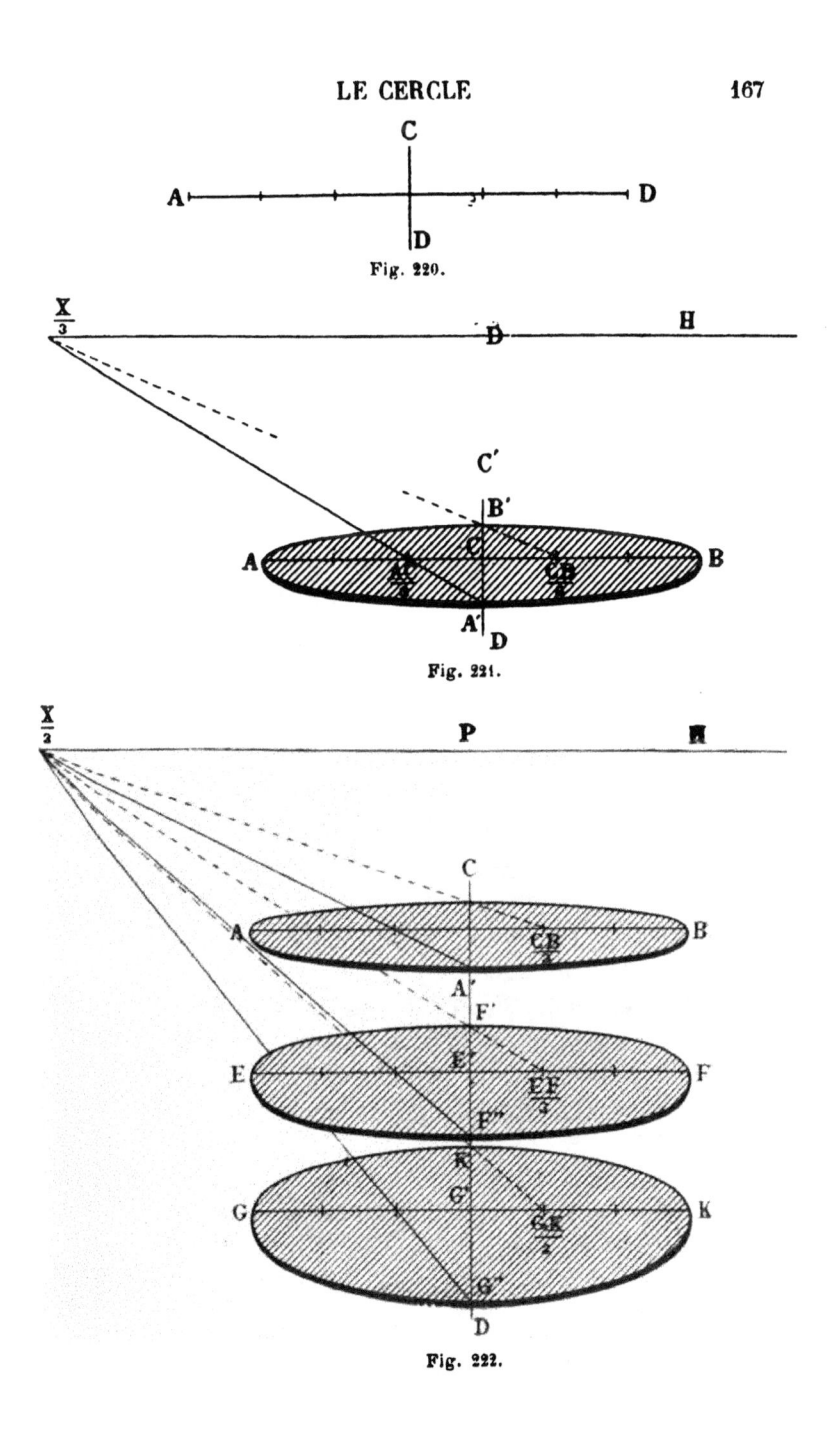

Fig. 220.

Fig. 221.

Fig. 222.

Après avoir établi l'horizontale ou diamètre AD (fig. 220) et la verticale CD, déterminer le cercle comme suit.

Opération. — Soit une tour ronde dont le diamètre est donné à vue par l'horizontale AB (fig. 221). Tracer la verticale centrale C'D et diviser successivement AC et CB en

Fig. 223.
Application de la règle 153.

trois parties égales. Déterminer à volonté, sur la ligne d'horizon H, le tiers de la distance en $\frac{X}{3}$; conduire $\frac{CB}{3}\frac{X}{3}$, qui détermine sur C'D le point B', au delà du diamètre AB, et $\frac{AC}{3}\frac{X}{3}$, qui, prolongée en deçà du diamètre jusqu'à la verticale C'D, détermine le point A' ; tracer l'ellipse AB'BA' : la grandeur A'B' sera bien la profondeur du diamètre fuyant égal à AB (règle 63).

La profondeur égale des cercles inférieurs EF — GK (fig. 222) se trouvera déterminée et graduée, selon leur éloignement de l'horizon, par l'emploi des parallèles fuyantes $\frac{EF}{3}\frac{X}{3} - \frac{GK}{3}\frac{X}{3}$, etc., donnant les points F', K' — F''', G'' et, par suite, F''F' — G''K'.

LE CERCLE

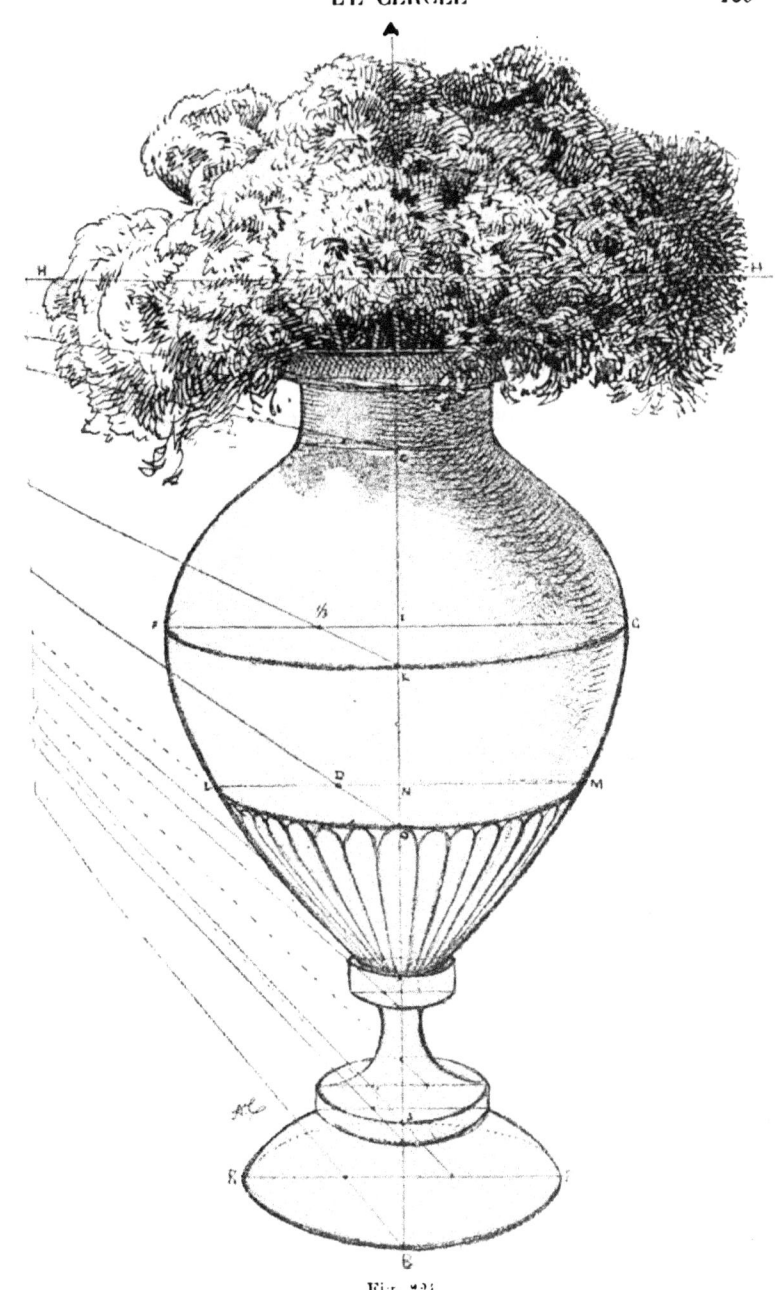

Fig. 224.
Deuxième application de la règle 153.

Terminer en traçant les ellipses EF'FF" — GK'KG", parallèles et égales à ACBA'.

Le point de vue est ici placé en face du spectateur ; si ce point se trouvait à droite ou à gauche, il faudrait observer la légère déformation de la courbe de l'ellipse, ainsi qu'il est dit à la règle 143, figure 202.

L'emploi de la distance réduite est, pour le dessinateur, un moyen aussi simple que pratique de vérifier sur son esquisse, sans règle ni compas, le développement des cercles selon la place qu'ils occupent dans la nature[1].

(Voir, pour l'application de cette règle, les figures 223, 224 et 225.)

154. — Cercles parallèles et cercles concentriques réunis.

Une tourelle ronde étant élevée en face du point de vue, comme celle que représente la figure 226, l'entourer d'un certain nombre de colonnes également espacées entre elles.

---

1. Nos *Modèles à silhouette* permettent de démontrer clairement cette règle.

Fig. 225.
Troisième application de la règle 153.

172   LE CERCLE

Opération. — Avancer en AB le diamètre US de la tourelle ;
prendre à volonté, en EA′, l'éloignement des colonnes du

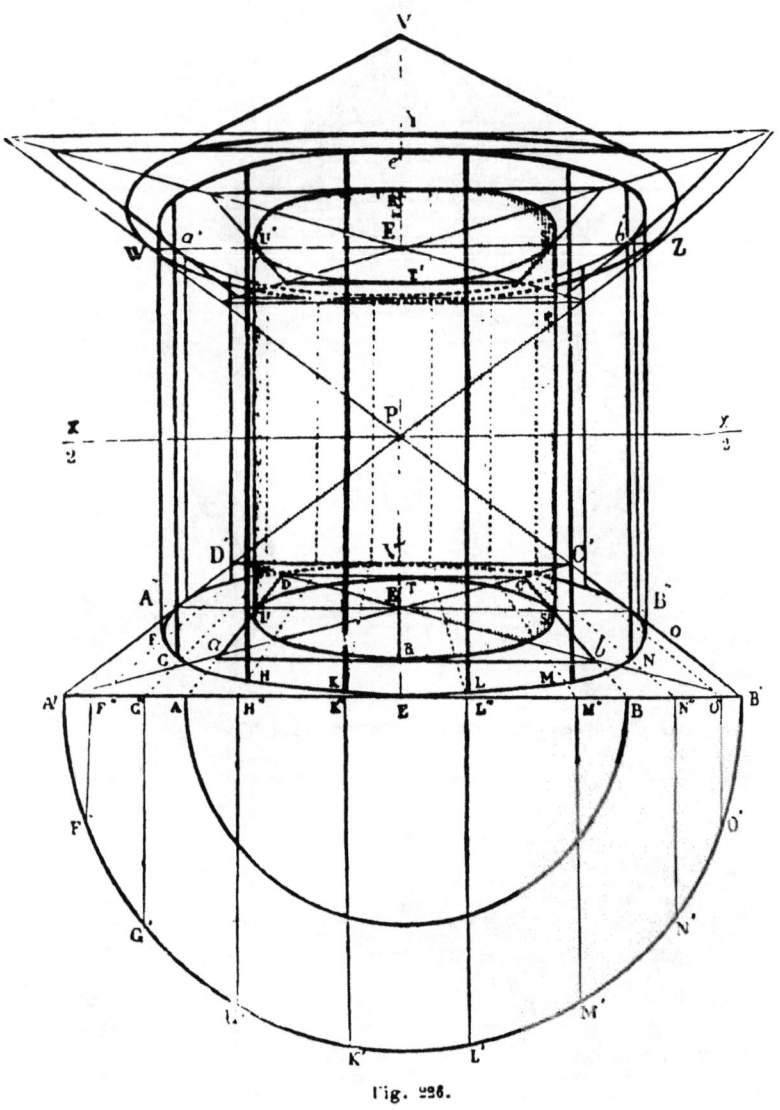

Fig. 226.

centre E′ ; avec le rayon EA′ former le demi-cercle A′K′L′B′ et
construire le cercle fuyant A″EB″V′. Diviser A′K′LB′ en un

LE CERCLE   173

certain nombre de parties égales, soit ici neuf, par les points F', G', H', K', L', M', N', O', ce qui donne dix-huit parties pour le cercle entier.

Élever les verticales F'F″ — G'G″ — H'H″ — etc., et conduire

Fig. 227.
Application pittoresque de la règle 154.

les fuyantes F″P — G″P — H″P — etc., qui donneront sur A″E'B″, partie visible du cercle fuyant, les points F, G, H, K, L, M, N, O, sur lesquels s'appuiera respectivement la verticale centrale de chaque colonne.

Pour l'élévation du toit conique qui surmonte la tourelle et s'étend un peu en dehors des colonnes, on se reportera à la règle des cercles concentriques (n° 148, fig. 209).

(Voir, pour l'application de cette règle, la figure 227.)

155. — Cercle horizontal et cercle vertical réunis, présentant l'apparence d'une croix.

On peut voir, dans le tracé de la tourelle de la figure 217, par le rétrécissement graduel des cercles à mesure qu'ils se rapprochent de l'horizon, que, si l'une des assises se trouvait exactement sur celui-ci, on devrait en indiquer le contour par une ligne droite horizontale. Un cercle vertical produirait un effet analogue, s'il se rapprochait du point de vue de façon à se trouver précisément en face du rayon visuel principal.

Opération. — Soient les deux cercles croisés ABCD — EFHG (fig. 229). Si ABCD est élevé au niveau de l'horizon en $a'b'$ (fig. 228) et que EFHG s'avance en face du point de vue en ef, le spectateur n'aperçoit plus que la moitié de la circonférence

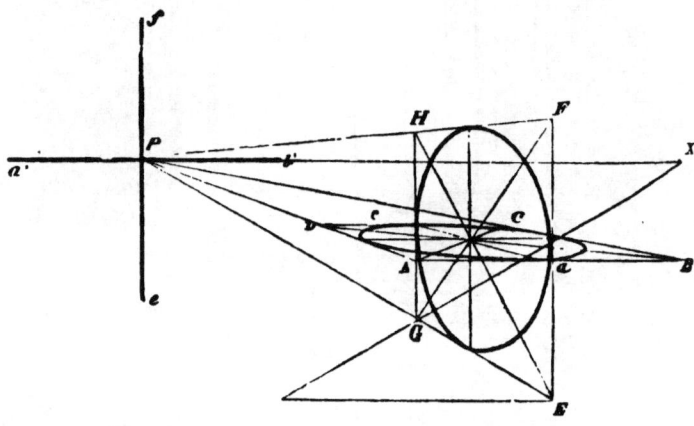

Fig. 228.   Fig. 229.

de chaque cercle, et le diamètre horizontal fuyant ac de la figure 229 est représenté par le centre P de la croix dans la figure 228.

156. — Application pratique du cercle à l'étude de la figure.

Il est important, dans le dessin de figure, de bien déterminer la place de l'horizon.

Ainsi, dans la tête de la figure 230, l'horizon est placé à la hauteur des yeux, qui se trouvent ainsi sur une ligne droite ;

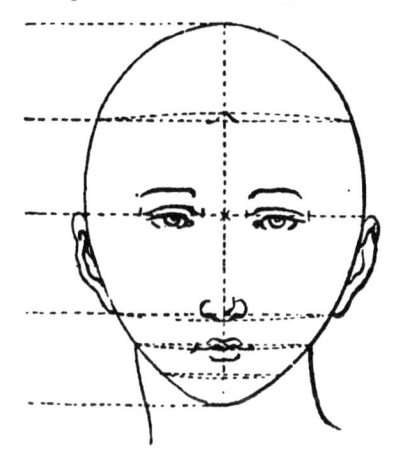

Fig. 230.

mais, les ailes du nez et les coins de la bouche ayant pour bases des lignes circulaires qui s'éloignent de l'horizon, de légères courbes se feront déjà sentir dans le tracé de ces détails.

L'inclinaison de la tête, quand elle s'élève (fig. 231) ou

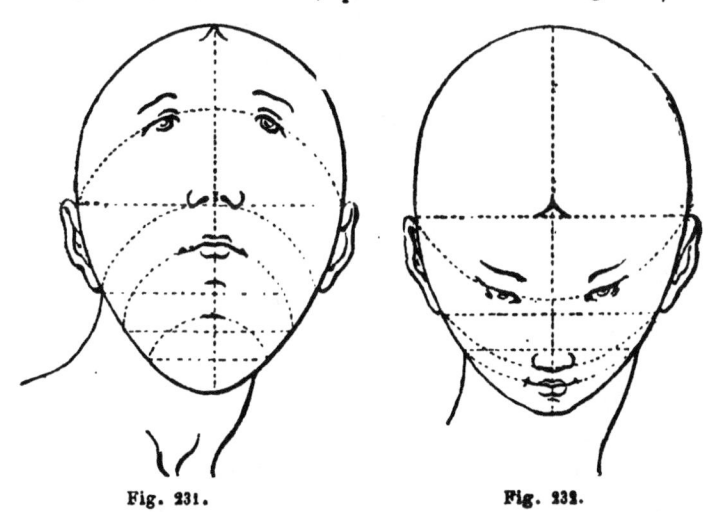

Fig. 231.   Fig. 232.

qu'elle s'abaisse (fig. 232), donne lieu à un développement

plus ou moins accentué des courbes, mais qui est toujours modifié suivant l'éloignement de l'horizon.

157. — Application du cercle à l'étude des fleurs.

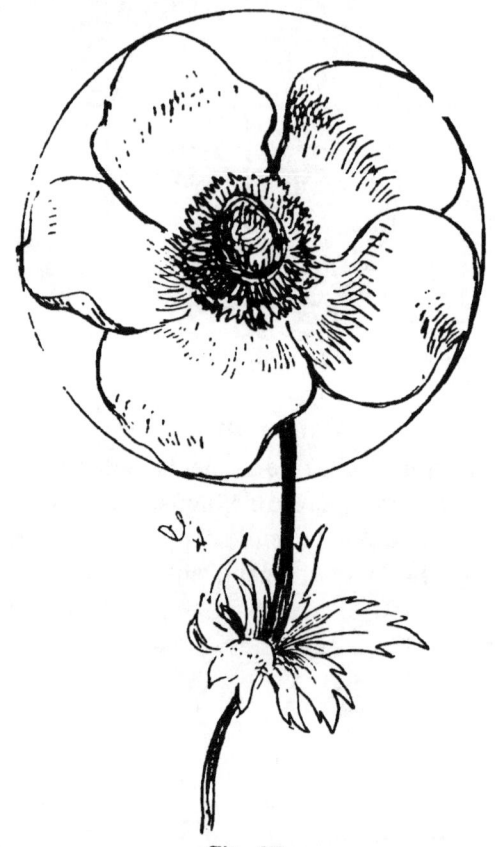

Fig. 233.

Anémone vue intérieurement.

Cette fleur, inclinée en face du spectateur, offre dans son contour un cercle régulier.

Une étude sérieuse de la perspective du cercle est également indispensable pour l'étude des fleurs, où cette forme se présente à chaque instant et dans des mouvements variés à l'infini ; nous en donnons comme applications pratiques une anémone vue intérieurement de face (fig. 233) et un liseron vu également à l'intérieur, mais de côté (fig. 234).

Fig. 234.
Liseron vu à l'intérieur, de côté.

LE PLEIN CINTRE.

158. — Le demi-cercle régulier et complètement développé, appliqué aux voûtes ou aux arcades, prend le nom de *plein cintre* (fig. 235).

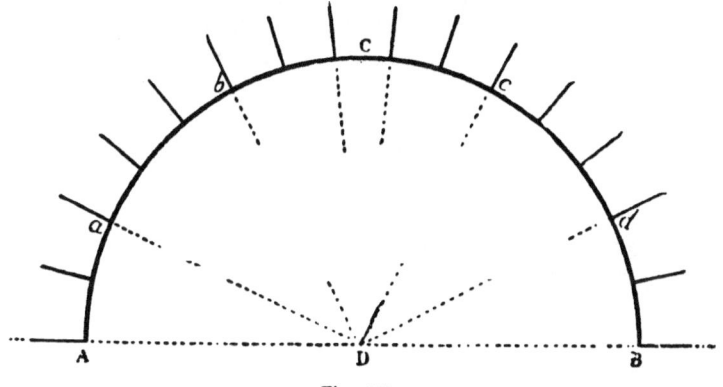

Fig. 235.

Dans les arcades dont le plein cintre est entouré d'un cordon régulier de pierres juxtaposées, les lignes d'intersection de ces pierres rayonnent vers le centre du cercle : telles sont les lignes a), bD, cD, dD, etc.

159. — Galerie à plein cintre, vue de face. —
Distance réduite au tiers.

La proportion de la galerie étant donnée par le rectangle ABCD (fig. 236), surmonté du plein cintre ou demi-cercle

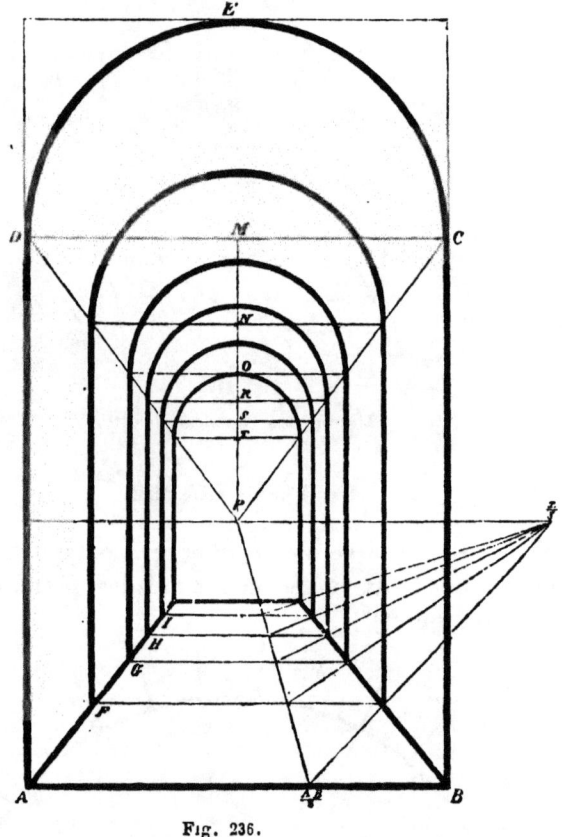

Fig. 236.

DEC, qui en représente la voûte, conduire les fuyantes AP — BP — CP — DP, et diviser la galerie, dans sa profondeur, en

Fig. 237.

Application pittoresque de la règle 159.

un nombre indéterminé de travées égales entre elles, soit cinq, par les points donnés F, G, H, I ; établir sur ces points des rectangles parallèles à ABCD ; du centre M de la première arcade conduire MP, qui détermine les points N, O, R, S, T, centres des arcades suivantes. Le plein cintre, étant parallèle au plan du tableau, diminue de grandeur, mais reste un demi-cercle géométral.

(Voir, pour l'application de cette règle, les figures 237 et 239.)

160. — Pleins cintres fuyants. — *Suite d'arcades fuyantes au point de vue.*

Opération. — Dans le rectangle ABCD (fig. 238) élever l'arcade type ABCD, dont le plein cintre occupe la hauteur DE, égale à la moitié de DC ; conduire dans le rectangle EFCD les diagonales EC — FD, puis, par les intersections K', L' de la

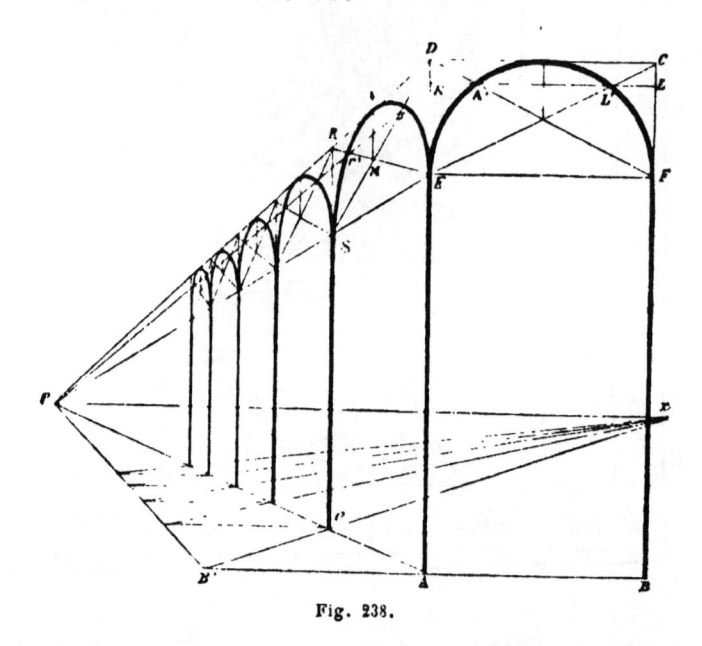

Fig. 238.

courbe du cintre sur les diagonales, conduire l'horizontale KL. Pour établir les arcades fuyantes perspectivement égales à ABCD conduire AP (pied des arcades), DP (sommet des cintres), EP (base des cintres) et enfin KP (hauteur des points

Fig. 239.
Galerie à plein cintre vu de face; application d'après nature de la règle 159.

conducteurs de la courbe géométrale); sur la base AP reporter autant de fois la grandeur AB que l'on désire construire d'arcades (règle des carrés successifs, fig. 73) : l'intersection o sera le pied de la première arcade ; élever la verticale oR ; dans le rectangle EDRS, conduire les diagonales ER — DS, et, sur le centre M, élever MN : le point N sera le sommet du plein cintre fuyant, dont la courbe passera par les points conducteurs r', s', donnés par la rencontre des diagonales sur KP. On opérera de même pour les arcades suivantes.

161. — Application de l'échelle fuyante au plein cintre.

Déterminer sur des arcades fuyantes une épaisseur égale à celle des piliers.

Opération. — Sur l'arcade type ABCED (fig. 240) déterminer à volonté l'épaisseur géométrale des piliers, en prenant les

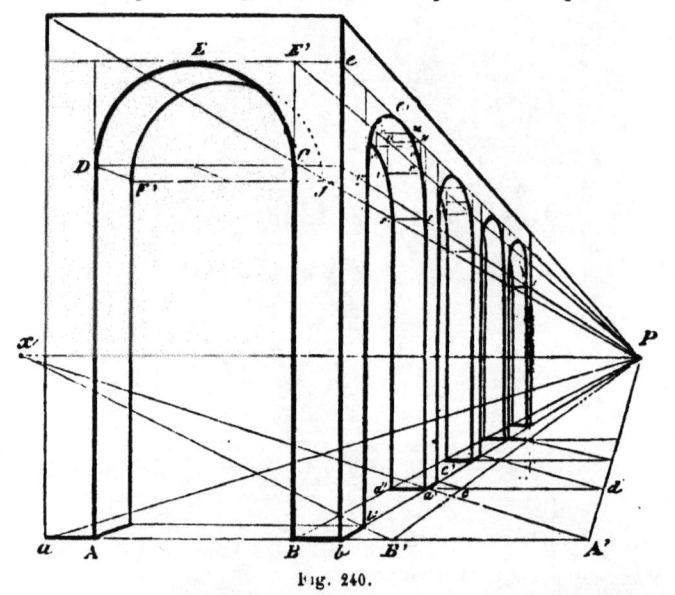

Fig. 240.

grandeurs aA — Bb égales entre elles; conduire les fuyantes aP — bP ; prendre, sur la ligne de terre, bB' égale à Bb et $B'A'$ égale à AB ; déterminer sur bP les profondeurs b', a', c', pour le premier et le second pilier, et ainsi de suite pour autant

LE PLEIN CINTRE

Fig. 241.

Intérieur d'église; application de la règle 161.

de piliers que l'on en voudra indiquer; élever les verticales $b'b''-d's$; conduire l'horizontale $a'a''$ et élever $a''s'$: sur l'horizontale $s's$ s'appuie le plein cintre fuyant dont on veut déterminer l'épaisseur intérieure à ses différents plans; former l'échelle $EP-eP$; aux points o, r, pris à volonté sur le plein cintre $b''d's$. élever des verticales donnant sur eP les points M. N: conduire les horizontales $Mm-Nn$ et former les rectangles $mMoo'-nNrr'$, dans lesquels les sommets des angles o', r' seront les points conducteurs du cintre intérieur, qui viendra s'appuyer sur le point s'.

On obtiendra de même l'épaisseur des piliers suivants.

On remarquera que cette figure offre l'application au plan vertical de l'échelle fuyante déjà employée pour une figure analogue : bassin de jardin vu à l'intérieur (fig. 207, page 155).

(Voir, pour l'application de cette règle, la figure 241.)

162. — Application du plein cintre aux plans inclinés. — *Galerie voûtée montante, vue de face.*

Opération. — Déterminer à volonté la grandeur de la galerie par l'arcade ABCED (fig. 242); à l'entrée de la galerie et d'après la hauteur donnée BB', établir quatre marches d'escalier de telle sorte que le dessus de chacune ait une profondeur deux fois égale à sa hauteur; élever sur le point de vue P une verticale indéfinie et de l'angle B de la première marche conduire une fuyante passant par les angles correspondants de chaque marche : cette fuyante donnera, sur la verticale du point de vue, le point P', point de fuite aérien de toutes les parallèles à BP', telles que CC'— DD', inclinaison de la voûte au-dessus des marches. Sur l'horizontale FF' établir un palier horizontal de profondeur à volonté en FF'ML; élever les verticales FD'— F'C'— LO — MN, et conduire les demi-cercles D'C'—ON, terminant la voûte horizontale du palier; élever sur LM un nouvel escalier suivant l'inclinaison du premier et d'un nombre indéfini de marches, dont la hauteur sera déterminée par les parallèles LP'— L'P'— MP'— M'P'; conduire OP'— NP', base de la voûte montante parallèle à CC';

sur l'horizontale RS élever RR′ — SS′ et sur le diamètre R′S′ former le demi-cercle, en partie invisible, qui termine le mur de fond de la galerie.

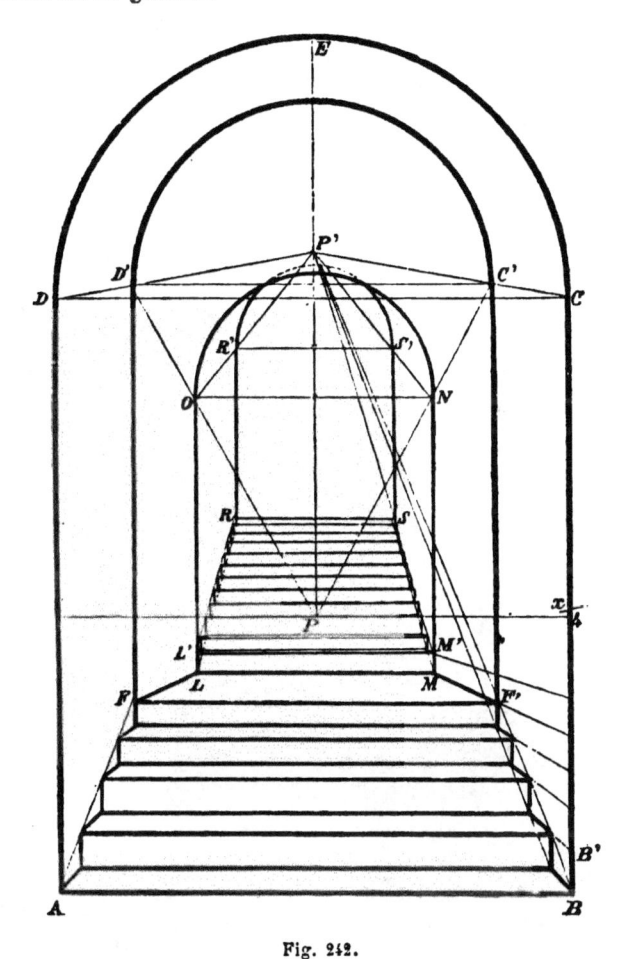

Fig. 242.

(Voir, pour l'application de cette règle, la figure 243.)

163. — Galerie à plein cintre descendante, vue de face.

L'entrée de la même galerie vue de l'extrémité opposée, c'est-à-dire descendante en face du spectateur, étant donnée

Fig. 243.

Application de la règle 162.

LE PLEIN CINTRE 187

par l'arcade ABCED (fig. 244), sur la verticale abaissée B'F prendre les grandeurs B'a — ab — bc — cd — dF, égales entre elles et en même nombre que celui des marches à détermi-

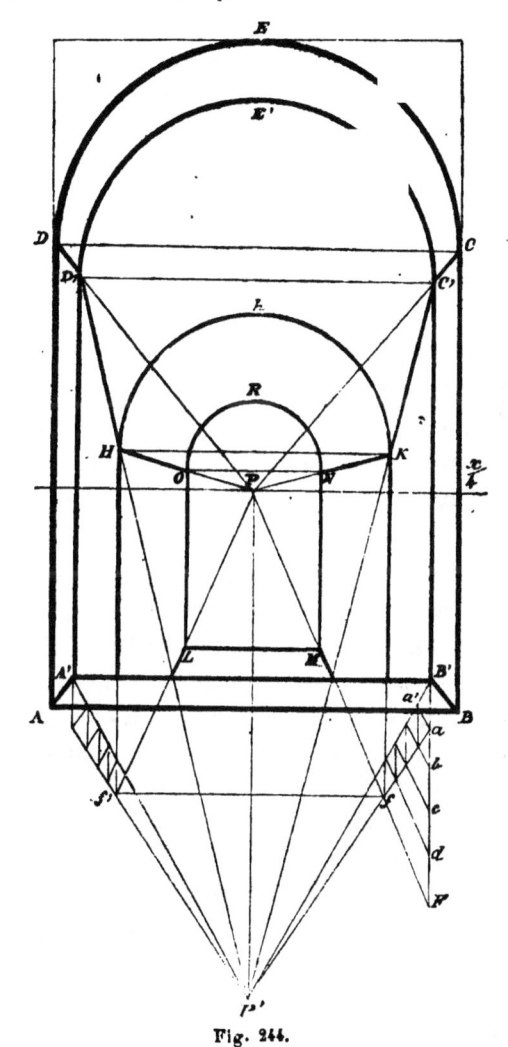

Fig. 244.

ner; conduire les fuyantes aP — bP — cP, etc.; déterminer la profondeur aa' et conduire la fuyante B'a' prolongée jusqu'à la verticale abaissée du point de vue, sur laquelle elle déterminera le point P', point de fuite souterrain de toutes les lignes parallèles à B'P': l'intersection f, de aP' sur FP, détermine la profondeur de l'escalier; conduire C'F et élever fK : l'intersection K est le point d'arrêt de la voûte descendante; conduire D'P' et sur le diamètre HK former le demi-cercle HhK, qui termine la voûte inclinée; conduire les horizontales fuyantes f'P — fP — HP — KP; terminer à une profondeur à volonté la voûte horizontale par le mur de fond LMNO et le demi-cercle ORN.

Le profil de l'escalier a été indiqué sur B'F, afin de faire comprendre que l'opération est la même que pour l'escalier montant.

164. — Autre application du plein cintre. —
Voûte d'arête dite en arc de cloître, vue de face.

L'arête d'une voûte est formée par la rencontre de deux voûtes de forme semblable, se coupant à angle droit; celle dont nous nous occupons ici est formée par deux voûtes à plein cintre.

Opération. — Construire d'abord la voûte de face (fig. 245); sur les deux arcades ABCED — A'B'C'E'D' et sur cette voûte chercher les points conducteurs des courbes obliques de l'arête (dites courbes en anse de panier) formées par la voûte transversale; conduire les diagonales bd — ac, se rencontrant en G, centre du sommet de la voûte et point d'intersection des deux courbes de l'arête; prendre à volonté sur l'un des côtés du demi-cercle DEC les points L, M; de ces points abaisser des verticales touchant le plein cintre en L' et en M' et conduire les fuyantes LP — MP — L'P — M'P : ces fuyantes forment l'échelle de l'épaisseur comprise aux points L, M entre le cintre de la voûte et le carré $abcd$; aux points N, O, intersections de la diagonale ac sur les fuyantes LP — MP abaisser des verticales rencontrant les fuyantes L'P — M'P aux points N', O', qui seront les conducteurs de la courbe DG; sur la diagonale bd prendre les points R, S, intersections des fuyantes LP — MP sur cette diagonale, et abaisser les verticales RR' — SS' : les points R', S' seront les conducteurs de la courbe GD'.

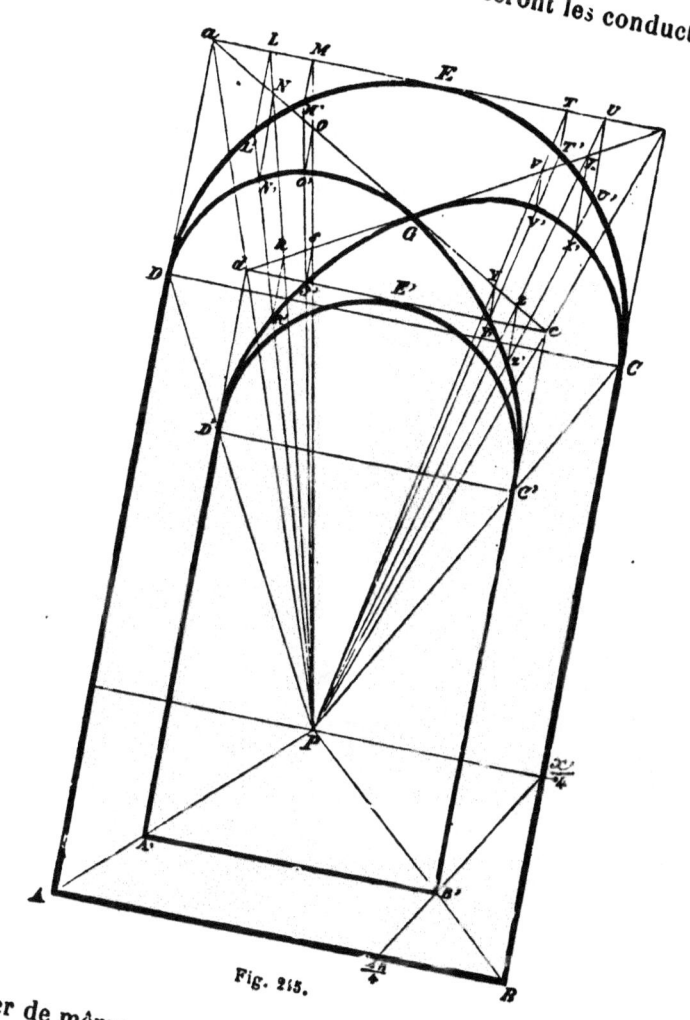

Fig. 215.

Opérer de même sur l'autre côté du cercle, aux points T, U - V, X, etc.

(Voir, pour l'application de cette règle, la figure 216.)

Fig. 246.
Application de la règle 164.

165. — Galerie voûtée en plein cintre divisée en cinq travées égales, fuyante au point de vue, ce point étant hors du tableau.

Chaque travée est en outre traversée par une voûte de forme semblable, déterminant une arête (voyez n° 164, fig. 245).

Opération. — L'arcade à plein cintre ABCED (fig. 247) étant donnée, vue de côté, comme dans le croquis d'après nature (fig. 248), la hauteur de l'horizon étant en HH′, et l'inclinaison ascensionnelle de la fuyante formant la base de la voûte

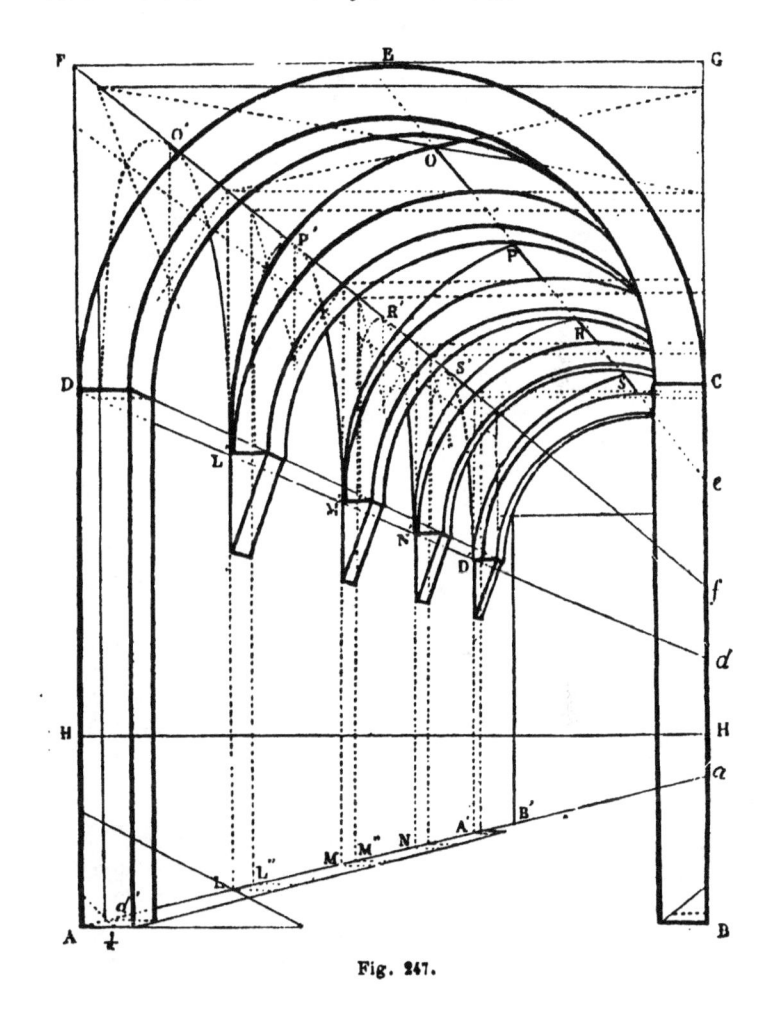

Fig. 247.

étant, toujours comme dans le même croquis, indiquée en A*a*, prolonger HH′ et A*a* jusqu'à ce qu'elles se rencontrent : leur point d'intersection, qui sera un peu hors du tableau, vers la

LE PLEIN CINTRE

Fig. 248.

Croquis d'application de la règle 165.

droite, sera le point de vue vers lequel seront dirigées les fuyantes Dd — Ff — Ee.

Déterminer, par la distance réduite au tiers, les grandeurs AL — LM — MN — NA′ — A′B′, égales entre elles, et, des points L, M, N, A′, la grandeur de piliers égaux à Ad'; élever les verticales LL′ — MM′ — NN′ — A′D′, qui détermineront sur Dd le pied visible de chaque plein cintre parallèle à DEC, en même temps que le pied de chaque arête et celui des pleins cintres fuyants.

On trouvera le sommet de chaque arête par l'intersection des diagonales des carrés supérieurs en O, P, R, S (voir fig. 245) et le sommet des arcades fuyantes en O′, P′, R′, S′, par l'intersection des diagonales des carrés fuyants (règle 160, fig. 238).

(Voir, pour l'application de cette règle, la figure 248.)

166. — **Autre application du plein cintre**. —
Niche vue de face. Distance réduite au quart.

La niche représente dans sa partie droite, ABCD (fig. 249), la moitié d'un cylindre creux vu à l'intérieur et, dans sa partie cintrée, DEC, le quart d'une boule ou sphère également creuse et vue à l'intérieur.

Opération. — L'arcade à plein cintre ABCED étant donnée comme ouverture de la niche, sur les diamètres AB — DC former les rectangles ABB′A′ — DCC′D′, puis inscrire dans ces rectangles les demi-cercles AFB — DF′C, déterminant la profondeur du corps de la niche. Pour les demi-cercles L, M, N, etc., représentant les assises des pierres, voir n° 152, fig. 217. La base DF′C de la voûte sera divisée sur sa coupe DEC, par les points O, R, S, T, en autant de parties qu'il y a d'assises à déterminer; puis sur les diamètres OO′ — RR′ — SS′ — TT′ on établira de nouveau des demi-cercles indiquant la réduction progressive de la profondeur, pour arriver à la forme sphérique du haut de la niche.

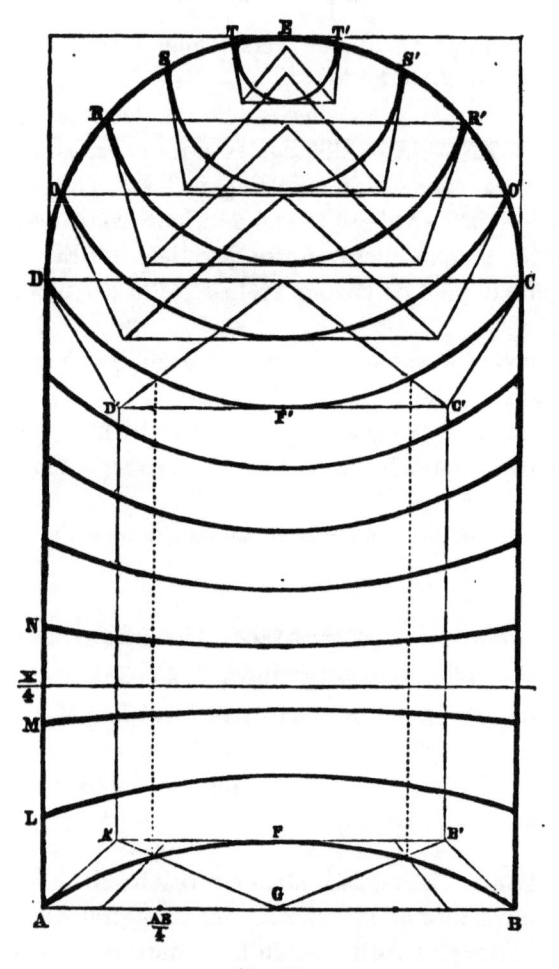

Fig. 249.

167. — Autre application du plein cintre. — Même niche vue de côté.

L'arcade fuyante ABCED (fig. 250) représente l'ouverture de la niche, égale à celle de la figure précédente; l'opération est faite par la distance réduite à la moitié, pour donner plus de développement à l'arcade fuyante.

LE PLEIN CINTRE 195

Opération. — Les demi-cercles AFB—DF'C sont construits sur le diamètre fuyant au lieu de l'être sur le diamètre horizontal ; la partie ADL'L est la portion visible extérieurement

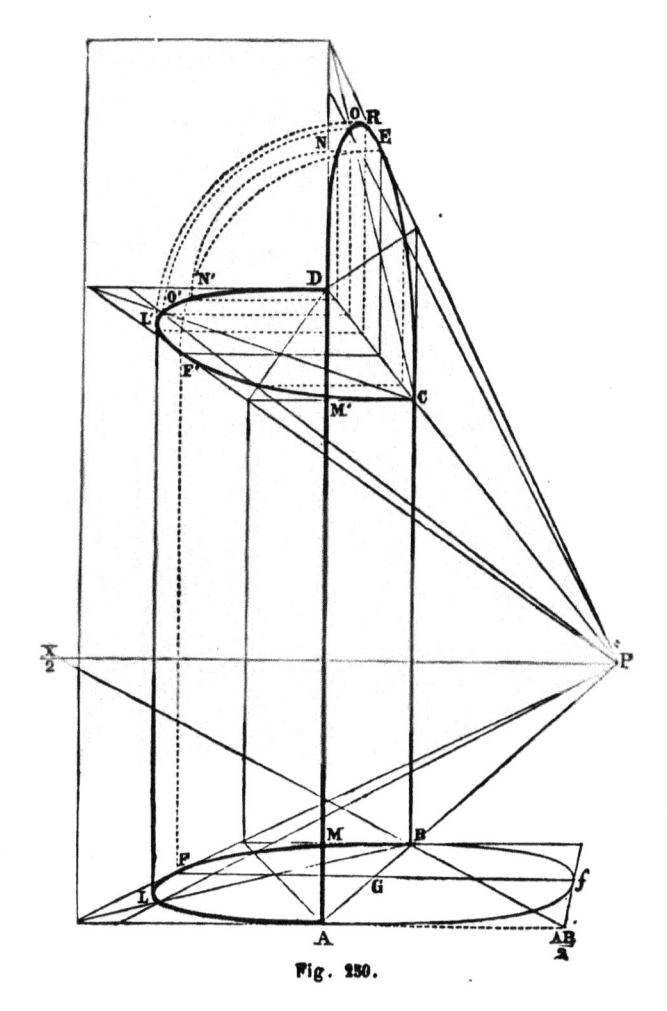

Fig. 250.

du corps de la niche, dont l'intérieur est visible en BCM'M ; le profil de la voûte sera donné par des arcs de cercle réunissant les points N, O, R, etc., de la courbe verticale DEC aux points correspondants N', O', L' de la courbe horizontale

DF'C. Les assises horizontales des pierres seront déterminées par des demi-cercles parallèles à AFB — DF'C et, dans la voûte, par des demi-cercles construits sur des diamètres pris à volonté sur l'arcade DEC.

168. — Autre application du plein cintre. — *Ouverture à plein cintre fuyante suivant l'inclinaison d'une voûte de forme semblable vue de face.* Distance réduite au tiers.

Le point de vue est porté vers la gauche du tableau, pour donner plus de développement à la figure.

La galerie ABCED (fig. 251) étant donnée de profondeur à volonté, diviser cette profondeur en deux parties égales et ouvrir au centre de chaque travée une fenêtre à plein cintre, suivant l'inclinaison de la voûte.

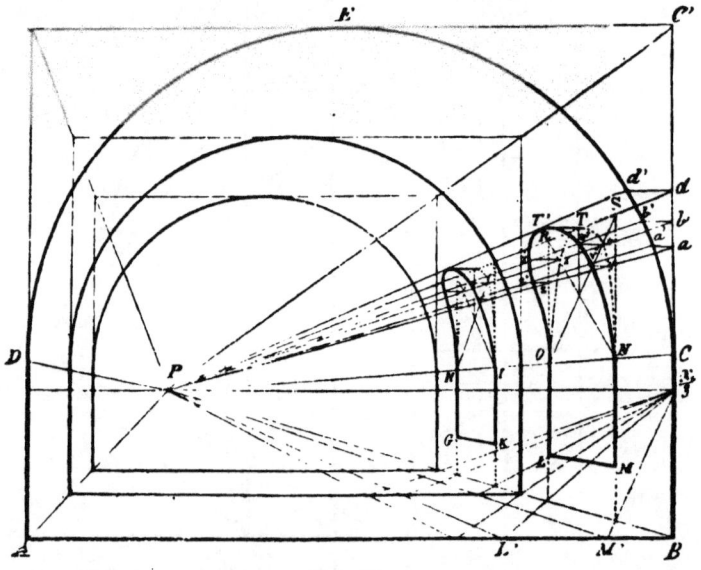

Fig. 251.

Opération. — Sur NO, largeur déterminée de la première fenêtre, faire le rectangle vertical NSRO d'une élévation égale à la moitié de sa profondeur, puis inscrire dans ce rectangle le demi-cercle formant le plan vertical de la fenêtre appuyée sur la muraille BC; établir les échelles fuyantes aP, $a'P - bP$,

b'P — dP, d'P, qui déterminent à différentes hauteurs là distance existant entre le mur CC' et le bord de la voûte; rétablir cette distance au plan de la fenêtre par les horizontales TT' — UU' — VV' et, sur l'autre côté du demi-cercle, par les horizontales XX' — ZZ': les points V', U', T', X', Z' seront les conducteurs de la courbe inclinée NT'O. On retrouvera la grandeur LM au plan de la deuxième fenêtre en GK et l'on opérera comme précédemment avec les échelles données aP, a'P — bP, b'P — dP, d'P.

La distance étant réduite au tiers, la grandeur de la fenêtre est en réalité trois fois égale à L'M'; en conséquence, la grandeur Cd, prise pour le plein cintre de la fenêtre, renferme Ca égale à L'M', plus ad égale à la moitié de L'M'.

169. — Profil d'une ouverture cintrée creusée dans une tour ronde.

Opération. — Le corps de la tour étant donné par les cer-

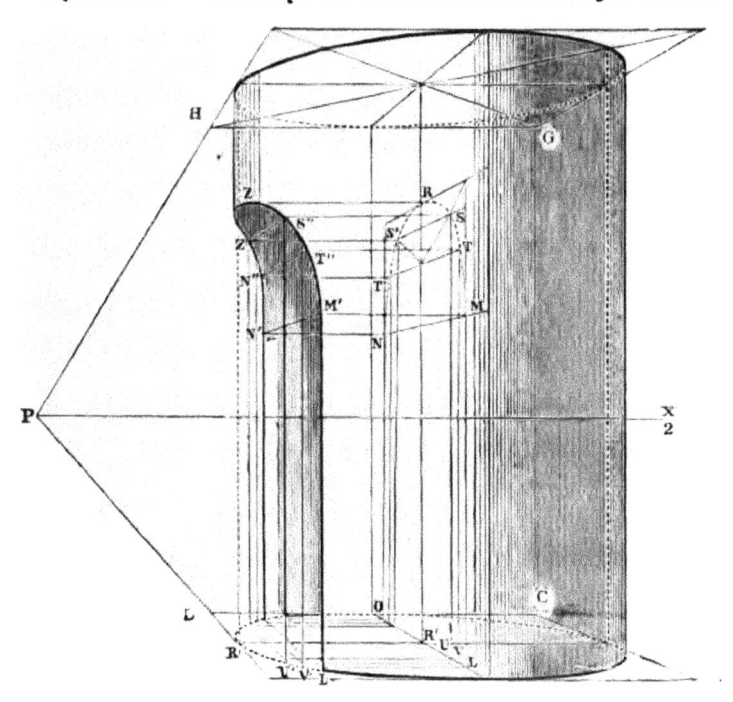

Fig. 252.

cles ABCD — EFGH (fig. 252), avec le rectangle LMNO, pris à volonté au centre de cette tour, établir le plan de l'ouverture par l'arcade à plein cintre LMRNO ; prendre différents points de la courbe MRN, soient R, S, T, M ; déterminer les points R′, U, V, L, et former les échelles fuyantes SP, UP — TP, VP — MP, LP ; conduire les horizontales R′R″ — UU′ — VV′ — LL′ ; élever sur R″, U′, V′, L′ des verticales indéfinies, puis conduire les horizontales RZ — SS″ — TT″ — MM′ : le point Z sera le sommet de la porte ; S″, T″ seront les points conducteurs de la courbe, qui se terminera en M′.

Trouver par les mêmes échelles les points Z′, N″, N′, conducteurs de la partie opposée de la courbe.

LE CINTRE SURBAISSÉ.

170. — Le cintre est dit *surbaissé*, quand son élévation est moindre que le rayon de sa base.

171. — Tracer le plan géométral d'un cintre surbaissé dit courbe en anse de panier.

Opération. — La largeur d'une voûte à cintre surbaissé étant donnée par le diamètre AB (fig. 253) et l'élévation de cette voûte par le rayon DC, égal à la moitié du diamètre

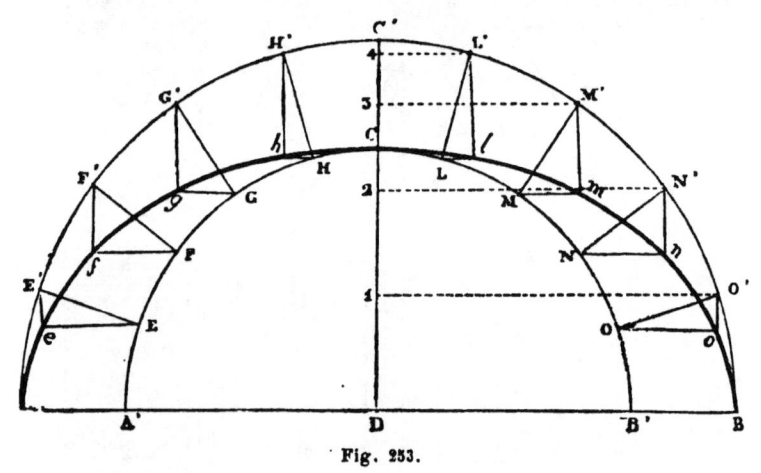

Fig. 253.

concentrique A′B′, décrire les demi-cercles AC′B — A′CB′ ; du centre D conduire jusqu'à la circonférence AC′B des

LE CINTRE SURBAISSÉ

rayons en nombre à volonté, soit ici huit, qui viendront aboutir aux points E′, F′, G′, H′, L′, M′, N′, O′ ; de chacun de ces points abaisser des verticales indéfinies ; puis, des points correspondants, déterminés par les rayons sur la circonférence intérieure en E, F, G, H, L, M, N, O, conduire des horizontales, qui donneront les intersections e, f, g, h, l, m, n, q, points conducteurs cherchés de la courbe ACB.

Le cintre peut être plus ou moins surbaissé, suivant l'élévation du rayon central DC ; l'opération reste la même.

172. — **Ouvrir dans la profondeur du tableau une voûte surbaissée fuyante en face du spectateur et divisée en un nombre indéterminé de sections à arêtes parallèles.**

Opération. — L'arcade à cintre surbaissé ABCED (fig. 254) étant prise à volonté comme entrée de la voûte, former le

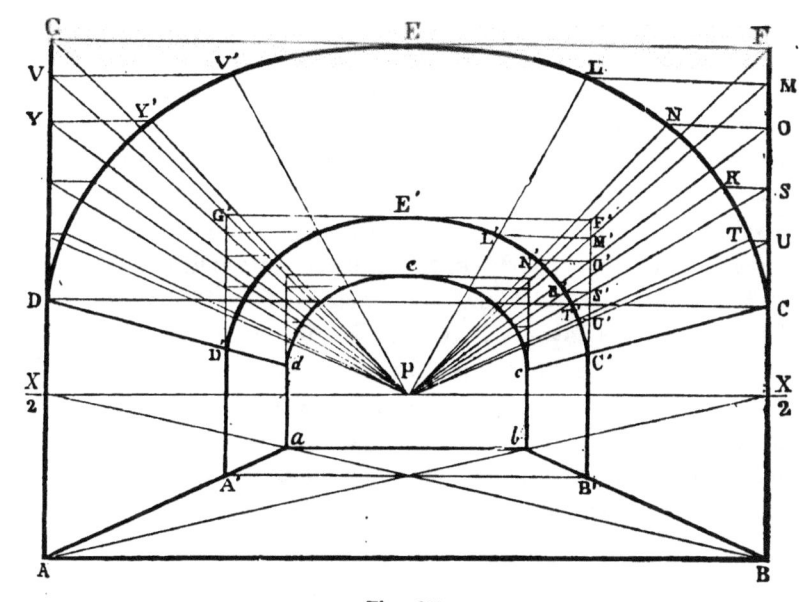

Fig. 254.

rectangle ABFG et conduire les fuyantes AP — BP — CP — FP — GP — DP.

Déterminer à volonté dans la profondeur de la voûte la section A'B'C'ED' et former à ce plan le rectangle A'B'F'G'; sur la verticale FC prendre à volonté les points M, O, S, U; conduire jusqu'au bord de la voûte les horizontales ML — ON — SR — UT, et établir les échelles fuyantes LP, MP — NP, OP, etc. : ces échelles serviront à déterminer à différentes hauteurs la distance existant entre le plan vertical FBB'F' et la courbe ou arête de la voûte.

Au plan de la section B'F' et des points M', O', S', U' conduire les horizontales M'L' — O'N' — S'R' — U'T' : les intersections L', N', R', T' seront les points conducteurs cherchés de l'arc surbaissé E'C', régulièrement parallèle à EC. On opérera de même pour déterminer l'arc opposé D'E', en établissant les échelles V'P, VP — Y'P, YP, etc., parallèles aux échelles LP, MP, etc.

OBSERVATION. — Selon le développement du cintre, on déterminera un nombre plus ou moins grand de points conducteurs : l'exactitude du tracé dépend entièrement de cette opération.

173. — Déterminer dans un mur fuyant au point de vue l'ouverture d'une voûte à cintre surbaissé.

Opération. — La partie droite de l'élévation étant déterminée par la verticale BR (fig. 255), l'ouverture de la voûte par le diamètre AB et l'élévation du cintre par le rayon DB, prolonger la verticale BR en B''', en faisant la partie RB''' égale à DB; conduire les fuyantes BP — RP — B'''P, puis les diagonales fuyantes B'X — DX — A'X — AX, déterminant sur BP les intersections B'', D', A'', a; de ces points élever les verticales aA''' — A''S' — D'C — B''R', et sur les diamètres SR — S'R' former les demi-cercles fuyants SCR — S'C'R'. Du point D'', centre commun de ces demi-cercles fuyants, conduire les rayons D''L' — D''M' — D''N' — D''O', touchant le cercle intérieur aux points L, M, N, O; conduire les fuyantes LP — MP — NP — OP, indéfiniment prolongées, et des points L', M', N', O', abaisser des verticales, dont les intersections sur ces fuyantes donneront en L″, M″, N″, O″ les points conducteurs cherchés de l'arc fuyant C′R.

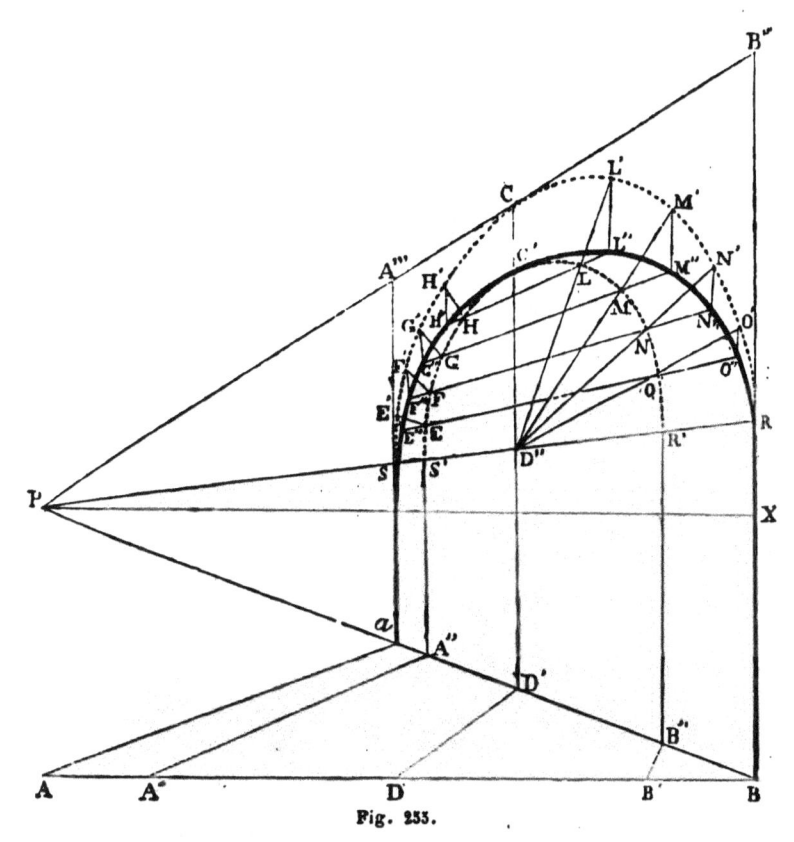

Opérer de même pour déterminer les points E″, F″, G″, H″, conducteurs de l'arc fuyant opposé C′S.

174. — Voûte d'arête ou arc de cloître surbaissé.

Déterminer dans la profondeur d'une voûte surbaissée fuyante en face du spectateur l'arête formée par une voûte de forme semblable, coupent la première à angle droit.

Opération. — L'entrée de la voûte étant déterminée à volonté en ABCED (fig. 256), établir le rectangle ABYZ et former comme il a été dit au n° 172 (fig. 254) la section A′B′Y′Z′ ; sur le carré fuyant ZYY′Z′, plan du sommet de la voûte, conduire les diagonales ZY' — YZ' : le centre F sera le point d'intersection des deux arêtes fuyantes CFD' — DFC'. Pour obtenir les points conducteurs de chaque arc, on abaissera, des points L, M, N, pris à volonté, des verticales touchant le bord de la voûte en O, R, S; on formera les échelles fuyantes LP, OP — MP, RP — NP, SP; puis de chaque point d'intersection des fuyantes LP — MP — NP sur la diagonale YZ' on abaissera des verticales rencontrant les fuyantes OP — RP — SP aux points O', R', S', sur lesquels on conduira l'arête fuyante CF.

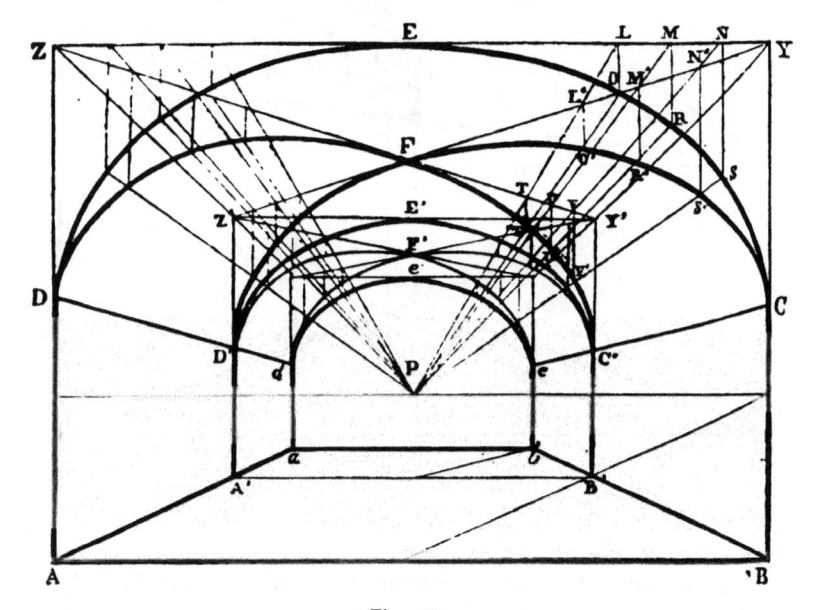

Fig. 256.

On cherchera de même sur la diagonale FY' les intersections T, U, V, desquelles on abaissera les verticales TT' — UU' — VV' : les points T', U', V' seront les conducteurs de l'arête FC'.

L'opération sera identique pour conduire sur le côté opposé de la voûte les arcs DF — FD'.

L'ESCALIER TOURNANT.

175. — L'escalier tournant n'est qu'une application multiple de l'échelle fuyante aux cercles parallèles.

L'ESCALIER TOURNANT

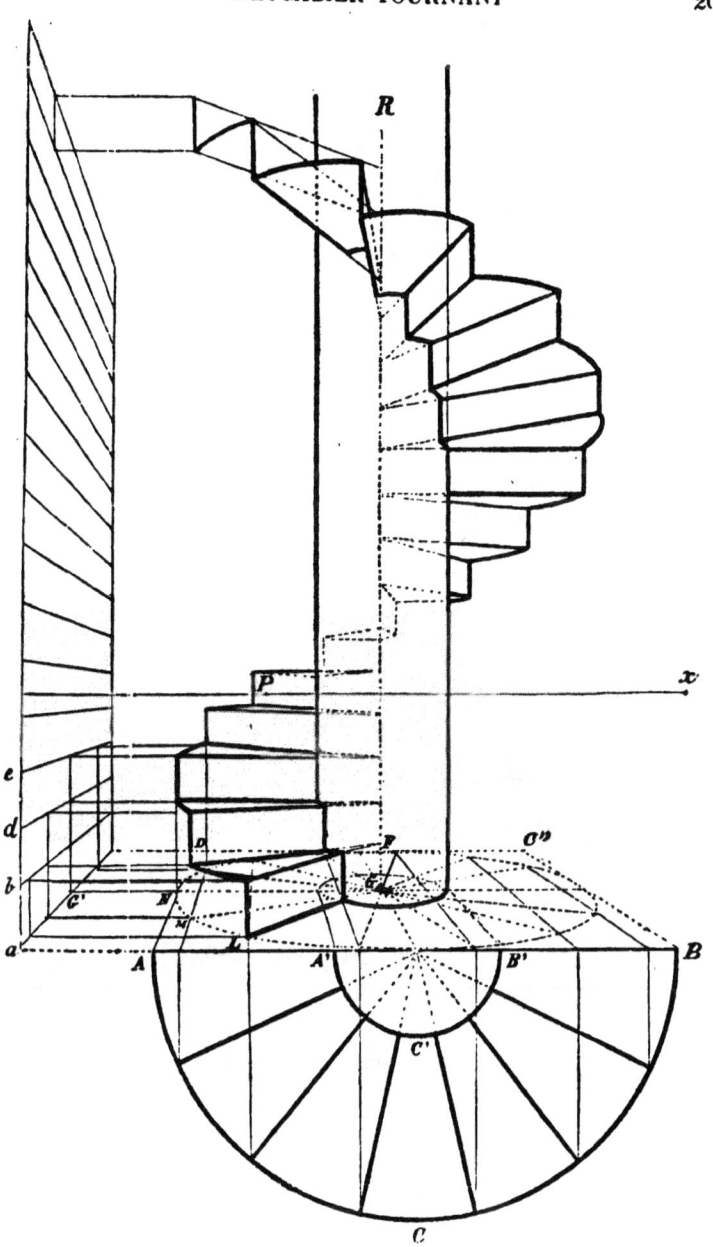

Fig. 257.

Opération. — Sur le demi-cercle géométral ACB (fig. 257) indiquer, par des rayons également espacés entre eux et en

Fig. 258.

Application de la règle 175.

nombre à volonté, les marches formant l'escalier et s'appuyant au centre sur le cercle intérieur A′C′B′ (plan du pilier destiné à soutenir l'escalier); reporter le tracé perspectif de

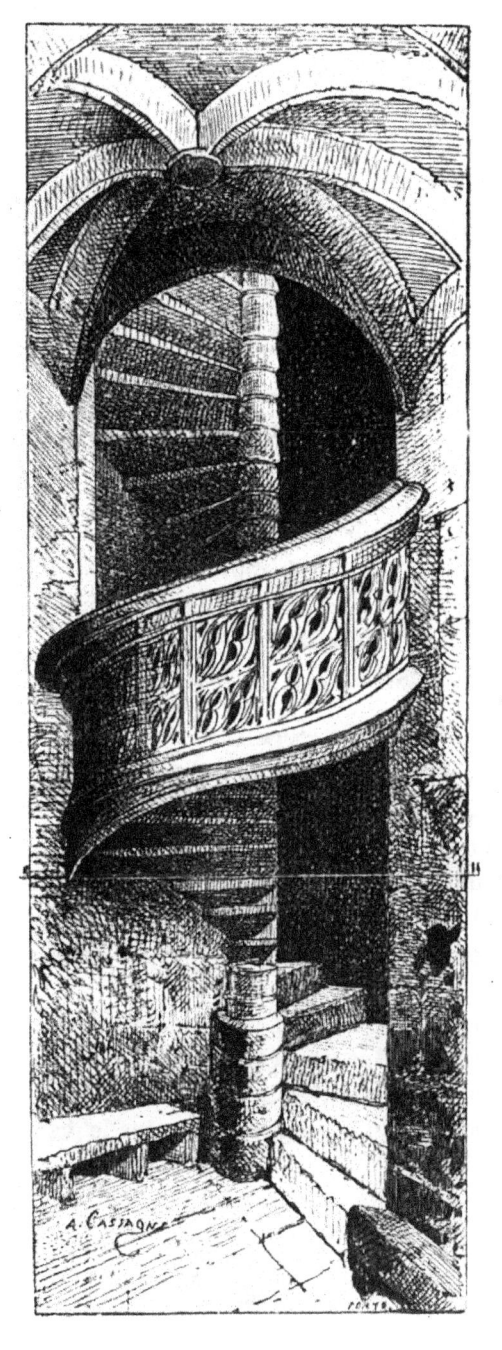

Fig. 259.
Autre application de la règle 175.

ce plan en ABC″D ; déterminer par la verticale *ab* la hauteur des marches et prendre sur cette verticale prolongée autant de grandeurs égales à *ab* que l'on veut élever de marches; former les échelles fuyantes *a*P, *b*P — *d*P, *c*P, etc. ; sur le centre G du pilier élever la verticale GR et trouver par l'échelle la grandeur GF, perspectivement égale à *ab;* prendre sur la verticale centrale GR autant de grandeurs égales à GF que l'on en a déterminé sur l'échelle, et trouver à l'aide de cette échelle la hauteur de chaque marche à son plan, soit en L, M, N, etc. (Règle des échelles fuyantes, n₀ 63, fig. 74). Chaque dessus de marche présente un triangle mixtiligne dont un des côtés forme une courbe parallèle à la portion correspondante de la circonférence du plan, et dont les deux autres côtés ont leur intersection sur la verticale GR, au point correspondant à l'élévation des marches sur l'échelle. Ce triangle est tronqué en un point plus ou moins éloigné de son sommet, selon l'épaisseur du pilier qui soutient l'escalier.

(Voir, pour l'application de cette règle, les figures 258 et 259.)

L'OGIVE.

176. — Parmi les figures formées de lignes courbes, autres que le cercle, nous placerons d'abord *l'ogive*, ou arc ogive, figure fréquemment employée dans l'architecture.

Formée de deux arcs de cercle se rencontrant à une hauteur donnée sur la perpendiculaire centrale de sa base, l'ogive ne peut être mise en perspective sans que le plan géométral en ait été d'abord établi.

Les constructions anciennes et modernes présentent des ogives de proportions variées à l'infini, mais se rapportant toutes à trois types principaux :

1° — L'ogive régulièrement formée sur le triangle équilatéral (fig. 260).

Opération. — Soit le triangle ADB (fig. 260). Des points A, B, pris respectivement comme centres, décrire les arcs AD — BD,

---

†. On appelle mixtiligne une figure composée en partie de lignes droites et en partie de lignes courbes.

qui se rencontrent au point D, sommet de l'ogive, et dont les

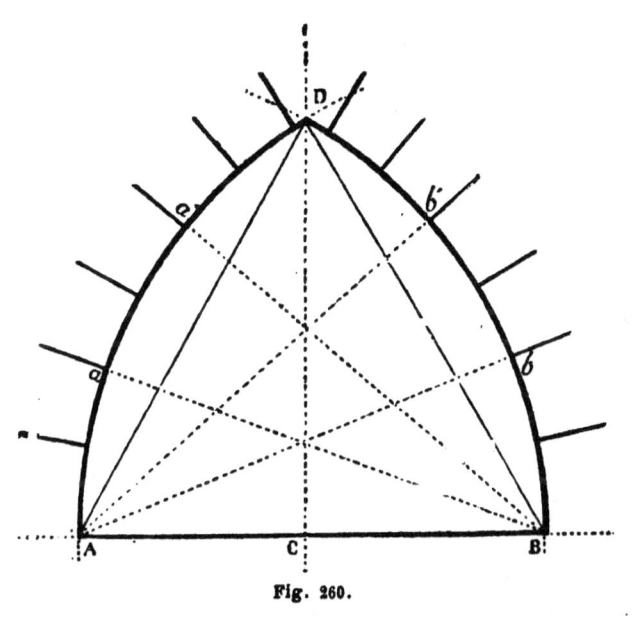

Fig. 260.

cordes AD — BD sont égales entre elles et égales à la base AB.

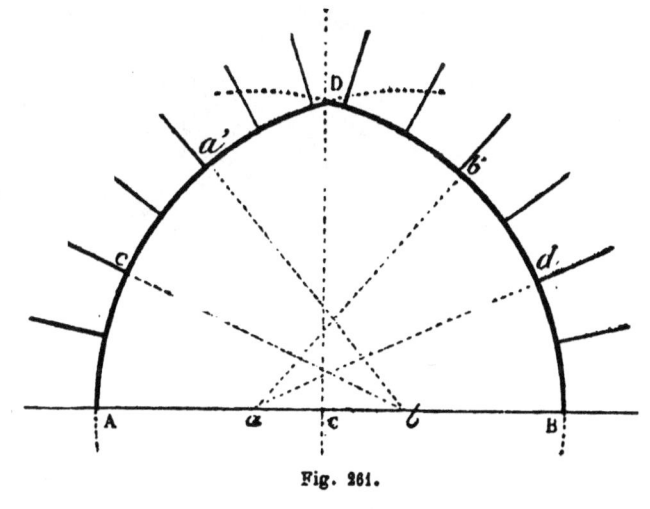

Fig. 261.

2° — L'ogive surbaissée, c'est-à-dire dont le sommet forme

Fig. 262.
Croquis d'application de l'ogive surbaissée vue de face.

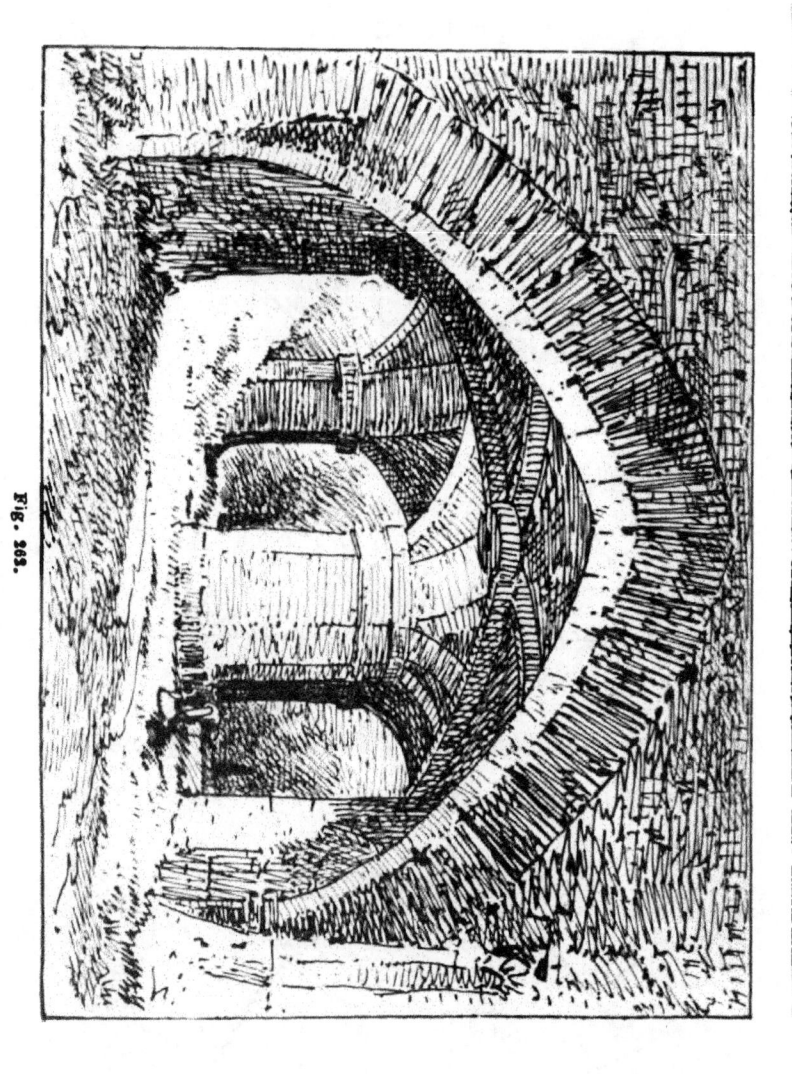

un angle plus ouvert que la précédente ; cette ogive (fig. 261) est appelée *tiers-point*.

Opération. — Soit la base AB, prise à volonté et divisée en trois parties égales par les points a, b; de ces points, pris respectivement comme centres, décrire les arcs BD — AD, se rencontrant au point D, sommet de l'ogive.

(Voir, pour l'application pittoresque, la figure 262.)

3° — L'ogive surélevée ou formant un angle plus aigu que celui de la figure 260.

Opération. — Soit la base AB (fig. 263) prise à volonté et divisée par les points a, b en trois parties égales : prolonger

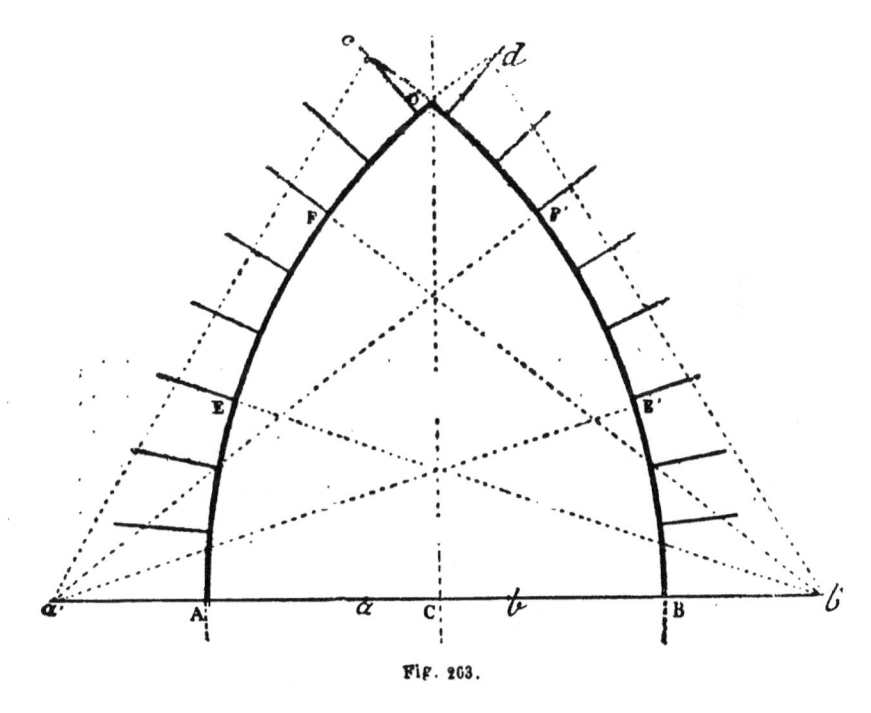

Fig. 263.

AB à droite et à gauche, en faisant Bb' égale à bB et Aa' égale à Aa. Des points a', b', pris respectivement comme centres, décrire les arcs Bc — Ad, se rencontrant sur la perpendiculaire centrale de la base, au point D, sommet de l'ogive.

Dans toute ouverture ogivale, les lignes d'intersection des pierres posées en cordon autour de cette ouverture rayonnent vers le centre de l'arc, soient (fig. 260) $b'A — bA — a'B — aB$; (fig. 261) $cb — a'b — da — b'a$; (fig. 263) $Eb' — Fb' — E'a' — F'a'$.

177 — Tracé perspectif de l'ogive.

Quelle que soit la proportion du type à représenter, le tracé perspectif de l'ogive sera établi suivant le même principe.

Opération. — L'ogive AEB (fig. 264), étant construite sur le triangle équilatéral, c'est-à-dire ayant ses côtés égaux à sa

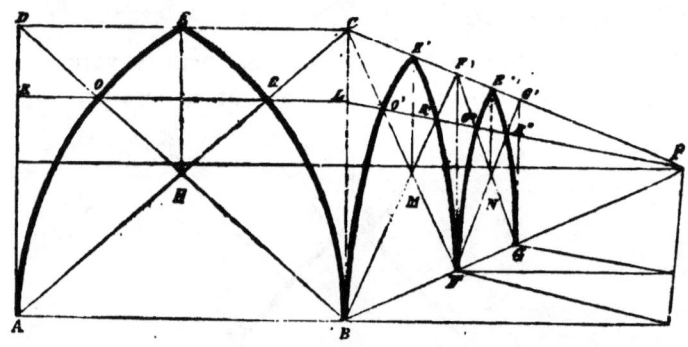

Fig. 264.

base, sera inscrite dans le rectangle ABCD, dont on conduira les diagonales AC — BD; sur le centre H élever la verticale HE, rencontrant en E le sommet de l'ogive; conduire l'horizontale KL, déterminant sur BC la hauteur des intersections O, R des courbes de l'ogive sur les diagonales; conduire les fuyantes BP — CP — LP; déterminer sur BP, par la règle du carré, les profondeurs BF — FG, perspectivement égales à AB; élever les verticales FF' — GG'; trouver le centre de chaque carré par les diagonales; élever les verticales ME' — NE'', donnant en E' et en E'' le sommet des ogives : les intersections de LP sur les diagonales, aux points O', R' — O'', R'', seront les points conducteurs des courbes BO'E' — E'R'F — FO''E'' — E''R''G. Opérer de même pour chaque ogive.

L'OGIVE 211

Les applications pittoresques de l'ogive (fig. 265 et 266) n'offrent aucune difficulté.

Après avoir tracé le carré de la fenêtre ogivale (fig. 265), le

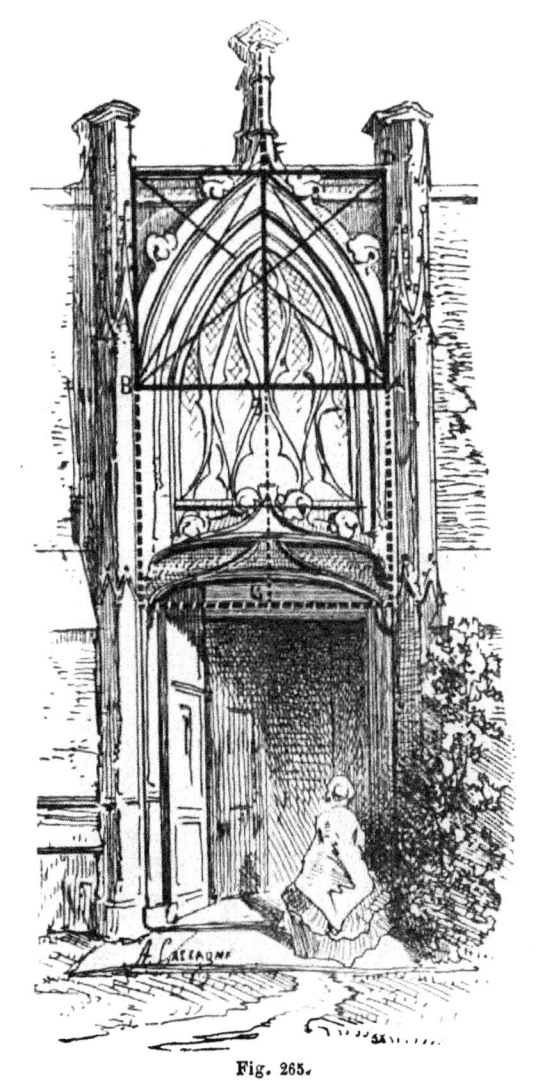

Fig. 265.

Application pittoresque de l'ogive vue de face.

Fig. 266.
Application pittoresque de l'ogive vue de côté.

diviser en deux parties égales, ce qui donnera pour l'ogive le carré ABCD; trouver par les diagonales le sommet F et décrire les courbes de l'ogive.

Après avoir tracé la ligne d'horizon (fig. 266), prendre la hauteur des ogives et conduire au point de vue; trouver, par les diagonales ou l'échelle, la largeur perspective des ogives, soit CF pour la première, et procéder comme pour l'ogive de face.

178. — **Autre construction des ogives**.

Trouver, pour la construction de l'ogive perspective, un second point conducteur de l'arc.

L'ogive à construire étant de dimension telle qu'en dehors du point conducteur déterminé le crayon puisse donner à la courbe une forme irrégulière, il sera aussi simple que facile de déterminer un second point conducteur.

Opération. — Ayant établi l'ogive géométrale (fig. 267) et

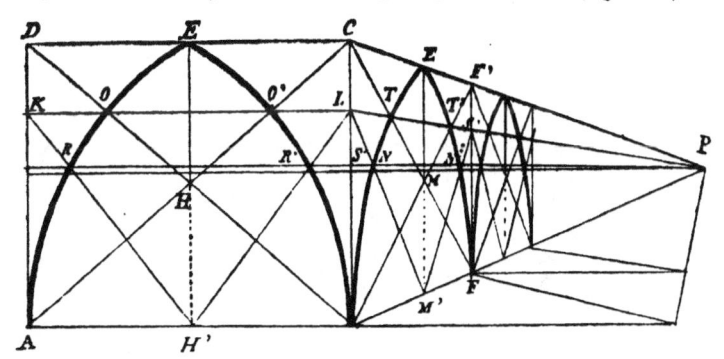

Fig. 267.

disposé les rectangles perspectifs comme dans le tracé précédent, abaisser la verticale HH', conduire les diagonales KH' — LH', donnant sur les arcs les points R, R', et reporter la hauteur de ces points sur BC en S; conduire la fuyante SP, abaisser MM' et, par les diagonales LM' — S'M', déterminer N et N', points conducteurs cherchés; enfin, faire passer la courbe partant de B par les points N, T, E', et la courbe partant de E' par les points T', N', F. Opérer de même pour les ogives suivantes.

179. — Voûte d'arête ogivale.

Distance réduite à la moitié.

Opération. — Établir le tracé de l'arcade du premier plan ABCED (fig. 268) et celui de l'arcade parallèle A'B'C'E'D'.

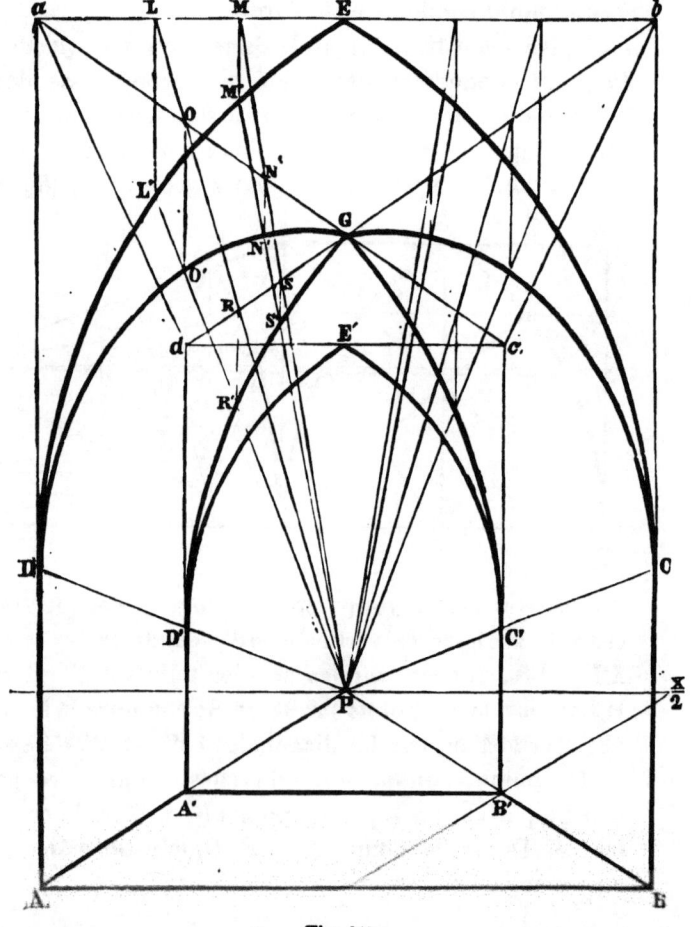

Fig. 268.

dégradé suivant la base du carré; indiquer le carré perspectif du sommet de la voûte, parallèle à ABB'A'; déterminer, par les diagonales $ac - bd$, le centre G de ce carré, centre où

L'OGIVE 215

Fig. 269.

Application d'après nature de la règle 179.

devront se réunir les arêtes de la voûte; des points L, M, pris à volonté, abaisser les verticales LL′ — MM′, et conduire les fuyantes LP — MP — L′P — M′P ; des points O, N, intersections de la diagonale *oc* sur LP — MP, abaisser des verticales rencontrant en O′ et en N′ les fuyantes L′P — M′P, puis tracer la courbe DO′N′G. Des points R, S, intersections de la diagonale *bd* sur les fuyantes LP — MP, abaisser des verticales rencontrant les fuyantes L′P — M′P aux points R′, S′, qui seront les conducteurs de la courbe GS′R′D′; terminer la voûte en répétant ces opérations sur l'autre côté de l'arcade.

Les fuyantes LP, L′P — MP, M′P forment des échelles servant à déterminer la profondeur comprise entre le plan de la voûte à son sommet et la courbe qui donne l'inclinaison de la voûte. Cette profondeur n'est ici déterminée que par deux points; mais le tracé fera comprendre qu'on peut en déterminer facilement tel nombre que l'on croit utile à la régularité de la courbe.

(Voir, pour l'application de cette règle, la figure 269.)

COURBES DIVERSES.

180. — Emploi du plan géométral pour les lignes courbes fuyantes autres que les circonférences.

Le tracé perspectif de toute courbe autre que la circonférence ne peut être exécuté avec précision qu'à l'aide du plan géométral, ainsi que nous l'avons déjà dit pour les ogives.

Opération. — Étant donné en AB (fig. 270) le plan géométral d'une courbe à volonté, élever de divers points de cette courbe, soient A, C, D, E, F, G, B, des verticales rencontrant la ligne de terre en A′, C′, D′, E′, F′, G′, B′; conduire les fuyantes A′P — C′P — D′P — E′P — F′P — G′P — B′P, et reporter sur TT la grandeur A′A en L, la grandeur CC′ en M, etc.; conduire Lx — Mx — etc. : les intersections l, m, n, o, r, s, v seront les points conducteurs de la courbe perspective.

COURBES DIVERSES

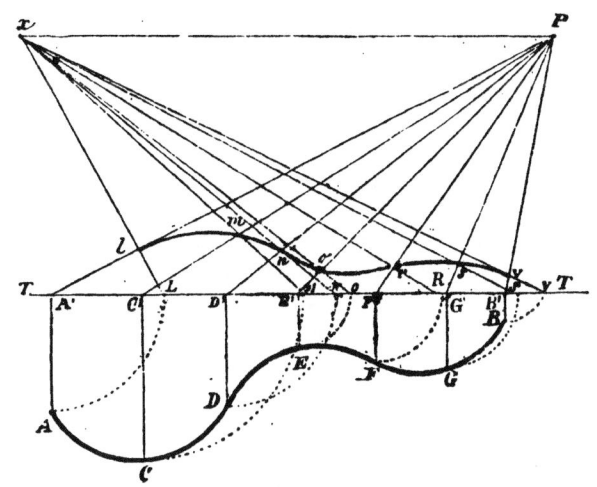

Fig. 270.

181. — Application de l'échelle fuyante aux courbes parallèles.

Opération. — Étant donnée la courbe EF du support de la tablette ABCD (fig. 271), la courbe parallèle GH du même

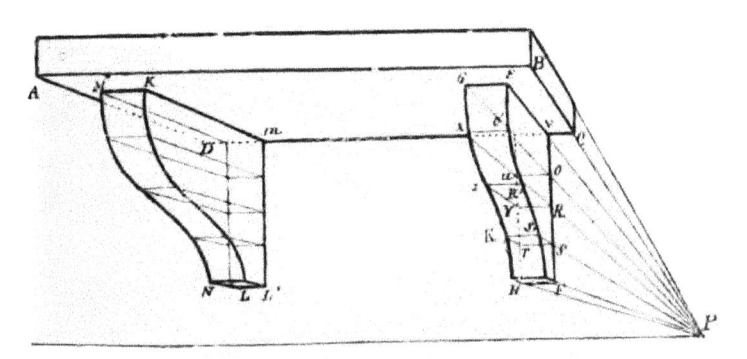

Fig. 271.

support sera déterminée à différents plans au moyen de l'échelle fuyante. Sur la verticale VF prendre à volonté les points O, R, S; conduire les fuyantes OP — RP — SP, les prolonger sur la courbe EF en O', R', S', et former les rectangles d'ouX — R'RYZ — S'STK : les points X, Z, K seront les points conducteurs de la courbe GH. Opérer de même avec la verticale mL' pour les courbes du second support.

EMPLOI DU CERCLE.

182. — Le cercle s'emploie pour trouver la profondeur perspective des lignes droites obliques d'une grandeur déterminée.

Une porte entr'ouverte étant donnée (fig. 272), déterminer

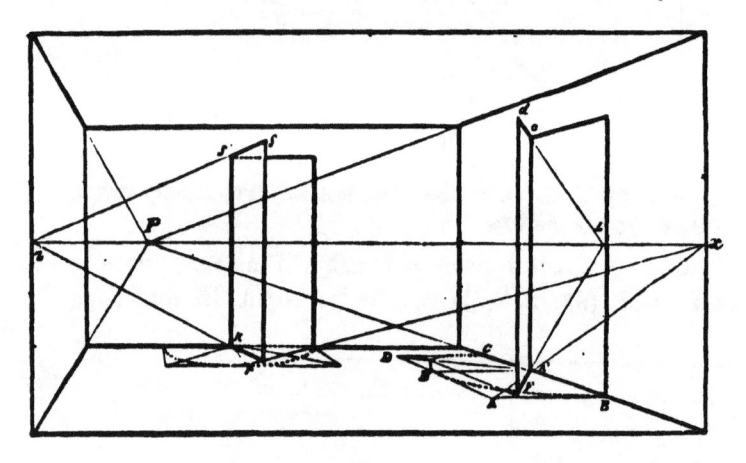

Fig. 272.

la profondeur et la hauteur du bord du battant de cette porte selon son degré d'ouverture.

Opération. — Prendre à volonté la grandeur AB, la reporter en BA', former le rectangle ABCD et du point A', pris comme centre, établir le demi-cercle perspectif BEC; déterminer à volonté, par le rayon A'F, l'angle d'ouverture de la porte; conduire FA', base fuyante oblique du rectangle de la porte, et prolonger cette ligne jusqu'à l'horizon en L; le point de fuite L étant dans le tableau, conduire Lc, parallèle fuyante à A'F, et la prolonger en d; terminer la porte fuyante par la verticale Fd.

EMPLOI DU CERCLE 219

Dans la porte vue de face de la même figure, le centre du demi-cercle est en R et le rayon Rr détermine l'ouverture de cette porte. Conduire rR à l'horizon au point z, puis zs' parallèle à Rr et prolongée en s : le rectangle fuyant rR$s's$ forme le battant de la porte.

Nota. — Observer que l'extrémité d'un battant de porte ou de fenêtre décrit, à mesure qu'il s'ouvre, une courbe formant un demi-cercle parfait, lorsque ce battant est complètement ouvert.

183. — Fenêtre à double battant.

Cette fenêtre offre l'application de la même règle que la figure précédente; seulement, il faut établir un demi-cercle perspectif pour l'ouverture de chaque battant.

Opération. — Soit ABCD (fig. 273) l'ouverture de la fenêtre ; des points A, B comme centres décrire deux demi-cercles ayant pour diamètres égaux FE — EF'; ouvrir à volonté les battants de la fenêtre, soient A en O et B en N; conduire NB

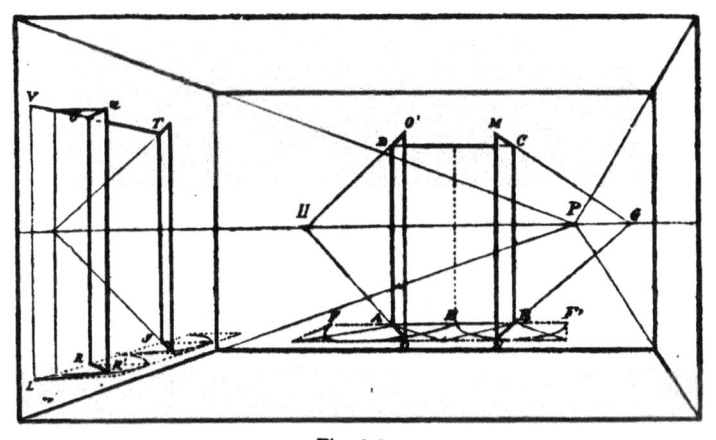

Fig. 273.

prolongée jusqu'à l'horizon en G; élever NM indéfinie et conduire GC prolongée en M, qui termine le côté NMCB; pour le côté OO'DA, conduire OA prolongée, touchant l'horizon en H, élever OO' et conduire HD prolongée en O'.

La fenêtre dont l'ouverture R'STu (fig. 273) est vue fuyante est une nouvelle application de la même règle; mais ici, le point de fuite du rayon RR' n'étant pas dans le tableau, il faut former l'échelle fuyante LP — VP, et déterminer la hauteur de la verticale R'u au moyen de cette échelle.

184. — Trappe entr'ouverte vue de face.

Opération. — La ligne AB (fig. 274) étant prise pour côté d'ouverture de la trappe, dont la grandeur géométrale est

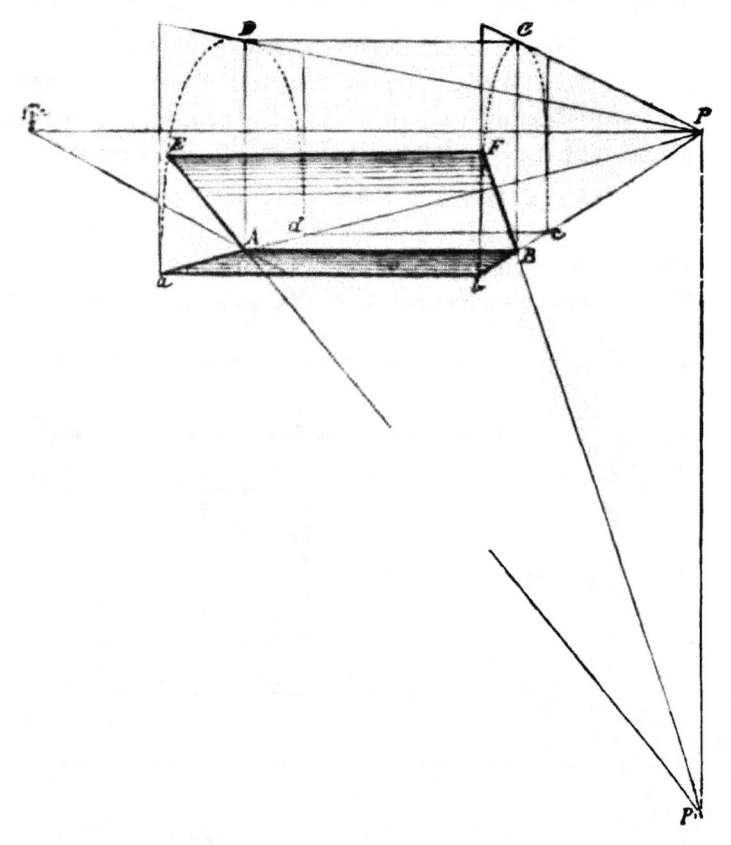

Fig. 274.

donnée par le rectangle ABCD, qui représente cette trappe ouverte à angle droit du sol, avec A, B comme centres et AD

EMPLOI DU CERCLE 221

— BC comme rayons, former les demi-cercles aDd — bCc; déterminer à volonté l'ouverture de la trappe, soit en E; enfin, conduire l'horizontale EF et les obliques EA — FB, qui terminent le rectangle incliné EFBA, représentant la trappe entr'ouverte.

On remarquera que cette figure offre en même temps une application de la règle 130 des plans inclinés (fig. 181) et que, si l'on abaisse du point P une verticale indéfinie, l'oblique fuyante FB prolongée déterminera sur cette verticale le point P', que vient rencontrer également l'oblique prolongée EA, parallèle à FB.

185. — Tableau incliné, vu de profil.

L'inclinaison d'un tableau accroché à un mur sera également déterminée au moyen du cercle.

Opération. — Étant donné le rectangle fuyant ABCD (fig. 275) comme grandeur du tableau appuyé à plat contre le mur fuyant OL, des points B, C comme centres décrire

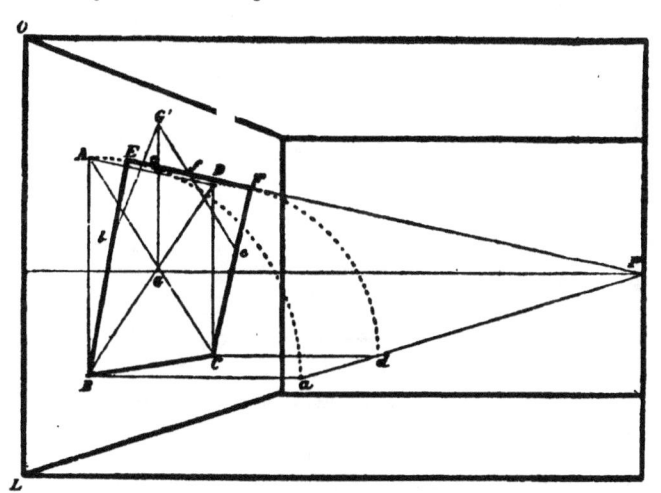

Fig. 275.

deux quarts de cercle A*a* — D*d*; prendre à volonté sur A*a* le point E comme inclinaison du tableau et conduire la fuyante EP, qui détermine sur D*d* le point F, inclinaison du côté

opposé du tableau ; terminer en conduisant les obliques BE —
CF. Maintenant, si l'on suppose le tableau soutenu contre le
mur au moyen d'une corde, il faut prendre à volonté sur BE
le point *b* comme point d'appui de cette corde sur le tableau
et conduire la fuyante *b*P, déterminant sur CF le point *c*, parallèle à *b*; sur le centre G du plan ABCD élever à volonté la
verticale GG′ et conduire les obliques *b*G′ — *c*G′, représentant
la corde qui soutient le tableau, mais dont les parties *eb* — *fc*
sont rendues invisibles par le tableau BCFE.

186. — **Tableau incliné, vu de face.**

Opération. — Prendre à volonté la grandeur et la place du
tableau sur le mur LMNO (fig. 276) en ABCD ; prenant AD —

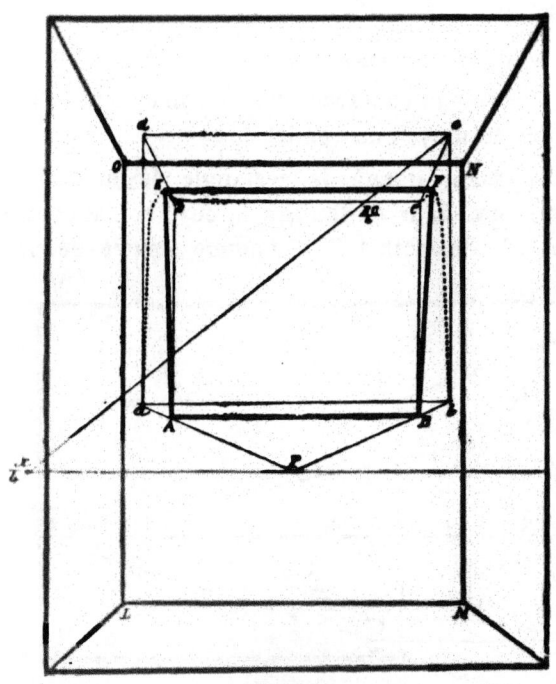

Fig. 276.

BC comme rayons, établir les quarts de cercle D*a* — C*b*, avancés en deçà du plan ; déterminer à volonté l'inclinaison du tableau en AE, puis conduire l'horizontale EF et l'oblique FB, qui termineront le tableau incliné ABFE. Ce tableau, comme la trappe de la figure 274, rentre dans les plans inclinés et il se trouverait, par le même principe, en cherchant sur la verticale abaissée du point de vue le point de fuite d'une des obliques qui serait également le point de fuite de la parallèle.

Le carré $cbBC$ se forme par la distance réduite au quart, en reportant $\frac{BC}{4}$ sur l'horizontale DC, et en conduisant la fuyante $\frac{BC}{4}\frac{x}{4}$, qui détermine sur CP prolongée l'intersection c, sommet de l'angle cherché du carré $abcd$.

187. — Le paravent.

Déterminer, égaux entre eux, les feuillets d'un paravent déployé suivant des mouvements variés.

Opération. — Le rectangle ABCD (fig. 277) étant pris à

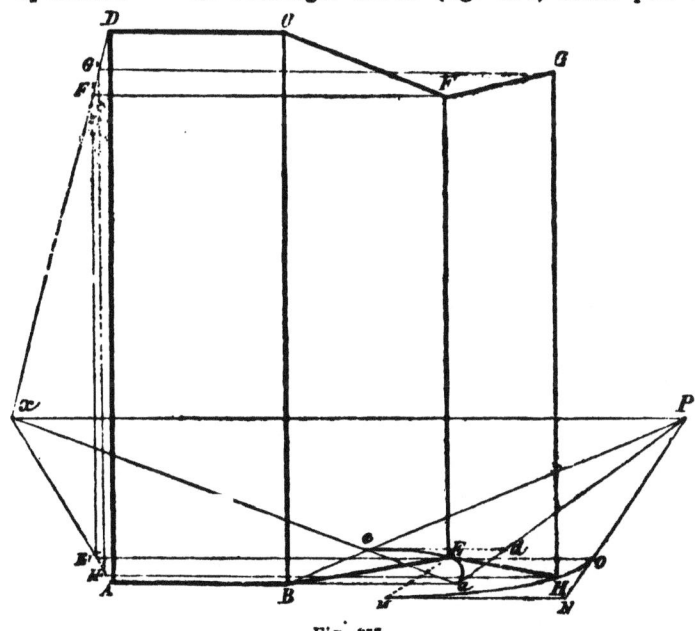

Fig. 277.

volonté comme grandeur géométrale des feuillets du paravent,

sur l'horizontale B*a*, égale à AB, établir le carré perspectif
B*adc* et décrire l'arc de cercle *ac*, sur lequel on prendra à
volonté le point E comme angle d'ouverture du feuillet fuyant
BEFC ; établir l'échelle fuyante A*x* — D*x;* conduire l'horizontale EE', élever E'F', conduire du point F' une horizontale indéfinie et élever EF : l'intersection F donnera l'angle cherché du feuillet, que l'on terminera en conduisant l'oblique
fuyante CF.

Pour le feuillet EFGH, qui revient en avant du précédent,
du point E comme centre et sur le côté EO avancer le quart
de cercle MO, perspectivement égal à *ac*, mais qui est en sens
contraire, puisque le feuillet a un mouvement opposé; sur
MO prendre à volonté l'angle du feuillet en H ; conduire à
l'échelle fuyante l'horizontale HH' ; élever H'G' et du point C'
conduire une horizontale indéfinie ; élever HG et terminer en
conduisant l'oblique FG. Opérer de même pour tous les feuillets que l'on voudra indiquer.

CHAPITRE V

L'OCTOGONE — L'HEXAGONE — LE DAMIER

L'OCTOGONE.

188. — Plan géométral.

L'octogone (régulier), surface à 8 côtés égaux, se forme régulièrement, en plan géométral, sur le carré, par une ouverture de compas prise de chacun des angles de cette figure,

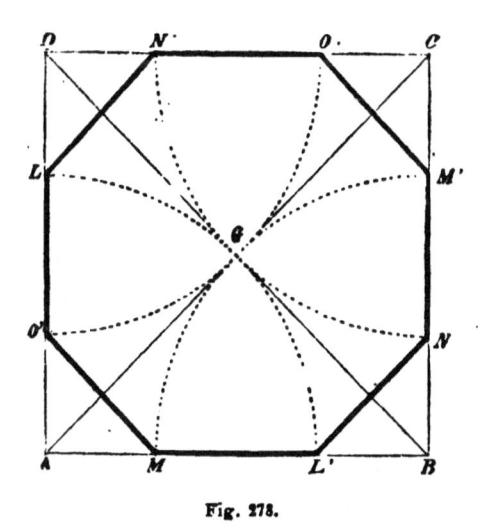

Fig. 278.

soient A, B, C, D (fig. 278), au centre G, et reportée successivement sur chaque côté de ladite figure, soit de A en L et en L', de B en M et en M', de C en N et en N' et de D en O et en

O'; les espaces existant entre l'extrémité de chaque courbe sont égaux entre eux et déterminent les côtés de l'octogone ML' — L'N, etc.

Si dans un octogone ainsi tracé on inscrit un cercle (fig. 279), on verra que les points O, R, S, T, intersections de la circonférence sur les diagonales du carré (règle 138, fig. 192),

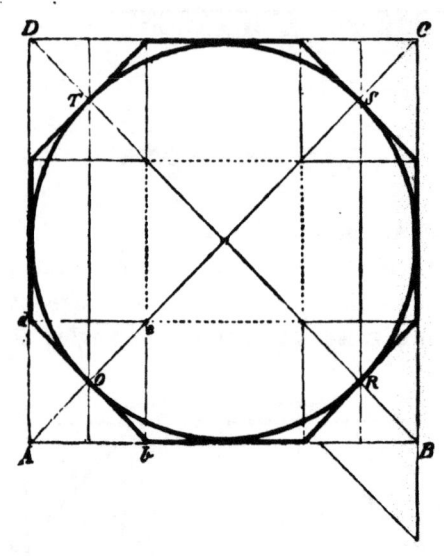

Fig. 279.

sont eux-mêmes les centres de petits carrés dont les côtés obliques de l'octogone forment les diagonales; ainsi, le point O est le centre du carré A*bcd*.

C'est d'après ce principe que s'établira le tracé perspectif de l'octogone.

189. — Octogone fuyant vu de face.

La distance est réduite au tiers.

Opération. — Sur les diagonales du carré perspectif ABCD (fig. 280) déterminer en O, R, S, T les points que toucherait la courbe du cercle. (Voir la figure 196.)

L'OCTOGONE   227

Sachant que ces points sont les centres des côtés de l'octogone, prendre eF égale à Ae, ainsi que $F'e'$ égale à $e'B$; conduire les fuyantes $FP - F'P$, qui déterminent sur les diagonales $AC - BD$ les angles K, L, M, N, et sur le côté DC les angles d, d' opposés à F et à F'; conduire les horizontales $Ll - Mm - nN - IK$, et terminer le tracé par les obliques $F'l - md' - dn - IF$.

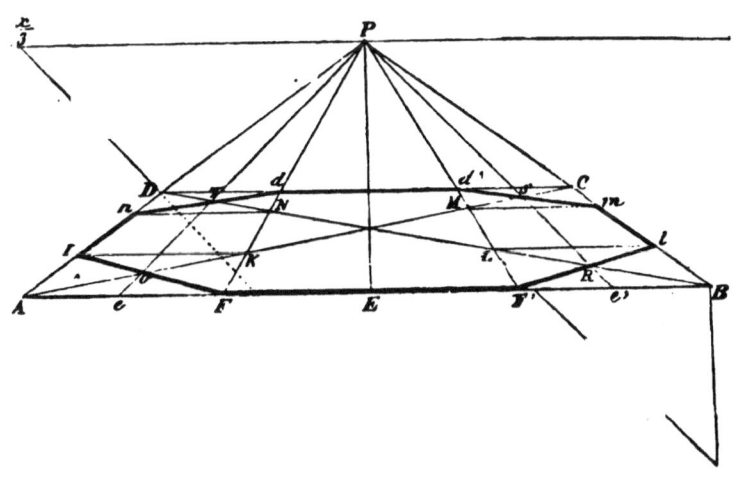

Fig. 280.

Si le point de distance était dans le tableau, on déterminerait d'abord les points F, F', puis les fuyantes $F'l - d'm - nd - FI$; celles-ci, étant des obliques à 45 degrés, seraient conduites à la distance.

190. — Carrelage en pierres octogones réunies par des pavés carrés, vus d'angle.

Opération. — Diviser une profondeur prise à volonté en carrés égaux (fig. 281) et sur l'un des carrés, soit ABCD, établir le tracé de l'octogone tel qu'il vient d'être dit; faire Be' égale à eB : la grandeur ee' est la diagonale horizontale du carré d'angle; conduire $e'P - eP$, qui détermineront dans toute la profondeur les diagonales égales, en OO', en nn', etc.;

des points e, e' — O, O', etc., conduire des fuyantes aux points de distance x, x' : ces fuyantes, se rencontrant aux points F, R, etc., détermineront eFe', moitié visible du pavé $eLe'F$, coupé en ee' par la base du tableau, et le deuxième carré

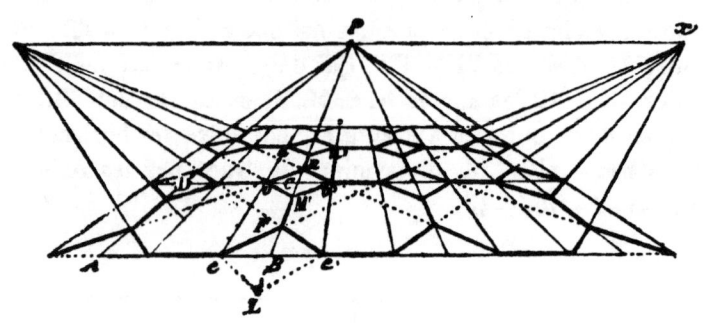

Fig. 281.

d'angle M'O'RO, etc. On opérera de même pour les autres carrés. (Voir l'opération relative au carré d'angle, page 56, fig. 91.)

191. — Tourelle octogone, vue de face.

Inscrire dans le carré ABCD (fig. 282) l'octogone A'B'EFGH LM, servant de base à la tourelle.

Opération. — Sur la hauteur A'D', prise à volonté comme élévation de la tourelle, établir le rectangle A'B'C'D', côté de cette tourelle parallèle au tableau; sur les angles E, F, G, H, L, M, élever des verticales indéfinies; conduire D'x, déterminant en M' la hauteur de la verticale MM', et l'horizontale M'E', donnant E'E, côté opposé à MM'; conduire les fuyantes M'P — E'P, donnant les hauteurs LL' — FF', parallèles entre elles; les fuyantes D'P — C'P détermineront la hauteur de l'horizontale H'G', parallèle à D'C'; terminer l'octogone supérieur en conduisant les obliques F'G' — L'H', et, sur le centre O de l'octogone, élever à volonté OO' : le point O' sera le sommet

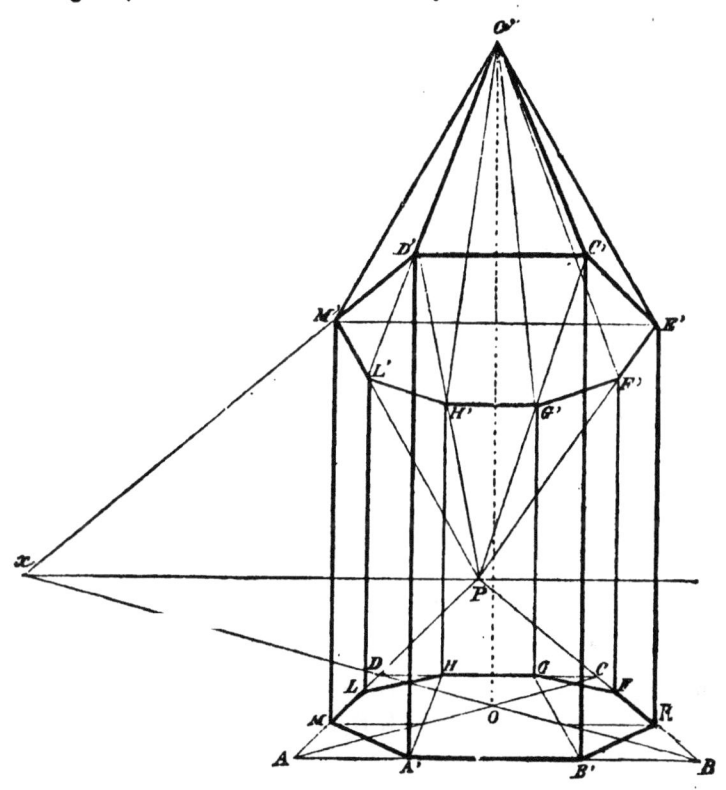

Fig. 282.

où viendront se réunir les obliques D'O' — C'O', etc., partant de chaque angle de l'octogone et formant le toit de la tourelle.

192. — Octogone vu d'angle.

Soit la tourelle octogone de la figure précédente, vue d'angle, c'est-à-dire ayant un de ses angles au point donné E (fig. 283).

Opération. — Conduire l'horizontale AB, en laissant les grandeurs AE — EB égales entre elles; établir le carré perspectif ABCD, faire la croix EGHF et déterminer dans le carré les points O, R, S, T, comme dans le tracé précédent (règle du cercle) : ces points donneront les angles de l'octogone opposés à E, F, G, H.

On élèvera facilement la tourelle sur cette base en se reportant aux indications données par la figure 282.

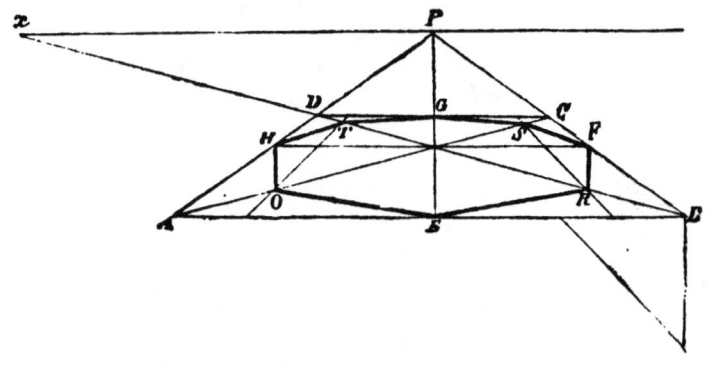

Fig. 283.

Remarquer que, dans la figure 283, l'octogone est inscrit dans le cercle passant par les points E, R, F, S, G, T, H, O, tandis que, dans la figure 282, l'octogone est circonscrit au cercle passant par les points correspondants.

193. — Clocher à base quadrangulaire terminé dans sa partie supérieure par une pyramide octogone vue d'angle.

Opération. — Dans le carré ABCD (fig. 284) inscrire l'octogone ERFSGTHO, puis élever la pyramide octogone terminée à volonté en Z'' sur la verticale ZZ''.

Des angles du carré ABCD élever une pyramide quadrangulaire terminée à volonté au point Z', et des intersections K, L, M, N de cette pyramide sur les côtés $OZ'' — RZ'' — SZ'' — TZ''$ de l'octogone, conduire les obliques KE — EL — LF, qui terminent la partie visible de la base du clocher. Les obli-

L'OCTOGONE

ques KH — HN — NG — GM — MF, qui complètent cette base,

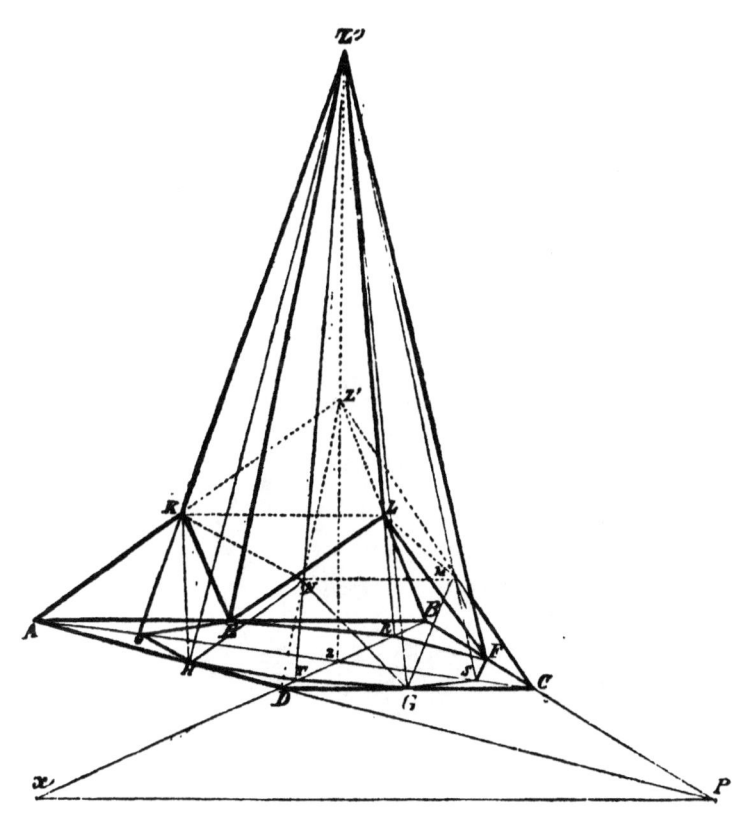

Fig. 284.

sont invisibles pour le spectateur, bien que, dans le tracé, elles soient indiquées en transparence.

(Voir, pour l'application de cette règle, la figure 285.)

Fig. 285.

Application d'après nature de la règle 193.

L'HEXAGONE.

194. — Plan géométral.

L'hexagone (régulier), figure à six côtés et à six angles égaux, se construit en plan géométral au moyen du cercle, par le rayon, soit AD′ (fig. 286), reporté sur la circonférence, qu'il divise en six parties égales par les points B, M, F, G, L, A ; ces points, réunis entre eux par des lignes droites, AB — BM — MF, etc., forment les côtés de l'hexagone. On remarquera que chacun de ces côtés est en même temps l'un de ceux du triangle équilatéral dont le sommet est donné par le centre D′

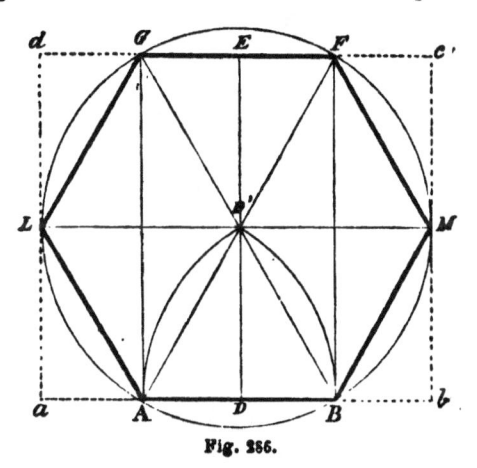

Fig. 286.

commun aux deux figures, le cercle et l'hexagone ; qu'en outre, comme il est facile de le voir, l'hexagone se trouve inscrit dans le rectangle *abcd*, dont l'un des diamètres, le plus grand, LM, allant de l'angle L à l'angle opposé M, est deux fois égal à AB, rayon du cercle et côté du triangle ; enfin, que le plus petit diamètre DE, allant du centre D de l'un des côtés de l'hexagone au centre E du côté opposé, est deux fois égal à DD′, hauteur du triangle. C'est sur ces observations qu'est basé le tracé perspectif de la figure.

195. — Hexagone fuyant vu de face.

Opération. — Diviser l'horizontale *ab* (fig. 287), prise à volonté, en quatre parties égales par les points A, D, B, former sur AB le triangle équilatéral ABC et conduire les fuyantes *a*P — AP — DP — BP — *b*P; déterminer sur *a*P la profon-

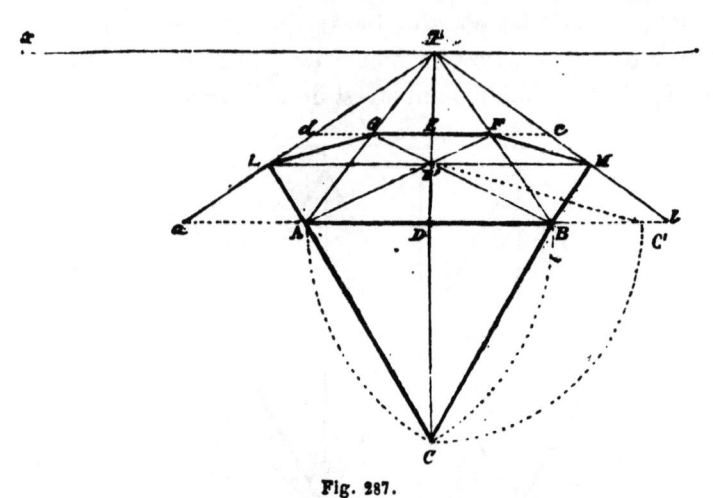

Fig. 287.

deur perspective *ad*, deux fois égale à DC, et conduire l'horizontale *dc*, donnant sur AP — BP les points G, F et, par suite, le côté GF de l'hexagone opposé à AB ; déterminer par les diagonales AF — BG le centre D′ du rectangle *abcd*, et par le point D′ conduire l'horizontale LM : les points L, M donnent les angles cherchés des côtés fuyants de l'hexagone, que l'on terminera en conduisant les obliques LA — BM — MF — GL.

196. — Tourelle hexagone vue de face.

Opération. — La grandeur *ab* étant donnée (fig. 288), faire *a*C′ deux fois égale à DC et déterminer la profondeur *ad*, perspectivement égale à *a*C′; sur les angles de l'hexagone ABMFGL élever des verticales indéfinies; déterminer à volonté la grandeur AA′ comme élévation de la tourelle, et former le rectangle ABB′A′; par o, o′, points de fuite des côtés AL — BM, conduire les fuyantes A′o — B′o′, puis les fuyantes des côtés

L'HEXAGONE 235

opposés H′o — L′o′, qui donneront en G′ et en F′ la hauteur du rectangle GFF′G′, parallèle à ABB′A′; terminer la tourelle en la surmontant d'un toit en forme de pyramide hexagone, dont le sommet D″ sera élevé à volonté sur la verticale centrale D′D″.

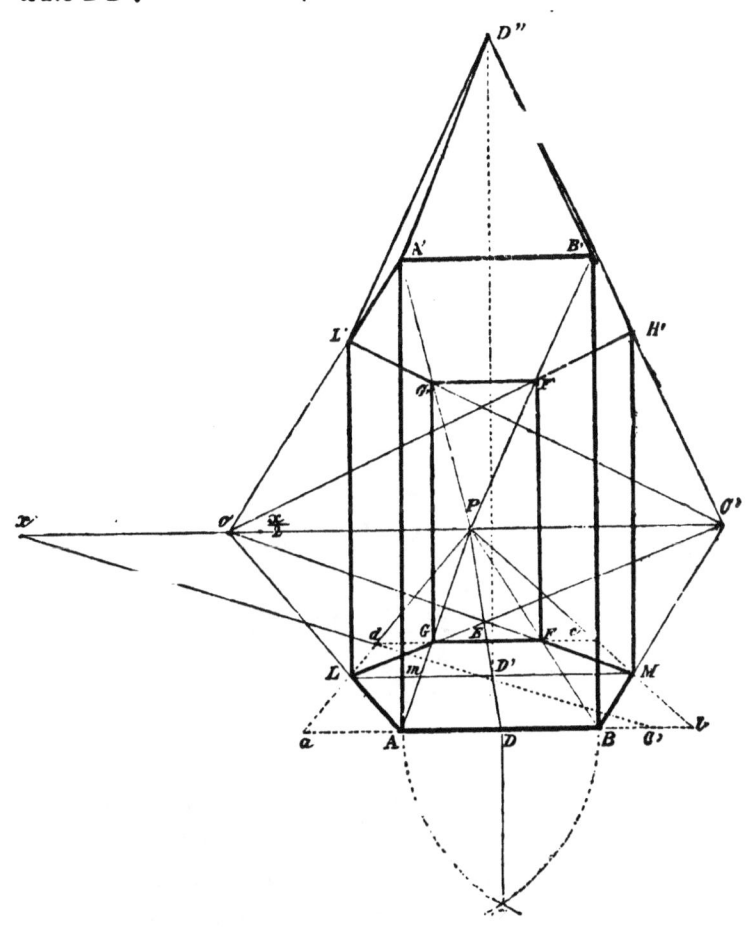

Fig. 288.

On observera que, la distance étant donnée en x et la demi-distance en $\frac{x}{2}$, le point de fuite o, du côté AL, est placé entre ces deux points et se trouve, par conséquent, plus éloigné du point de vue que $\frac{x}{2}$; cela provient de ce que aAmL, dont

L'HEXAGONE

AL est la diagonale, n'est pas un rectangle régulier, c'est-à-dire d'une longueur deux fois égale à sa largeur, mais un

Fig. 289. — Application d'après nature de la règle 196.

rectangle proportionnellement plus large et dont, par suite, la diagonale forme avec l'horizon un angle moins ouvert.

L'HEXAGONE 237

Si les points de fuite des côtés de l'hexagone n'étaient pas dans le tableau, on déterminerait l'élévation des angles L', H' au moyen de l'échelle fuyante AP — A'P.

(Voir, pour l'application de cette règle, les figures 289 et 290.)

Fig. 290.

Autre application pittoresque de la règle 196.

197. — Carrelage formé de pavés hexagones vus de face.

Opération. — Inscrire dans le rectangle *abcd* (fig. 291) l'hexagone ABR'FGL, comme il vient d'être dit, et déterminer la profondeur d'un nombre à volonté de rectangles égaux à *abcd*, soient *dchn*, etc. ; prolonger les côtés AL — BR' jusqu'à l'horizon, aux points S, S', et conduire GS — FS', qui donneront les angles N, R ; conduire RS — NS', qui donneront les angles T, V du deuxième hexagone. Si l'on veut établir un certain nombre d'hexagones rangés comme le seraient les pavés

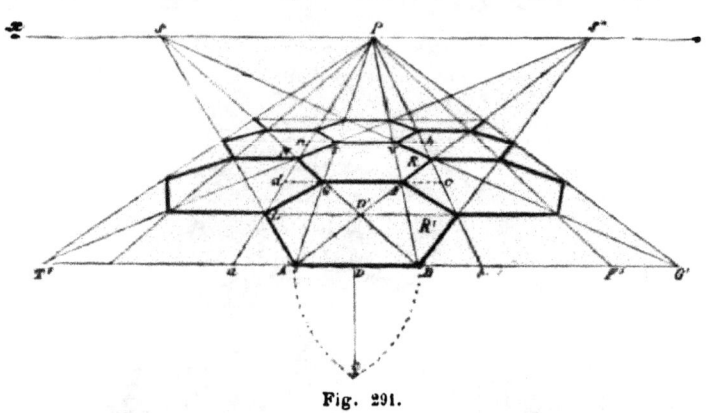

Fig. 291.

d'une salle, on reportera sur l'horizontale T'G' la grandeur *b*F' égale à AB, puis F'G' égale à B*b*, en faisant alterner ces grandeurs entre elles. Le rectangle central se trouve toujours compris entre les fuyantes égales à AP — BP, et les côtés obliques entre les fuyantes égales à BP — *b*P.

198. — Hexagone vu d'angle.

Opération. — Un des angles de l'hexagone, soit A (fig. 292), étant donné, et la grandeur du côté déterminée par la verticale abaissée AB, former le triangle ABC et reporter la grandeur C'C en A*b* et en A*a* : l'horizontale *ab* représentera le diamètre ED du plan géométral de la figure 286 ; conduire les fuyantes *a*P — AP — *b*P, puis reporter deux fois la grandeur AB sur *ab*, prolongée en D ; conduire D*x*, dont l'intersection *d* sur *a*P donnera la profondeur cherchée, représentant le diamètre LM du plan géométral ; former, par l'horizontale *dc*, le rectangle *abcd*, divisé, dans sa profondeur, par les diagonales, en quatre parties égales en N, O, R ; conduire sur R l'horizontale LM et sur N l'horizontale FG ; l'intersection E de la fuyante AP sur *dc* donnant l'angle opposé de A, terminer le tracé en conduisant les côtés de l'hexagone AG — GM — ME — EL — LF — FA.

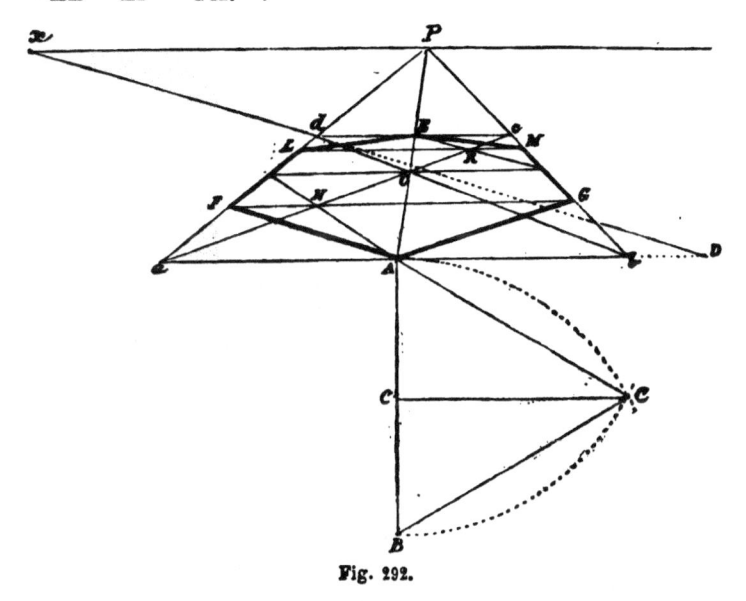

Fig. 292.

LE DAMIER.

199. — Son application à la perspective des vues obliques.

On a vu (page 57, figure 93) la profondeur du carré placé obliquement et fuyant à des points inaccessibles déterminée par le plan géométral, et cette figure prise comme type du cube et de tous les autres objets placés dans des positions analogues; mais on a pu remarquer quelle lenteur cette méthode apporterait à l'exécution d'un tracé où un grand nombre d'objets se trouveraient placés dans des mouvements variés, par exemple dans une vue d'intérieur. On peut, en pareil cas, s'aider utilement du damier, à la condition toutefois qu'une certaine habitude des tracés perspectifs l'ait rendu suffisant; autrement, on n'obtiendrait par ce moyen que des proportions approximatives.

Desargues et beaucoup d'autres auteurs, après avoir indiqué l'emploi du damier, en ont offert d'heureuses applications.

200. — Plan géométral d'objets placés sur le damier.

Les proportions d'un intérieur étant données en plan géométral par le rectangle ABCD (fig. 293), diviser ce rectangle en un nombre de carrés à volonté, soient a,b,c,d,e,f,g,h, et, dans la profondeur, $a',b',c',d',e'f,'$; plus les carrés seront multipliés, plus le tracé des objets sera facile et exact.

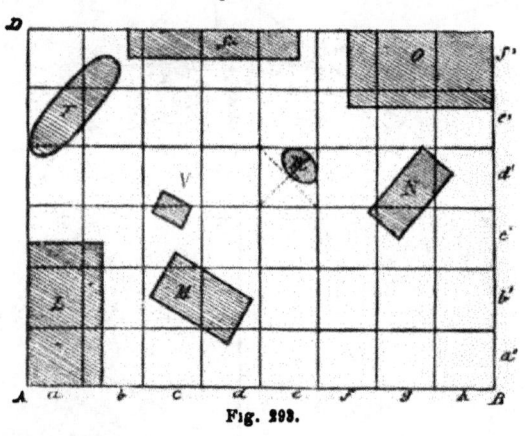

Fig. 293.

Opération. — Déterminer sur ce damier la place occupée par la base des différents objets meublant l'intérieur en L, M, N, O, etc.; chaque carré doit être désigné à la fois par la lettre de la rangée verticale et par celle de la rangée horizontale.

201. — Tracé perspectif des mêmes objets sur le damier fuyant.

Opération. — Former le rectangle fuyant ABCD (fig. 294) d'une grandeur égale ou proportionnelle au tracé géométral de la figure précédente; déterminer dans ce rectangle des carrés en nombre égal à ceux du plan géométral et désignés par les mêmes signes indicateurs a, b, c, d, etc.; chercher sur le damier les carrés occupés par chaque objet, soit le meuble L,

LE DAMIER   241

avancé au premier plan jusqu'au milieu du carré ba' et s'arrêtant dans la profondeur sur le carré bc', ou encore le meuble **M**, dont les angles posent à peu près au centre des carrés $da' — db' — cc' — cb'$.

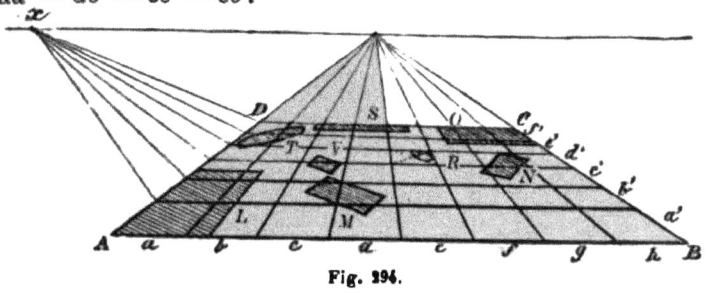

Fig. 294.

On peut, en outre, lorsque l'exiguïté du meuble l'exige,

Fig. 295.
Application d'après nature de la règle 201.

16

rectifier le tracé par les diagonales du carré, comme cela est indiqué pour le plan du tabouret R, sur le carré cd'. Les mêmes observations guideront pour le tracé des autres objets; la hauteur de ces objets se détermine au moyen du damier répété sur le mur vertical et formant des échelles en nombre indéfini.

(Voir, pour l'application de cette règle, la figure 295.)

CHAPITRE VI

LES OMBRES ET LES REFLETS

LES OMBRES.

202. — *L'ombre* est causée par *l'absence de la lumière*.

La surface d'un objet opposée à celle qui reçoit les rayons lumineux est dans l'ombre : c'est ce qu'on appelle *l'ombre naturelle* ou l'ombre du corps.

L'interposition d'un objet entre un foyer lumineux et un autre objet produit *l'ombre portée* ou projetée, et la surface sur laquelle tombe l'ombre portée est dite *plan de projection*. Les rayons lumineux forment avec l'objet éclairé une pyramide dont le sommet est au centre du foyer lumineux.

Le foyer de la lumière est le point d'où rayonne la lumière : c'est le point de fuite naturel des rayons lumineux. Les astres sont des foyers de lumière, dont le plus important est le soleil ; nous nous occuperons donc d'abord des ombres causées par l'interception de ses rayons ; mais l'immensité de ce foyer et la distance qui le sépare de la terre permettent de considérer les rayons solaires comme parallèles entre eux et de les soumettre, dans la pratique de la perspective, à cette règle fondamentale : toutes les fuyantes parallèles se dirigent vers le même point de fuite, et les parallèles au plan du tableau demeurent entre elles des parallèles géométrales.

POSITIONS DU SOLEIL.

203. — Par rapport au spectateur et au tableau, le soleil peut être placé dans trois positions principales, qui changent complètement l'effet du tableau, comme aussi la manière de déterminer les ombres portées.

1° Le soleil étant *dans le plan du tableau*, c'est-à-dire à droite ou à gauche du spectateur, les ombres sont parallèles au tableau.

2° Le soleil étant *au delà du tableau* ou en face du spectateur, presque toutes les parties visibles des objets sont dans l'ombre par rapport au spectateur.

On obtient d'heureux effets par le choix de cette position.

3° Le soleil peut être placé *en deçà du tableau* ou en arrière du spectateur; dans cette position, presque tous les objets se trouvent éclairés.

On choisit rarement cet effet.

Nota. — Les principes de la perspective linéaire doivent être maintenant d'une pratique assez facile pour que nous n'ayons plus, dans ce chapitre, à donner d'indications sur le tracé régulier des figures servant d'application aux principes des ombres.

PREMIÈRE POSITION DU SOLEIL.

Dans le plan du tableau.

204. — Les rayons lumineux sont ici parallèles au plan du tableau; mais les ombres s'allongent plus ou moins selon l'élévation du soleil au-dessus de l'horizon, c'est-à-dire selon l'heure de la journée que l'on a choisie.

205. — Ombres portées de grandeur égale aux objets.

Étant donnée l'inclinaison du rayon lumineux en Z (fig. 296), déterminer l'ombre portée du poteau AD.

Opération. — Des points A, B conduire des horizontales indéfinies, et des angles supérieurs D, C conduire les rayons DD' — CC', parallèles à Z : les intersections D', C' détermineront la limite de l'ombre cherchée, égale en longueur à la hauteur de l'objet. On voit que la fuyante D'C', prolongée,

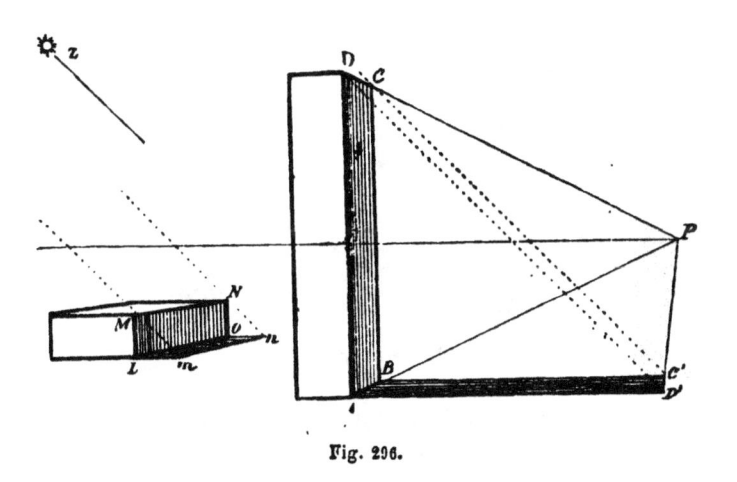

Fig. 296.

se dirige à l'horizon au point P et que, par conséquent, elle est parallèle à AB, base fuyante du poteau. Opérant de même pour la pierre LMNO, des points L, O on conduira des horizontales indéfinies, puis les rayons Mm, Nn, parallèles au rayon Z : les intersections m, n détermineront la limite de l'ombre portée de la pierre. Dans cette figure, le soleil est à gauche du tableau ; les ombres LMNO de la marche et ABCD du poteau sont les ombres naturelles de ces objets ; LmnO — ABC'D' en sont les ombres portées.

206. — Silhouette des ombres portées.

L'ombre projette exactement la silhouette des objets, sauf la déformation donnée par le raccourcissement perspectif.

Opération. — Étant donnée l'inclinaison des rayons lumineux en Z (fig. 297), le pignon aAb du mur de la fabrique projettera l'ombre triangulaire $a'A'b'$; l'ombre du toit conique de la tour B sera donnée par le triangle $b'B'c'$, parce que la

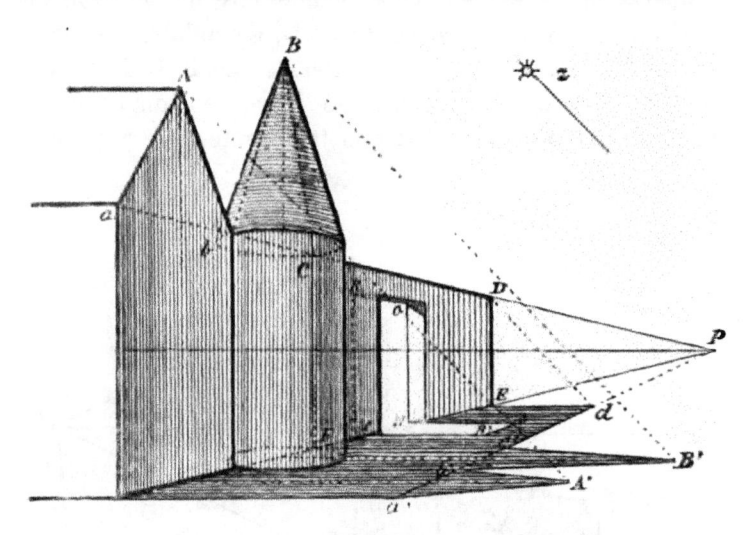

Fig. 297.

silhouette de ce toit est dans son diamètre triangulaire, bBc. Le mur CDEF aura son ombre portée en $c'd$EF, et les rayons lumineux passant par les angles supérieurs R, O de la porte MNOR viendront éclairer sur le terrain perspectif le rectangle MR'O'N semblable à MNOR.

207. — Ombre projetée par un cylindre, *suivant l'inclinaison du rayon Z.*

Opération. — Élever à volonté le cylindre ABCD — EFGH (fig. 298); des points M, N, pris également à volonté sur le côté ABC de la base de ce cylindre, élever les verticales MM' — NN'; des points A, M, B, N, C, conduire des horizontales indéfinies, et abaisser les rayons Ea — M$'m$ — Fb — N$'n$ — Gc, parallèles au rayon Z : les points d'intersection a, m, b, n, c de ces rayons sur les horizontales détermineront la longueur et la forme de l'ombre.

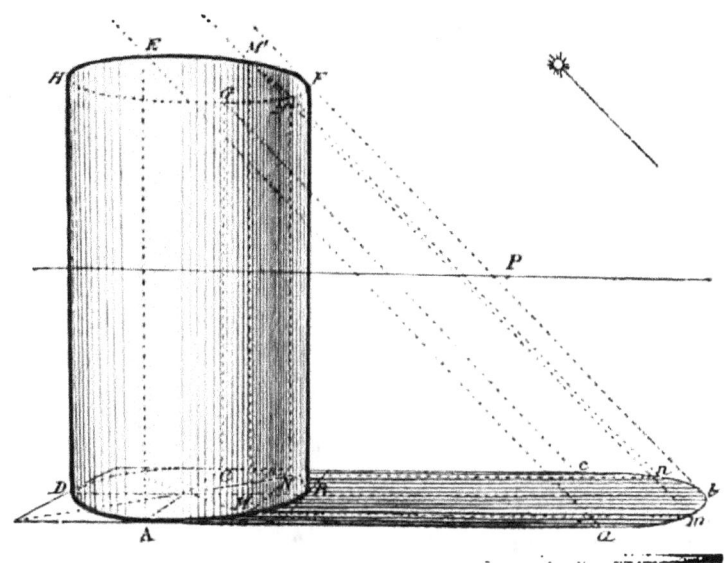

Fig. 298.

Le relief du cylindre donnant une silhouette circulaire, cette forme se reproduit dans l'ombre projetée, tandis que pour la tourelle à toit conique de la figure 297 la forme circulaire est absorbée par l'ombre du triangle formant le diamètre du toit.

La partie la plus colorée de l'ombre naturelle du cylindre sera sur la verticale NN$'$; la coloration la plus forte de l'ombre portée environnera la base du cylindre et s'adoucira sur les contours, qui resteront pourtant franchement accusés.

208. — **Ombres portées sur un plan vertical**.

L'ombre portée décrit aussi la forme de l'objet qui la reçoit.

Opération. — Soit une marche (fig. 299) placée entre le poteau AB et le point *b;* ce point serait l'extrémité de l'ombre portée du poteau, si cette ombre se prolongeait horizontalement; mais ici l'ombre A*b* s'élèvera verticalement à son intersection *a* sur le côté vertical de la marche et reprendra en *a'* la direction horizontale du dessus de cette marche, pour s'élever de nouveau en *b'* et s'arrêter en B', où elle rencontrera le rayon B'*b*, parallèle à Z.

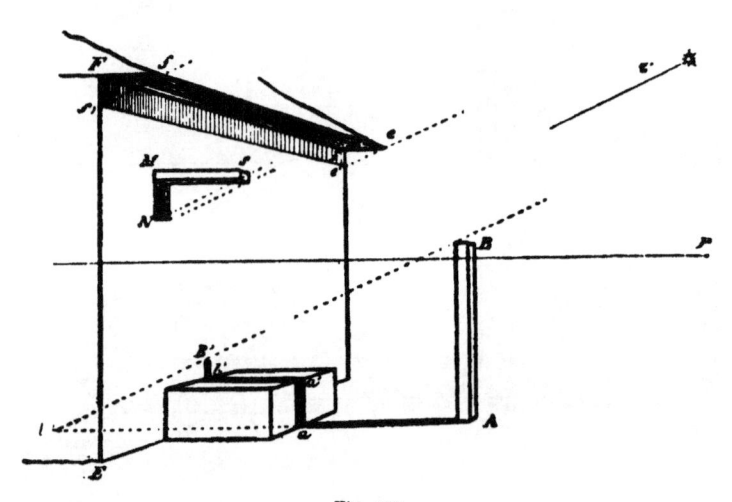

Fig. 299.

L'ombre d'un objet qui s'avance horizontalement sur un plan vertical, tel que le bâton M (fig. 299) sur le mur EF, sera déterminée par la verticale abaissée MN, rencontrant en N le rayon SN, parallèle à Z; on trouvera de même l'ombre du toit *fe* par les rayons *ff'* — *ee'*, rencontrant en *f'* et en *e'* les verticales abaissées F*f'* — E*e'*.

On observera que les ombres portées sur le plan vertical se raccourcissent à mesure que se prolongent celles qui sont portées sur le plan horizontal et qu'elles conservent également dans leurs contours fuyants le point de fuite de l'objet.

(Voir, pour l'application de cette règle, la figure 300.)

Fig. 300. — Application pittoresque de la règle 208.

209. — Ombre projetée sur des plans obliques, suivant l'inclinaison du rayon lumineux Z.

Opération. — La colonne AB (fig. 301) étant placée de manière que son ombre projetée sur le terrain horizontal soit brisée en *a* par sa rencontre avec le bas du talus CD, incliné

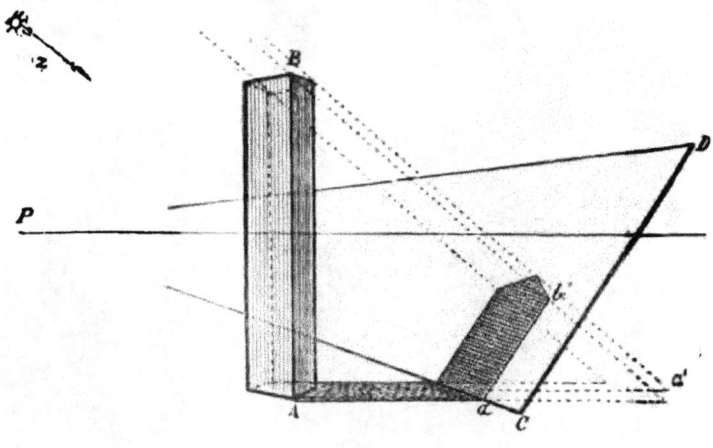

Fig. 301.

et prolongé à volonté, conduire l'horizontale A*a'* indéfinie et le rayon B*a'* parallèle à Z, puis du point *a*, où l'ombre rencontre le plan incliné, conduire une oblique parallèle géométrale à CD : l'intersection *b'* de cette oblique sur le rayon lumineux B*a'* déterminera l'extrémité de l'ombre portée. On remarquera la forme triangulaire de l'ombre projetée par l'extrémité B du poteau (voir règle 206); la silhouette du poteau donne bien la moitié d'un carré, soit un triangle.

210. — Ombre portée sur un plan oblique au-dessus de l'horizon.

Opération. — Soit à déterminer l'ombre portée de la cheminée AB (fig. 302) sur le toit CD : l'ombre portée sur le plan horizontal serait en AO, suivant le rayon parallèle à Z; des angles *e*, *f* de la cheminée conduire des obliques géométrales

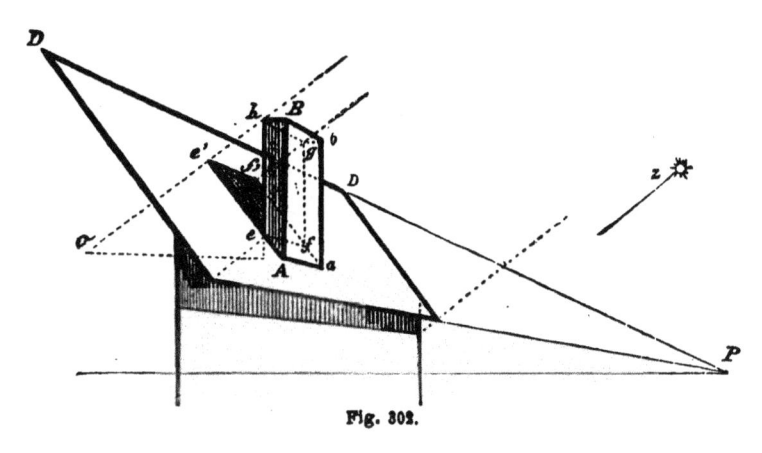

Fig. 302.

parallèles à CD : les intersections *e′*, *f′* de ces obliques sur les rayons lumineux *he′ — gf′* détermineront la limite de l'ombre portée de la cheminée sur le toit. La fuyante *e′f′* prolongée rencontrerait l'horizon au même point que B*b* — A*a*, etc.

211. — Ombre projetée sur un plan horizontal par un objet placé obliquement.

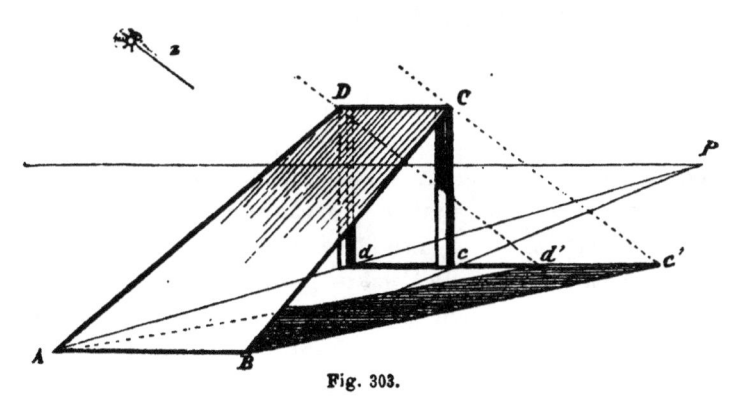

Fig. 303.

Opération. — Soit la planche inclinée ABCD (fig. 303),

dont l'inclinaison est déterminée à volonté par la hauteur des deux bâtons Cc, Dd, qui en soulèvent l'extrémité fuyante : déterminer l'ombre portée de Dd en d' par le rayon Dd', parallèle à Z, et l'ombre portée de Cc en c' par le rayon Cc'; conduire l'horizontale cc', puis successivement $Ad' — Bc'$: le rectangle oblique fuyant $ABc'd'$ est l'espace couvert par l'ombre de la planche.

DEUXIÈME POSITION DU SOLEIL.

Au delà du tableau.

212. — Dans cette position, ainsi que nous l'avons déjà dit, le soleil est visible dans le tableau et devient le point de fuite naturel des rayons lumineux. Les ombres ont leur point de fuite sur la perpendiculaire abaissée du foyer lumineux au plan de projection; ce point est appelé le *pied de la lumière*.

213. — **Ombre projetée sur un plan horizontal,** *l'élévation du soleil étant déterminée à volonté au point* Z.

Opération. — Abaisser sur l'horizon la verticale Zz' (fig. 304) : z' sera le point de fuite des ombres projetées sur le terrain perspectif; le poteau AB étant donné, conduire la fuyante $z'A$, prolongée indéfiniment en deçà du point A, et conduire le rayon ZB, prolongé jusqu'à son intersection b sur $z'A$: le point b est la limite de l'ombre portée du poteau. Pour la construction élevée sur le rectangle CDEF, abaisser les verticales centrales $Mm — Nn$, conduire les fuyantes $Cz' — mz' — Dz' — Ez' — nz'$, prolongées indéfiniment en deçà de cette construction; conduire les rayons $Zc — ZM — Zd — Ze — ZN$, également prolongés indéfiniment : les intersections c', m', n', e' déterminent le contour de l'ombre portée. Le point d'ombre portée de l'angle d est enveloppé dans l'ombre de mn.

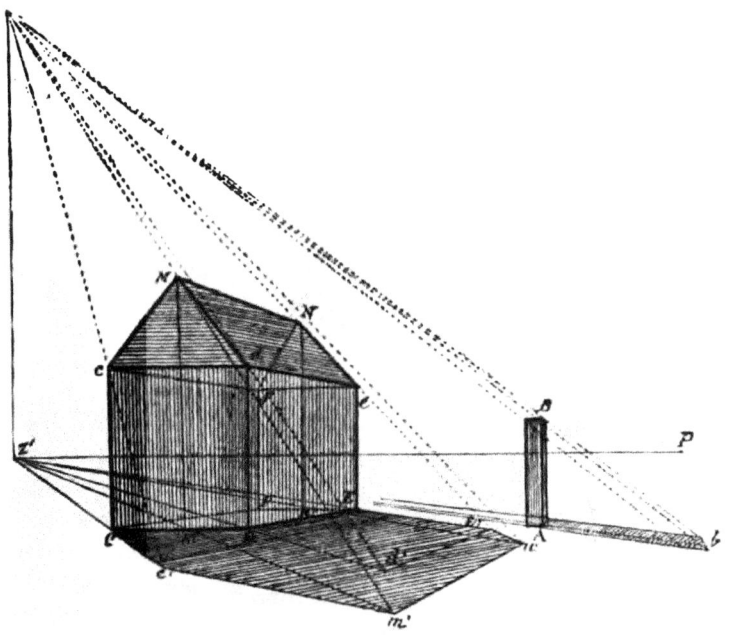

Fig. 304.

214. — Ombres projetées sur un plan vertical, *suivant l'élévation du soleil en Z.*

Soit le mur AB (fig. 305), sur lequel avance le bord du toit BCDc.

Opération. — Sur P, point de fuite du mur AB, élever une verticale indéfinie ; du point Z conduire l'horizontale Zz, rayon perpendiculaire au mur ou plan vertical, indéfiniment prolongé : z sera le pied de la lumière ou point de fuite des ombres portées sur le mur AB. Pour déterminer l'ombre portée par le toit BCDc sur ce mur, conduire le rayon ZD et la fuyante zc, dont l'intersection D' sur ZD prolongée sera l'extrémité de l'ombre du toit ; cette ombre sera appuyée sur la fuyante D'P parallèle à CD.

L'ombre du balcon EFGH sur le mur AB sera déterminée par les intersections e′, f′, h des fuyantes prolongées Ez — Fz — Gz sur les rayons également prolongés eZ — fZ — HZ; ces points d'intersection se trouvant en deçà du mur AB, l'ombre s'arrêtera au bord de ce mur en E′F′.

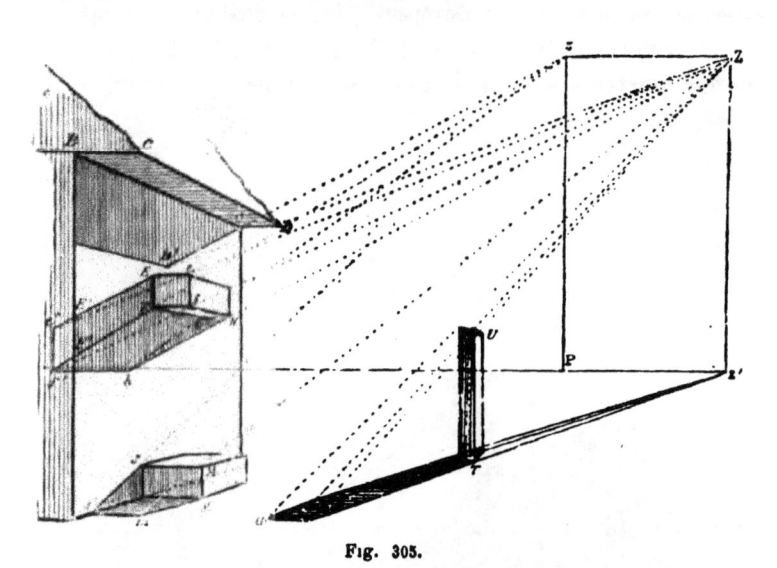

Fig. 305.

(Voir, pour l'application de cette règle, la figure 306.)

215. — Ombre projetée sur un plan horizontal et sur un plan vertical.

Opération. — L'ombre portée de la marche MN (fig. 305) s'obtiendra en conduisant le rayon ZM prolongé, les fuyantes z'N — zS, la première prolongée en m et l'autre jusqu'à sa rencontre s' sur la base de la construction; l'ombre se terminera par l'horizontale $s'm$, parallèle au bord SM de la marche.

L'ombre portée du poteau TU s'obtiendra de la même manière que celle du poteau AB de la figure 304; mais, le soleil étant du côté opposé, l'ombre obliquera en sens inverse.

(Voir, pour l'application de cette règle, la figure 306.)

Fig. 306.

Application pittoresque des règles 214 et 215.

216. — **Ombres projetées sur des plans inclinés.**

Le point de fuite des ombres projetées par des objets placés sur des plans inclinés montants se trouve sur la verticale abaissée du soleil à la hauteur du point de fuite du plan de projection.

Opération. — Soit la rampe ABC (fig. 307), dont le point de fuite aérien est en P'; sur la verticale abaissée Zz' conduire

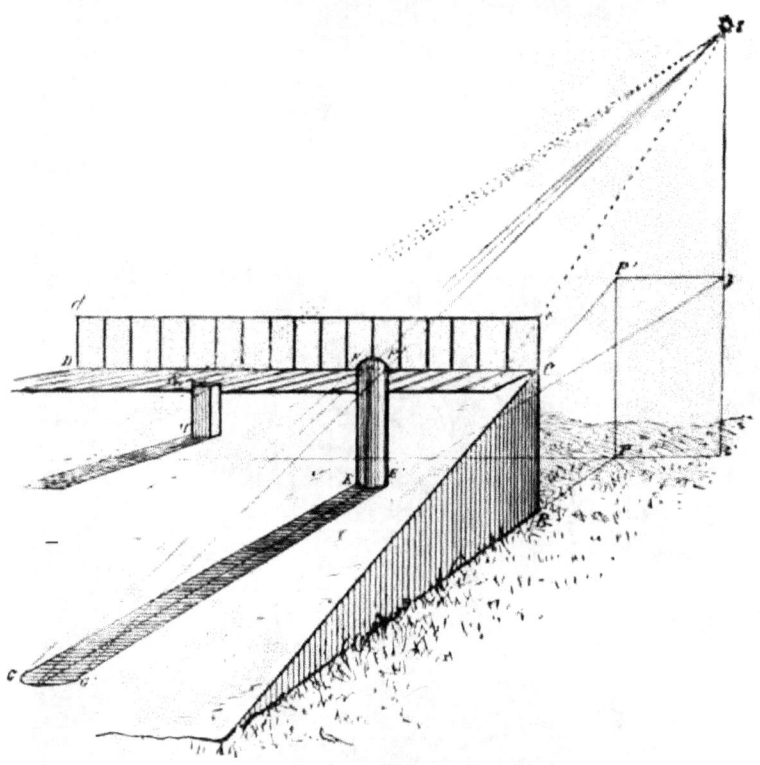

Fig. 307.

l'horizontale P'z ; le point z sera le point de fuite des ombres projetées sur le plan incliné ACD. Pour la colonne EF, conduire les fuyantes Ez — E'z prolongées et les rayons FZ — F'Z également prolongés : les intersections G, G' détermineront l'extrémité de l'ombre portée. On trouvera de même l'ombre portée du poteau MN et celle de la balustrade CcdD.

217. — Ombre projetée sur un talus vu de côté.

L'ombre portée sur les plans obliques vus de côté se trouve en déterminant d'abord l'assiette horizontale de l'ombre, qu'on élève ensuite selon l'inclinaison du plan de projection.

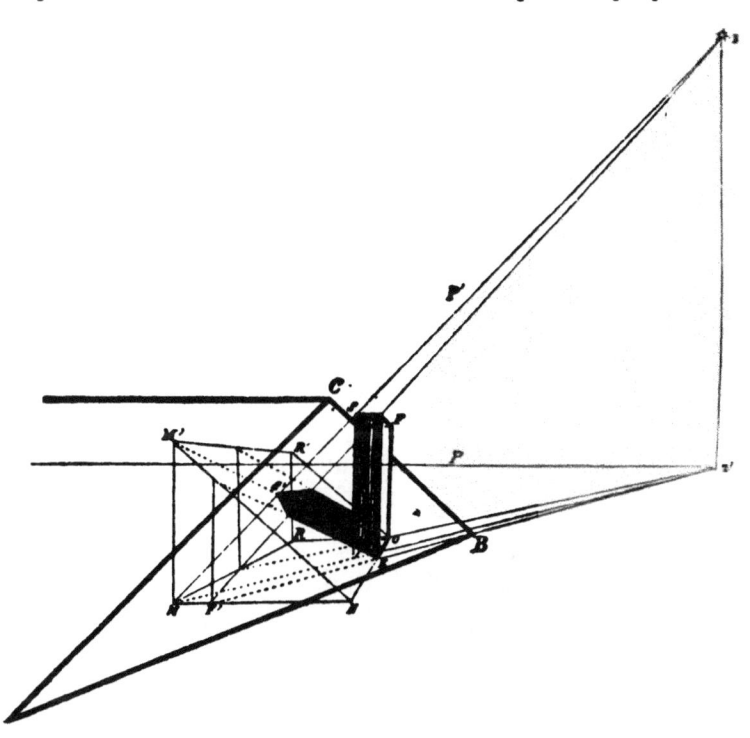

Fig. 308.

La rampe de la figure précédente étant terminée par un terrain formant talus, soit ABC (fig. 308), trouver l'ombre portée par le poteau EF placé sur ce talus.

Opération. — Déterminer en EF' le plan horizontal de l'ombre portée; former en MNOR le rectangle perspectif dont M est la diagonale; élever sur M une verticale indéfinie; conduire les obliques M'N — OR', parallèles géométrales à BC, et terminer par la fuyante M'R' le rectangle oblique M'NOR'; conduire la diagonale oblique OM' suivant l'inclinaison du talus : cette oblique sera la ligne directrice centrale de l'ombre, dont l'extrémité sera donnée par l'intersection S′ de cette oblique sur le rayon lumineux ZM passant par l'angle S du poteau.

218. — Ombre projetée sur un escalier.

Le poteau M (fig. 309), placé sur la plate-forme de l'escalier, a, suivant la règle des ombres portées sur les plans horizontaux, l'extrémité de son ombre portée au point N′. Pour

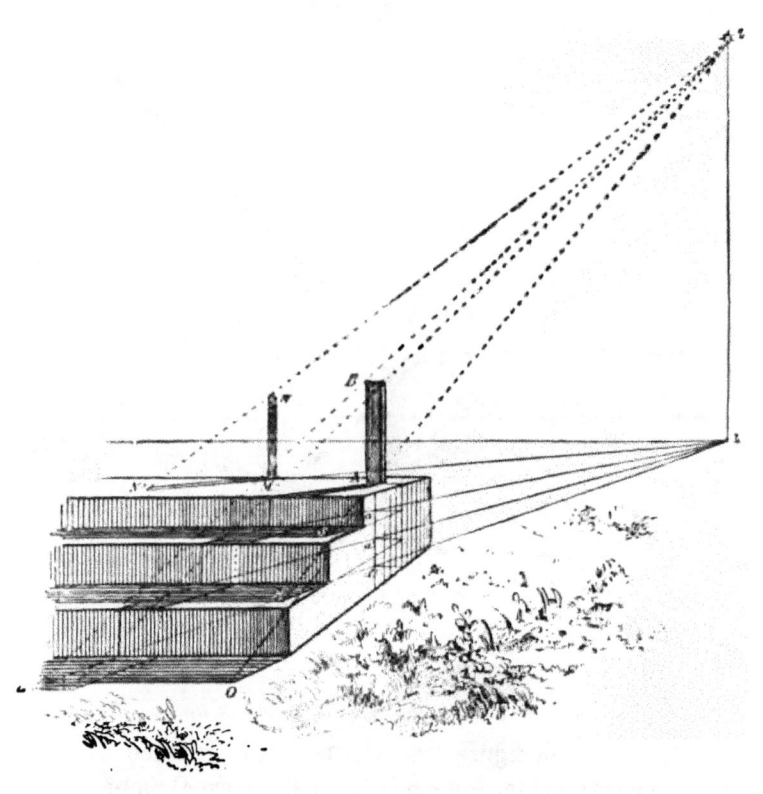

Fig. 309.

le poteau AB, dont l'ombre se prolonge en deçà des marches, son pied devra être abaissé sur la verticale de sa base et suivant l'élévation successive de chaque marche, soit en a, a', a''; de ces points partiront les fuyantes d'ombre prolongées jusqu'au bord des marches, puis abaissées verticalement jusqu'à leur intersection sur les fuyantes de la marche inférieure, et successivement jusqu'à la rencontre du rayon ZB prolongé, soit ici au point B', sur la fuyante $a''Z'$ prolongée.

On déterminera d'après le même principe l'ombre portée des marches, en O, R, S.

219. — Ombres projetées par des plans obliques sur un plan vertical et sur un plan horizontal.

La porte ABCD (fig. 310) étant donnée et les deux battants

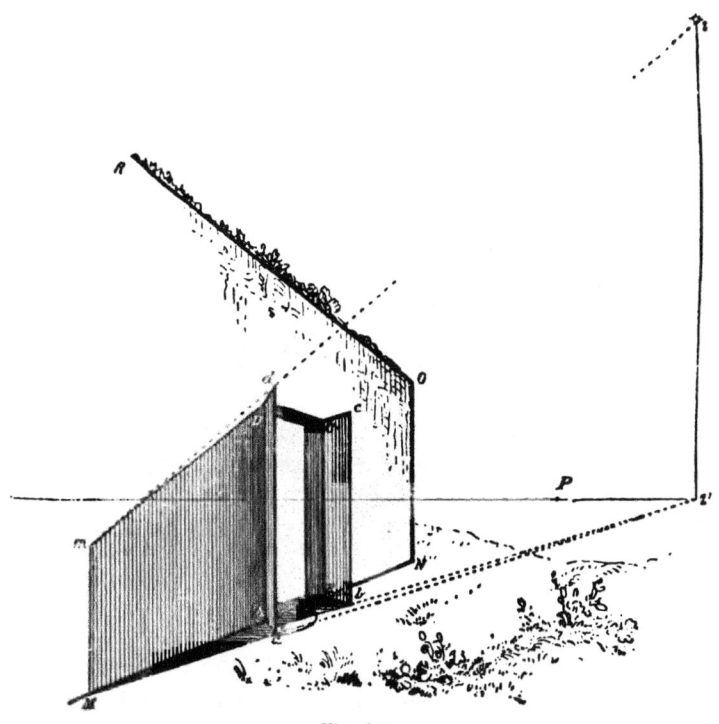

Fig. 310.

formés par les rectangles adDA — bcCB étant ouverts à volonté, déterminer l'ombre portée par ces rectangles sur le mur MNOR.

Opération. — La hauteur du soleil étant donnée en z et le pied de la lumière en z', conduire la fuyante $z'a$ indéfinie et le rayon zd également indéfini ; au point M, intersection de $z'a$ sur le mur, élever une verticale rencontrant le rayon zd en m, qui détermine l'extrémité de l'ombre portée du battant adDA ; conduire l'oblique Dm, limite de l'ombre sur le mur.

Le battant bcCB a son ombre portée suivant la fuyante $z'b$ prolongée en c ; mais cette ombre est en partie cachée à l'œil du spectateur par le mouvement du battant adDA.

220. — **Lumière donnée par une porte ouverte dans l'ombre générale d'une voûte.**

Étant donnée l'ouverture ABCD (fig. 311), pratiquée

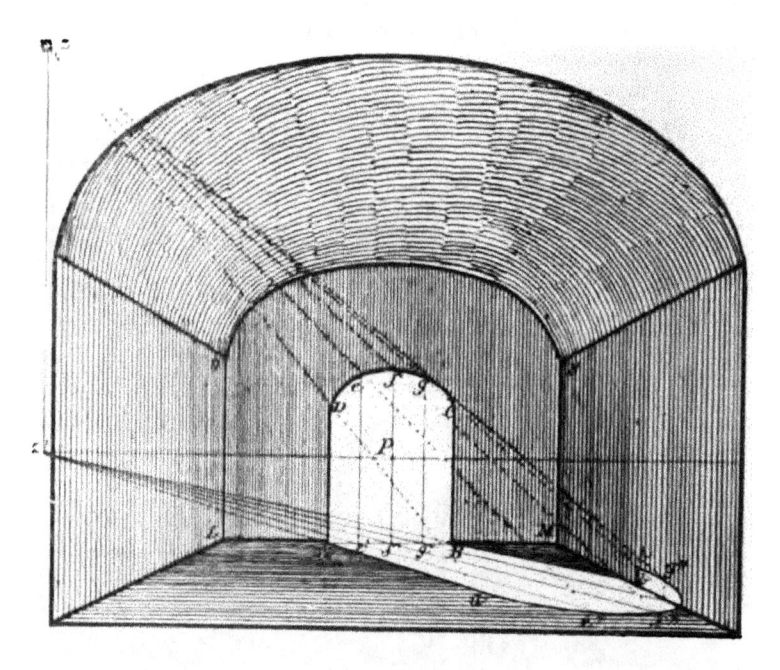

Fig. 311.

dans le mur LMNO, qui forme le fond d'une voûte prolongée à volonté, de différents points de la porte pris à volonté,

DEUXIÈME POSITION DU SOLEIL 261

soient e, f, g, abaisser des verticales touchant le terrain perspectif en e', f', g'; conduire les fuyantes $z'A - z'e' - z'f' - z'g'$

Fig. 312.
Application pittoresque de la règle 220.

—$z'B$, prolongées indéfiniment, et les rayons $zD - ze - zf -$

$zg — zC$ également prolongés; faire passer la courbe conductrice de l'ombre par les intersections horizontales a, e'', f''; relever en f'' cette courbe sur le mur MN et la continuer en la faisant passer par les intersections verticales g'', b.

La verticale bb' est la fuyante $z'B$ relevée en b, à l'intersection du mur M, jusqu'à sa rencontre b' avec le rayon zC.

(Voir, pour l'application de cette règle, la figure 312.)

221. — Ombre projetée par un objet paraissant au delà du soleil.

Le soleil étant élevé en z (fig. 313), déterminer si le côté

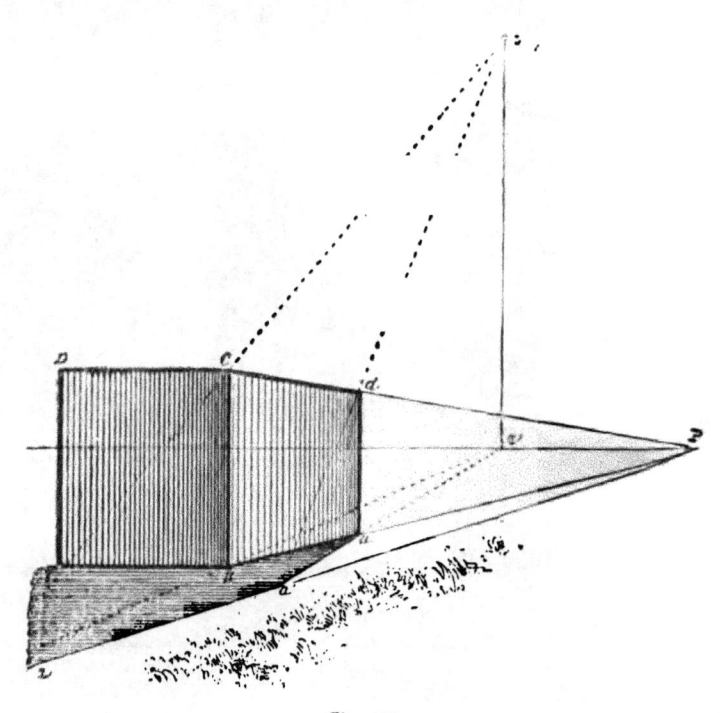

Fig. 313.

BCda de la pierre ABCD en recevra les rayons ou si ce côté sera dans l'ombre.

Opération. — Prolonger les fuyantes parallèles C *l* — B*a*, se rencontrant à l'horizon au point P, et abaisser la verticale zz' ; le point de fuite P se trouvant en deçà du pied z' de la lumière, le mur ABCD est réellement en deçà du soleil, bien que, par l'éloignement de l'horizon, le spectateur puisse le supposer au delà ; en conséquence, ce mur sera dans l'ombre et déterminera sur le terrain l'ombre portée suivant la fuyante $z'a$, prolongée jusqu'à son intersection a' sur le rayon zd prolongé. L'ombre de l'angle C ne se trouve pas dans le tableau ; mais, comme le contour de l'ombre portée est parallèle au contour de l'objet, il faut conduire la fuyante a'P prolongée indéfiniment : ba', qui est parallèle à Cd, sera le bord de l'ombre portée.

TROISIÈME POSITION DU SOLEIL.

En deçà du tableau.

222. — Ombres portées sur un plan horizontal.

Le soleil, se trouvant dans cette position derrière le spectateur, devient un point de fuite inaccessible ; pour y suppléer, on suppose le soleil placé au-dessus de l'horizon, à une hauteur à volonté, soit au point aérien z (fig. 314), à droite du tableau, mais en arrière du spectateur ; maintenant, si l'on reporte la grandeur zz' sur la verticale NN', abaissée au-dessous de l'horizon et de l'autre côté du tableau, le point terrestre N[1] deviendra le point de fuite des rayons lu-

---

1. N, de *nadir*, qui signifie opposé : point directement opposé au soleil, exactement opposé au soleil.

mineux, et la verticale NN′ donnera en N′ le pied de la lumière.

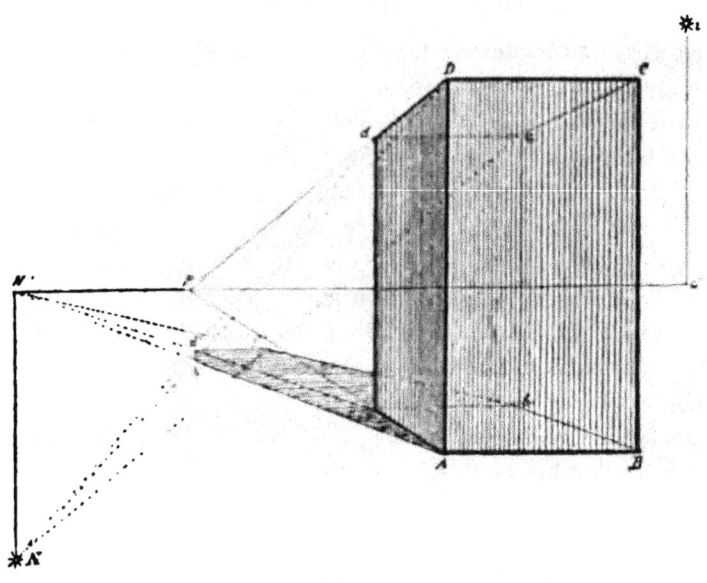

Fig. 314.

Opération. — La tour carrée ABCD (fig. 314) étant donnée, conduire les rayons DN — dN — cN et les fuyantes d'ombre AN′ — aN′ — bN′ : le contour visible de l'ombre sur le terrain perspectif sera donné en AA′d′c′.

223. — Ombres portées sur un plan vertical.

Opération. — Ayant déterminé à volonté l'abaissement du point N (fig. 315), opposé au soleil, élever la verticale NN′ : N′ sera le point de fuite des ombres portées sur le terrain horizontal, et les ombres portées sur le mur ABCD auront leur point de fuite en P', sur la verticale abaissée du point de vue P au niveau du point N; en conséquence, pour l'avance du toit EF, conduire le rayon EN et la fuyante d'ombre eP' : l'intersection E' est l'extrémité de l'ombre de la poutre et du toit, et l'ombre du bord BEF du toit est donnée par le contour BEF'.

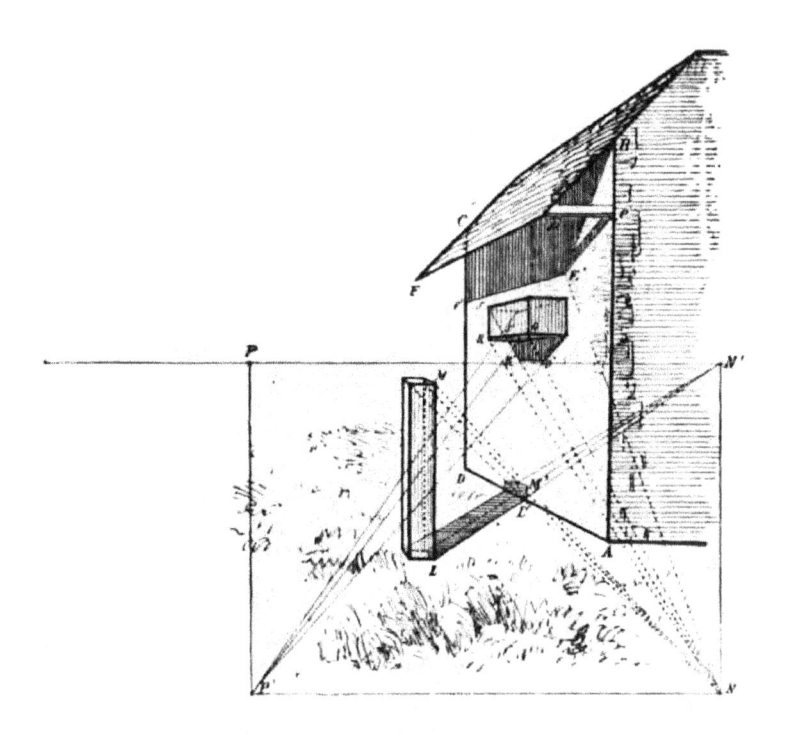

Fig. 315.

Opérer de même pour le balcon ORS. L'ombre du poteau LM s'obtient par la même règle que la tour de la figure 314 et se relève en L'M', à l'intersection du plan vertical.

(Voir, pour l'application de cette règle, les figures 316 et 319.)

Fig. 316.

Application pittoresque de la règle 223.

224. — Ombres portées sur des plans inclinés.

Ces ombres ont leur point de fuite sur la verticale élevée du foyer lumineux N et prolongée au-dessus de l'horizon à la hauteur du point de fuite aérien du plan de projection.

Opération. — Étant donnée la cheminée MO (fig. 317) sur

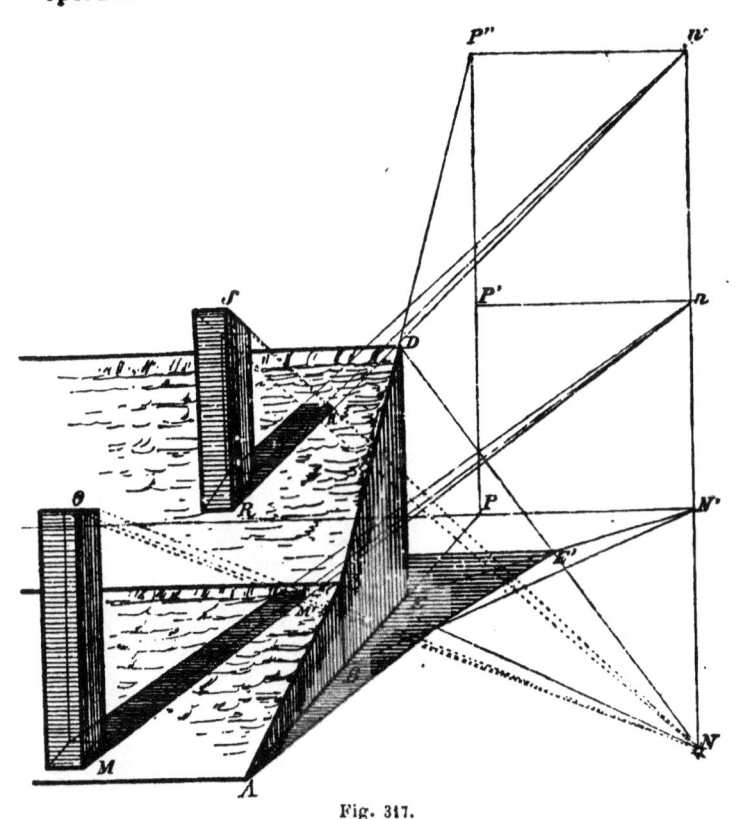

Fig. 317.

le toit ABC, dont la base AB est fuyante au point P et dont la partie inclinée AC s'élève au point P', élever la verticale N′n égale à PP′; conduire la fuyante d'ombre MM′ et le rayon NO, dont l'intersection M′ détermine l'ombre portée de MO.

La cheminée RS, appuyée sur le toit CD, dont le point

aérien est en P''', aura le point de fuite de son ombre en n', élevé au niveau de P'''; en conséquence, on conduira les fuyantes d'ombre n'R, etc., et les rayons NS, etc., donnant l'extrémité de l'ombre en R'. Si la base du plan incliné, soit AE, pose sur un plan horizontal, le point de fuite des ombres sera en N'; ainsi la fuyante N'E et le rayon ND donneront l'intersection E', limite de l'ombre portée du toit D.

225. — Ombres portées sur un plan incliné montant parallèle au tableau.

Le plan de projection étant placé au-dessus de l'horizon, déterminer sur le toit ABCD (fig. 318) l'ombre portée par la cheminée EF.

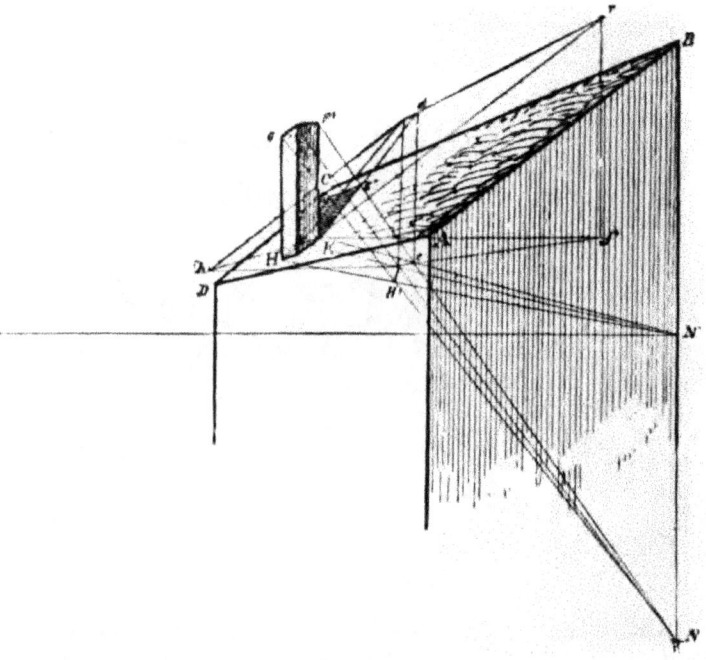

Fig. 318.

Opération. — Établir le plan horizontal de l'ombre, qui sera ensuite élevée suivant l'inclinaison du plan de projection (règle 217, fig. 308). L'ombre portée de l'angle EF étant donnée en *c* par la rencontre du rayon NF avec la fuyante d'ombre N'E, établir le rectangle E*fch*, dont E*e* est la diagonale, puis élever sur les points *f*, *e* des verticales indéfinies ;

Fig. 319.

Croquis d'application de la règle 223.

conduire les obliques Ef' — he', parallèles géométrales à AB : la diagonale inclinée Ee' sera la ligne directrice de l'ombre, qui se terminera en E', point de rencontre du rayon NF avec la fuyante Ee'.

On opérera de même pour l'angle HG, dont l'ombre est donnée en o par la rencontre de NG avec Ho.

226. — Ombre projetée par un plan incliné sur un plan d'une inclinaison différente.

Opération. — Les deux constructions AB — CD étant données (fig. 320), conduire la fuyante d'ombre CN' relevée verti-

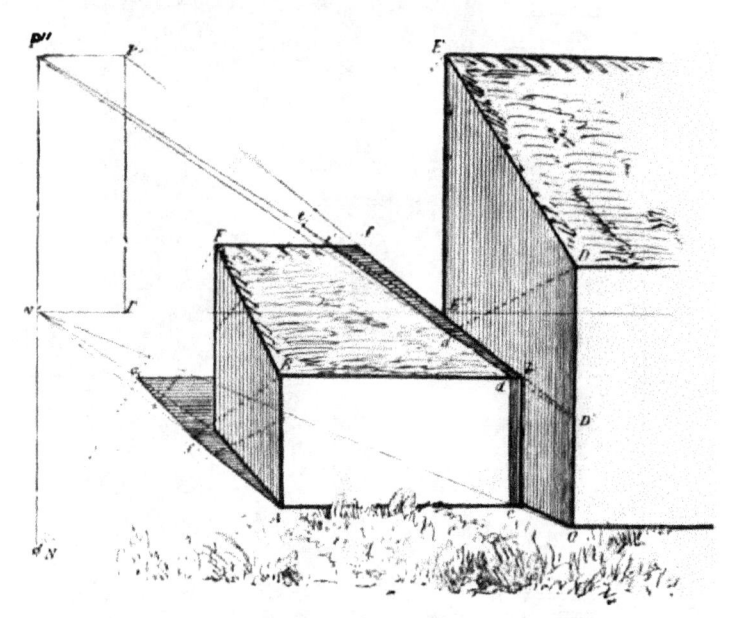

Fig. 320.

calement sur le mur de la seconde construction en cd; prolonger l'oblique fb du toit en D' et conduire la fuyante D'P'' jusqu'à son intersection d' sur le rayon DN : l'oblique dd' termine l'ombre portée du mur vertical CD, inclinée suivant le plan bf; conduire ensuite la fuyante d'ombre E'P'' et le rayon NE, dont l'intersection c, si le toit BbfF se prolongeait jusqu'à ce point, indiquerait l'ombre portée du point E; mais, en conduisant l'oblique $d'e'$, limite de l'ombre de DE, on voit que cette ombre s'arrête en c', au bord du toit BbfF. L'ombre de la fabrique AB projetée sur le terrain aura son point de fuite en N' sur l'horizon, et, dans sa partie visible, sera décrite en A$f'a$.

227. — Ombres portées sur un escalier.

Nous avons déjà vu (règles 218, fig. 309) que les ombres portées sur un escalier suivent alternativement la règle des ombres portées sur les plans horizontaux et celle des ombres portées sur les plans verticaux.

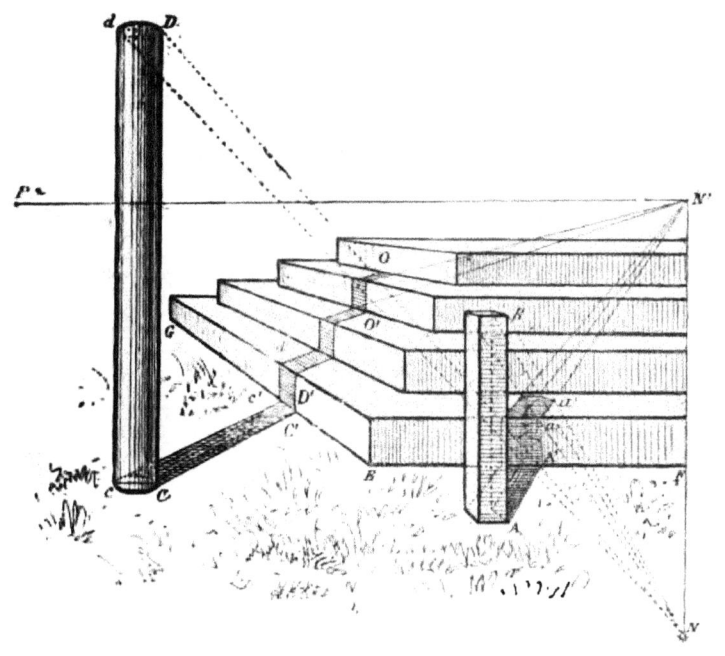

Fig. 321.

Opération. — Étant donnée la colonne AB (fig. 321), dont l'ombre s'étend jusqu'à l'escalier EF, parallèle au tableau, conduire la fuyante d'ombre AN' et le rayon NB : l'ombre rencontre en A′ le bas de la première marche et s'élève verticalement sur A′*a;* conduire la fuyante *a*N′, dont la rencontre avec BN au point *a*′ termine l'ombre portée.

Pour la colonne CD, dont l'ombre se projette sur le côté fuyant EG de l'escalier, conduire les fuyantes d'ombre CN′ — *c*N′, s'élevant sur la marche en C′D′ — *c*′*d*′; conduire D′N′ — *d*′N′, et opérer ainsi à chaque marche jusqu'à l'intersection des fuyantes en O′, O, sur les rayons N*d* — ND.

228. — Ombres portées sur un plan vertical vu de face par des objets s'avançant en deçà de ce plan.

Ouvrir à volonté la porte ABCD (fig. 322) en deçà du mur OM. L'ouverture ABCD est fuyante à angle droit au point P ;

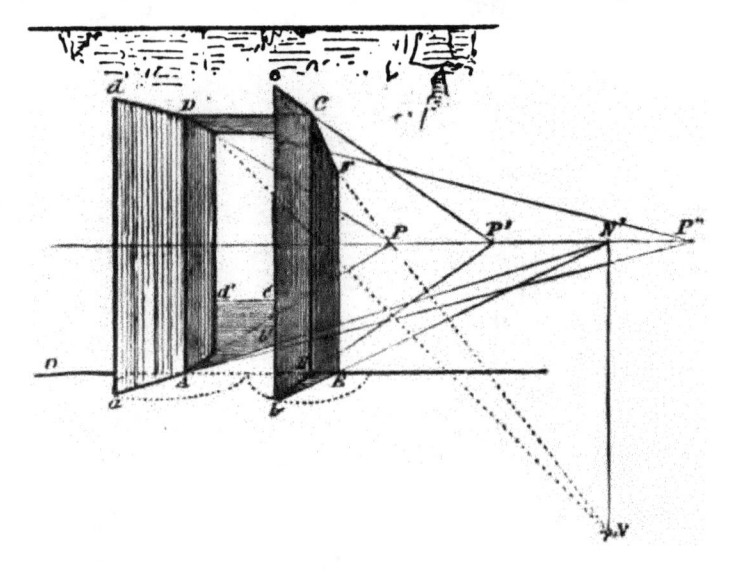

Fig. 322.

le battant *a*AD*d* se dirige vers le point accidentel P″, pris à volonté ; le battant *b*BC*c*, moins oblique, se dirige vers un autre point accidentel P′.

Opération. — Le soleil étant en N et le pied de la lumière en N′, le mur aura la partie visible de son ombre portée au delà de l'ouverture de la porte, en A$b'c'd'$; le battant aADd, ayant son point de fuite au delà du pied de la lumière, se trouve éclairé et porte sur le côté O du mur une ombre invisible pour le spectateur; enfin, le battant bBCc a son ombre sur la fuyante bN′, élevée sur E jusqu'à son intersection F sur le rayon Nc. Cette ombre est terminée par l'oblique CF, représentant le bord supérieur cC du rectangle bBCc.

229. — Ombres portées sur un plan parallèle au tableau par un objet s'avançant horizontalement en deçà de ce plan.

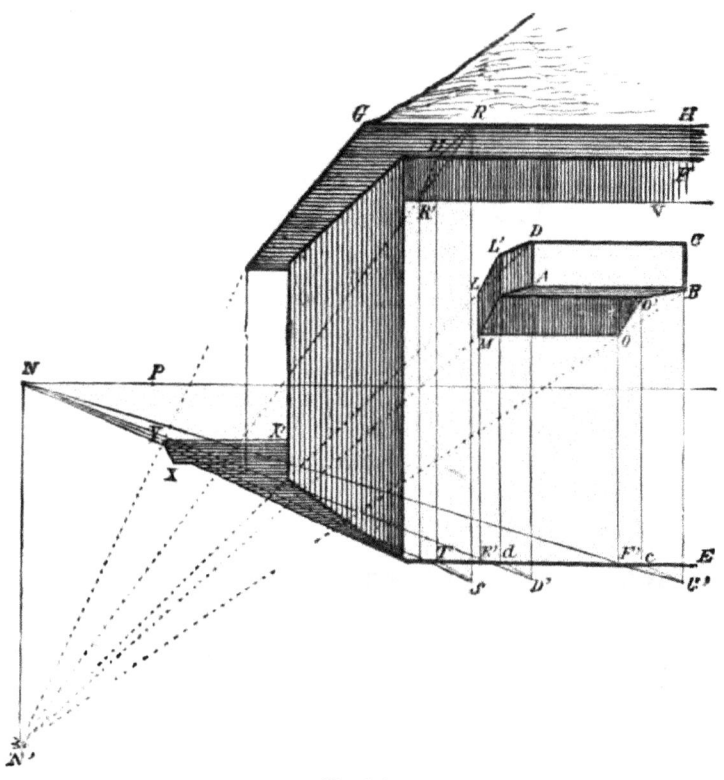

Fig. 323.

Le point de fuite de l'ombre étant ainsi inaccessible, on

observera que le bord AB du balcon (fig. 323) peut être considéré comme le côté d'un rectangle, soit ABC'D', touchant en C' et en D' le terrain perspectif en deçà du mur EF (voir fig. 322).

Opération. — On obtiendra sur le mur l'ombre des verticales AD — BC en conduisant les fuyantes d'ombre C'N — D'N, élevées verticalement en F' et en E' jusqu'à la rencontre en O et en M des rayons N'B — N'A ; pour avoir l'ombre du point D, on prolongera la verticale E'M jusqu'à son intersection en L sur le rayon N'D ; puis on décrira le contour de l'ombre en conduisant l'horizontale MO, ombre du bord AB du balcon, la verticale ML, ombre de l'extrémité AD du balcon, l'oblique O'O, ombre de O'B, et enfin l'oblique L'L, ombre de L'D.

On déterminera de même en R' l'ombre portée par le point R, pris à volonté sur le toit GH, en formant le rectangle RSTU. L'oblique UR' donnera l'ombre de UR ; le bord du toit étant horizontal, l'ombre en sera déterminée par l'horizontale R'V L'ombre de la construction sur le terrain sera donnée en XYX', suivant la règle 222.

LA LUMIÈRE ARTIFICIELLE.

230. — Ombres de flambeau.

Le flambeau caractérise ici la lumière qu'il porte ; il est pris pour type des foyers lumineux artificiels, comme étant celui qu'on rencontre le plus fréquemment et dont l'étude, par conséquent, est la plus facile.

Le foyer de lumière ou point radieux étant ici très rapproché, les ombres changent sensiblement de forme et de grandeur, selon la position des objets par rapport à ce point.

231. — **Ombres portées sur un plan horizontal.**

Opération. — Le flambeau AB étant donné (fig. 324) et le pied de la lumière se trouvant déterminé par la perpendiculaire abaissée de A en B sur le terrain perspectif, la fuyante d'ombre du morceau de bois CD sera dirigée à ce point B et terminée en C', intersection de cette fuyante et du rayon AD.

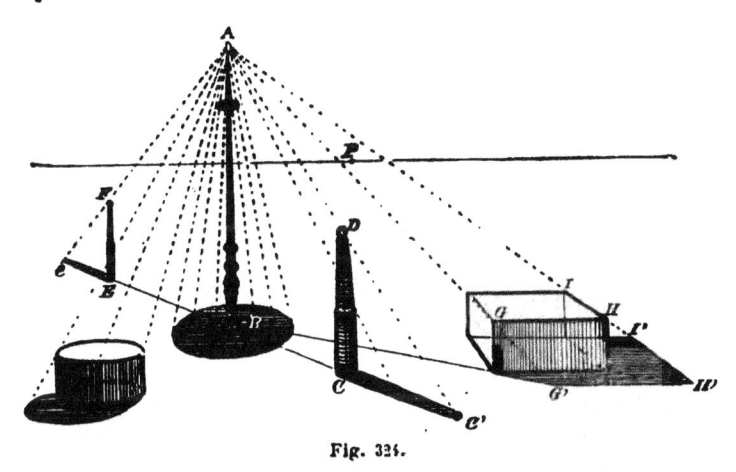

Fig. 324.

On opérera de même pour tous les objets placés sur le terrain perspectif; ainsi, le morceau de bois EF aura son ombre terminée en *e*; la pierre GHI aura son ombre terminée en G'H'I', etc.

232. — **Ombres portées dans un intérieur sur différents plans.**

Opération. — La profondeur de l'intérieur étant donnée par les rectangles ABCD—*abcd* (fig. 325), déterminer d'abord sur les murs, le sol et le plafond, le pied de la lumière ou extrémité de la perpendiculaire conduite du foyer lumineux L vers chacun de ces plans. La lumière sortant d'un flambeau fixé à la muraille au point N, établir au plan de N la section de l'intérieur par le rectangle A'B'C'D', et conduire du point lumineux les perpendiculaires LO — LR — LS — LT:

les points O, R, S, T seront les pieds de la lumière sur les murs où ils se trouvent placés. Conduisant ensuite la fuyante OP, l'élever verticalement sur le point O′, où elle rencontre le mur de fond, et la prolonger jusqu'à son intersection U sur la fuyante LP : le point U sera le pied de la lumière sur le mur *abcd*.

Ces divers points étant donnés, opérer comme pour les ombres de soleil, c'est-à-dire conduire les fuyantes d'ombre du pied de la lumière par le pied de l'objet et les prolonger jusqu'à la rencontre du rayon lumineux dirigé du foyer de lumière par le sommet de l'objet.

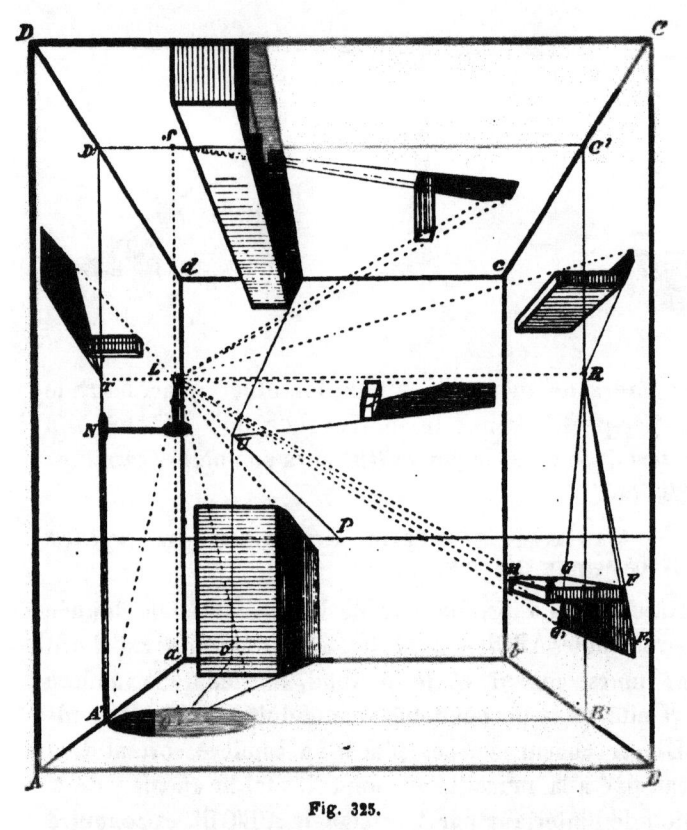

Fig. 325.

Ainsi, pour la tablette EFGH, les fuyantes d'ombre RG—RF

rencontrent les rayons LE — LH en G' et en F', qui déterminent le contour de l'ombre portée en FG'F'. On reconnaîtra facilement, d'après cet exemple, comment ont été déterminées les ombres projetées par les autres objets de cet intérieur.

233. — Ombres portées simultanément par deux foyers lumineux.

Opération. — Les deux flambeaux L, N (fig. 326) éclairant à la fois le bâton AB, il y aura deux ombres projetées par cet objet : celle du flambeau N sera déterminée en AA' par le pied de lumière N' et se terminera au point A'; celle du flambeau L sera déterminée par le pied de lumière L' et s'étendra en AB'.

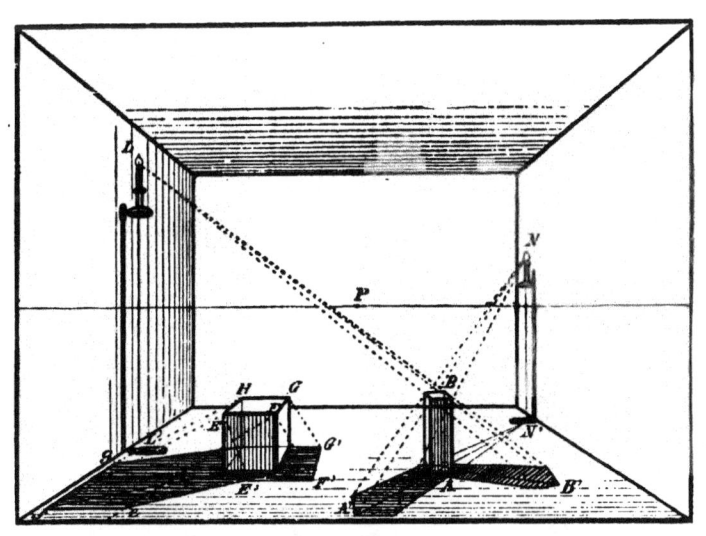

Fig. 326.

On observera que le point où ces deux ombres sont réunies est beaucoup plus coloré et que l'ombre projetée par le flambeau L, qui se trouve le plus éloigné, est moins forte que celle qui vient du flambeau N.

Les observations qui précèdent s'appliquent également au meuble EFGH, éclairé par les mêmes flambeaux et dont l'ombre portée est décrite par les contours E'F'G' — *efg*.

LES REFLETS.

234. — L'image des objets reproduite par une surface polie, eau dormante, miroir, etc., prend le nom de **reflet**.

Le reflet présente en sens opposé l'apparence de la grandeur réelle des objets et conserve en conséquence les mêmes points de fuite pour les surfaces fuyantes.

LES REFLETS D'EAU.

235. — Dans les reflets d'eau, l'image reflétée, exacte quant

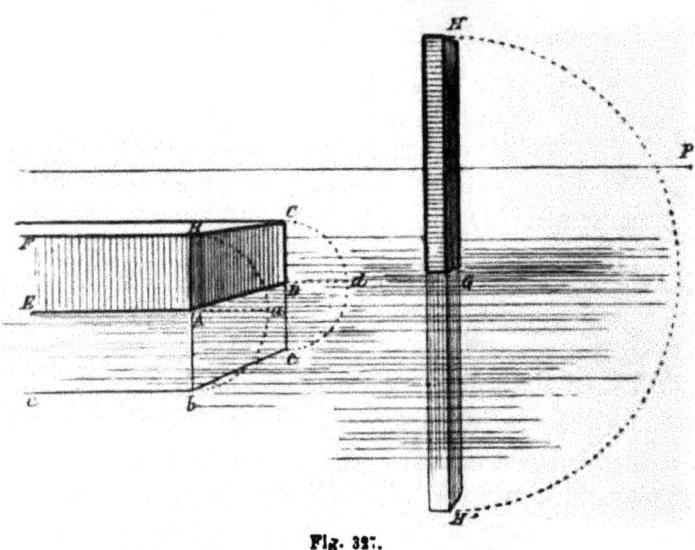

Fig. 327.

aux lignes, est atténuée de ton par la masse liquide qui s'interpose entre cette image et l'œil du spectateur.

236. — Le reflet dans l'eau s'obtient en abaissant, du point réfléchi jusqu'à la surface réfléchissante, une verticale que l'on prolonge au-dessous de cette surface autant que le point réfléchi en est lui-même éloigné.

Opération. — Soit la pierre ABCD (fig. 327) sortant de l'eau en AD: prendre la grandeur AB et la reporter en A*b*; abaisser de même la grandeur DC en D*c*; conduire l'horizontale *eb*, reflet du bord supérieur FB de la pierre, et la fuyante *bc*, parallèle au bord fuyant BC. Si l'on prolonge *bc*, on verra qu'elle rencontre l'horizon au point P, point de fuite de BC ; mais, la pierre étant renversée, la surface horizontale FBC en sera invisible dans le reflet.

Le reflet du poteau GH s'obtiendra de la même manière en GH'.

237. — **Réflexion des points éloignés du niveau de l'eau.**

Opération. — Le bâton AB (fig. 328) étant donné incliné à

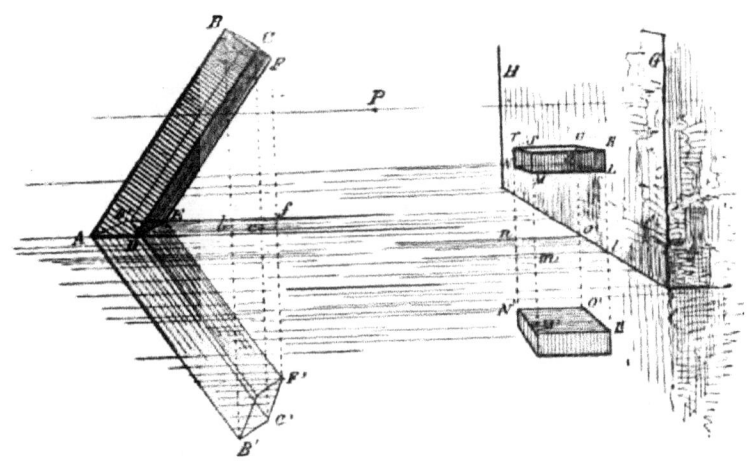

Fig. 328.

volonté, conduire du pied AD de ce bâton une horizontale indéfinie, indiquant le niveau de l'eau à ce plan ; abaisser la

Fig. 329.

Application pittoresque de la règle 237.

verticale B*b*, et de *b*, point où elle touche l'eau, la reporter en *b*B′; conduire l'oblique AB′, reflet du bord AB; trouver de même le reflet de CD et de FE, par les verticales abaissées *c*C′ — *f*F′.

Le reflet de la pierre LMNO, avancée hors du mur GH,

s'obtiendra en abaissant les verticales Ll — Oo, et en conduisant les horizontales lm — on, qui détermineront le niveau de l'eau aux plans L, O ; faite lL′ — mM′ — nN′ — oO′ égales à lL — mM — nN — oO : le carré L′M′N′O′ formera la surface inférieure de la pierre, surface visible dans le reflet, quoiqu'elle soit invisible dans l'objet réel, dont on voit au contraire la surface supérieure RSTU.

(Voir, pour l'application de cette règle, la figure 329.)

238. — Réflexion des plans inclinés.

Les plans inclinés, tels que les toits, ne diffèrent des pré-

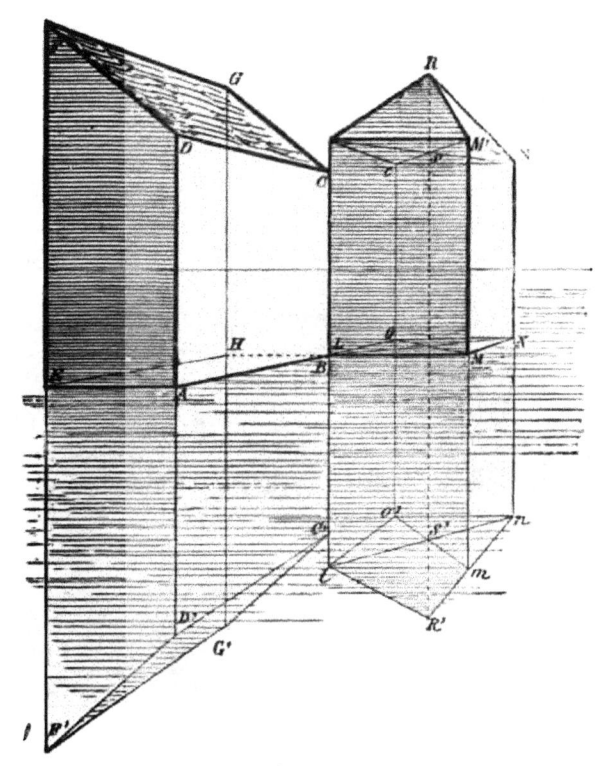

Fig. 330.

cédentes applications que par la déformation des reflets.

Opération. — Le côté ABCD (fig. 330) de la construction du premier plan a son reflet sur les verticales abaissées AD′ — BC′, égales à AD — BC ; le côté EFGH a le sien sur EF′ — HG′,

Fig. 331.
Application de la règle 238.

égales à EF — HG ; l'inclinaison du toit FDCG cause la déformation du reflet F′D′C′G′.

Un effet analogue se produit pour le pavillon LMNO à toit en pyramide, dont le sommet R réfléchi en R' donne à l'image lR'mno' une forme toute différente de celle de la pyramide L'M'N'OR ; cette différence apparente est causée par l'éloignement de l'horizon du carré *lmno'*, le développement de ce carré absorbant en partie l'élévation de la pyramide, quoique cette élévation soit égale dans le reflet, en R' et en S', à celle du toit, en S et en R.

(Voir, pour l'application de cette règle, les figures 331 et 333.)

239. — Réflexion des surfaces courbes.

Opération. — La différence qui existe entre l'apparence de

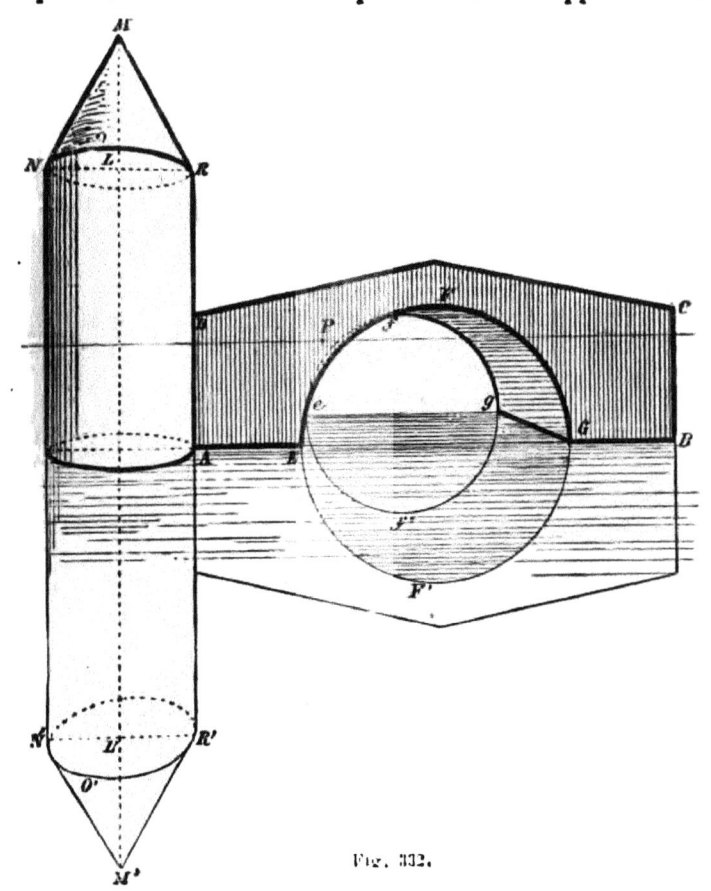

Fig. 332.

284   LES REFLETS D'EAU

Fig. 335.
Autre application pittoresque de la règle 238.

l'objet et l'image renvoyée par l'eau est encore plus sensible dans le reflet d'un pont, soit ABCD (fig. 332); en effet, chaque plein cintre se trouve renversé exactement au-dessous de la surface réfléchissante ; ainsi, le plein cintre EFG est renversé en EF'G et le plein cintre du fond, *efg*, est renversé en *ef'g*, de sorte que l'œil aperçoit dans le reflet le développement F'f' du dessous de la voûte, développement qui, dans l'objet réel, est presque insensible à cause de son extrême rapprochement de l'horizon.

Le reflet L'M' du toit conique de la tourelle rappelle par sa déformation celui du toit carré de la figure 330 ; la courbe N'O'R' du reflet, étant beaucoup plus développée que la courbe NOR de la tourelle, absorbe en partie, à cause de ce développement, la hauteur L'M' de la verticale du toit, bien qu'elle soit égale à LM.

(Voir, pour l'application de cette règle, la figure 333.)

240. — Réflexion des objets vus dans l'éloignement.

Fig. 333.

286   LES REFLETS D'EAU

Fig. 335.
Application de la règle 239.

· Le reflet d'un objet vu dans l'éloignement se réduit, à partir de sa base, d'une hauteur égale à la hauteur géométrale du terrain perspectif compris entre cette base et le bord de l'eau.

Opération. — Ainsi, le reflet du morceau de bois AB (fig. 334), placé au bord de l'eau, est visible en entier; au contraire, le morceau de bois CD, placé plus loin, n'est réfléchi qu'à moitié, et le reflet du morceau de bois EF, encore plus éloigné, est absorbé complètement par le terrain compris entre le pied E et le bord de l'eau F'.

La construction du premier plan et la petite église du fond offrent des applications du même principe.

Les mouvements de terrain peuvent offrir des effets très variés de reflets d'eau ; aussi serait-il impossible de donner une application théorique pour chacun de ces effets; mais les quelques exemples qui viennent d'être présentés sont suffisants pour qu'après les avoir étudiés, on puisse se rendre compte de ce qu'on aura devant les yeux et le reproduire sans embarras.

RÉFLEXION PAR LES MIROIRS.

241. — La réflexion par les miroirs procède exactement des mêmes principes que la réflexion par l'eau.

Si l'on suppose qu'une glace occupe tout le côté BCcb de l'intérieur ABCD (fig. 336), cette glace réfléchira tous les objets placés sur les autres côtés de l'appartement.

Opération. — Le reflet du battant de porte entr'ouvert RSTU sera déterminé en prolongeant Tb (b étant la limite du plan de la surface réfléchissante) en bT', — UV en VU', — SC' en C'S', — RZ en ZR'.

288 RÉFLEXION PAR LES MIROIRS

Si l'on rétablit au delà de la surface réfléchissante la distance à laquelle chaque objet est placé en deçà de cette surface, le cadre L se réfléchira en L', la poutre O en O', etc.

Fig. 336.

On observera que plusieurs objets restent invisibles pour le spectateur, parce que la perpendiculaire qui en détermine le reflet se prolonge hors du tableau : tels sont les cadres M, N.

FIN.

TABLE DES MATIÈRES

CHAPITRE I. — NOTIONS DE GÉOMÉTRIE OU DÉFINITION DE QUELQUES FIGURES.

La géométrie 1	**Le trapèze** 6
Le point et les lignes 1	*Le cercle* 6
Le point. 1	L'hexagone 7
La ligne, ses différentes formes . 2	L'octogone. 7
Positions diverses de la ligne. . . 2	**Les corps ou volumes.** . . . 7
Les angles 4	Le cube. 7
Les surfaces 5	La pyramide 8
Le triangle 5	La sphère ou boule 8
Le carré. 5	Le cylindre. 8
Le rectangle 5	Le cône. 8
La diagonale 5	

CHAPITRE II. — PREMIERS PRINCIPES DE LA PERSPECTIVE.

But de la perspective . . . 10	**La ligne de terre.** 21
Manières de représenter un objet. 10	*Dessin d'application* 21
Le plan géométral 10	Le terrain perspectif 22
L'élévation ou coupe 10	**L'horizon.** 22
Le plan perspectif 10	L'horizon visuel et l'horizon rationnel. 23
L'élévation perspective. . . . 10	*Dessin d'application* 23
Exemples 11	Recherche de la hauteur de l'horizon. 24
Les rayons visuels 13	*Dessin d'application* 25
L'objet 13	Observations sur l'élévation de l'horizon. 26
L'œil, le cône optique . . . 13	
Le tableau 15	**Les lignes fuyantes.** 26
Dessin d'application 16	**Les points de fuite.** 28
La distance. 17	Le point principal 29
Recherche de la distance et réduction de l'objet 17	Recherche de la place du point principal 29
Dessin d'application 18	Les points de distance. . . . 31
Observations sur la distance . . 18	Les points accidentels. 33
Dessin d'application 19	La distance transposée. 33
Emploi du cadre rectificateur. . 19	
Dessin d'application 20	

CHAPITRE III. — LE CARRÉ. — LE CUBE. — APPLICATIONS DIVERSES.

Le carré 34	Tracé perspectif du pentagone . . 39
Opérations diverses. . . . 34	Autre application de la ligne de terre transposée 40
La profondeur du carré se détermine par les points de distance . . 34	**Réduction de la distance.** . . 42
Le point en perspective 35	Carré fuyant déterminé par la distance réduite 42
Emploi du plan géométral pour le triangle 37	Observations sur la distance vraie . 43
Transposition de la ligne de terre . 37	**L'échelle fuyante.** 44
Plan géométral du pentagone. . . 39	Application de l'échelle fuyante aux

TABLE DES MATIÈRES

figures	44
Dessin d'application	46
Dessin d'application	47
L'échelle sert à déterminer la hauteur et la largeur des différents objets placés dans le tableau	48
Emploi de l'échelle pour la réduction ou l'agrandissement des objets	48
L'échelle abaissée	49
Déformation des plans fuyants	52
Dégradation des objets	53
Positions diverses du carré	55
Le carré de face, le carré de front, le carré d'angle	55
Le carré oblique	57
Le carré vu obliquement peut être déterminé sans l'aide du plan géométral	58
Dessin d'application	60
Dessin d'application	61
Application de la distance transposée	62
La profondeur du carré déterminée par la distance transposée	62
La profondeur d'une galerie déterminée par la distance transposée	63
Emploi des diagonales du carré	64
Le damier géométral et perspectif	65
Carrés concentriques déterminés par les diagonales	65
Carrés concentriques en perspective	66
Allée d'arbres en plan géométral	67
Dessin d'application	68
Allée d'arbres en perspective	69
Dessin d'application	70
Autre application des diagonales du carré	71
Emploi des parallèles	71
Dessin d'application	72
Division d'une ligne d'une grandeur déterminée en parties égales	73
Division d'un plan incliné en parties égales	74
Dessin d'application	75
Dessin d'application	76
Le cube	77
Cubes placés au-dessous de l'horizon	78
Dessin d'application	79
Dessin d'application	80
Cubes vus à moitié de leur hauteur, c'est-à-dire en travers de l'horizon	81
Dessin d'application	82
Dessin d'application	84
Dessin d'application	85
Cubes placés au-dessus de l'horizon	86
Dessin d'application	87
Cube vu d'angle	88
Dessin d'application	89
Dessin d'application	90
Dessin d'application	91
Dessin d'application	92
Cube vu obliquement	93
Dessin d'application	94
Dessin d'application	95
Autre cube vu obliquement	95
Quadrilatère composé	96
Les toits	100
Toit pyramidal simple	101
Dessin d'application	102
Dessin d'application	103
Dessin d'application	104
Toit pyramidal composé	105
Autre toit pyramidal composé	105
Dessin d'application	106
Toit à pyramide tronquée	107
Toit de pavillon	108
Dessin d'application	109
Dessin d'application	110
Toit à pignon	111
Dessin d'application	112
Toit en appentis	112
Toit de chalet	114
Dessin d'application	114
Toit à quatre pignons	115
Même toit avec pyramide centrale	116
Dessin d'application	118
Portes et fenêtres	118
Porte fuyante	119
Fenêtre ayant l'horizon à la moitié de sa hauteur	119
Porte vue de face	120
Ouverture horizontale fuyante au-dessus de l'horizon	121
L'escalier	123
Escalier vu de face	123
Dessin d'application	124
Escalier fuyant	124
Escalier de perron à pans coupés	125
Dessin d'application	126
Escalier de calvaire	127
La croix de calvaire	128
Croix vue de face	128
Croix vue de côté	129
Table fuyante	130
Les plans inclinés	131
Plan incliné montant	132
Plan incliné descendant	132
Escalier de perron présentant la double inclinaison, montante et descendante	133
Application de l'échelle fuyante aux plans inclinés	134
Dessin d'application	136
Dessin d'application	137
Chemin montant en face du spectateur	138
Dessin d'application	139
Chemin descendant en face du spectateur	140
Dessin d'application	141
Autre application de l'échelle fuyante aux plans inclinés	142

TABLE DES MATIERES

CHAPITRE IV. — LE CERCLE ET LES COURBES.

Le cercle. 144
Construction du cercle géométral. 144
Dessin d'application 145
Dessins d'application. 146
Cercle fuyant horizontal au-dessous de l'horizon. 147
Dessin d'application. 148
Cercle au-dessus de l'horizon. . . 148
Cercle vertical fuyant à gauche du point de vue. 149
Dessin d'application. 150
Cercle vertical à droite du point de vue 150
Cercles horizontaux vus de côté. . 151
Cercle vertical parallèle au plan du tableau. 152
Application de l'échelle fuyante aux cercles parallèles 154
Autre application de l'échelle fuyante aux cercles parallèles 155
Dessin d'application. 156
Cercles horizontaux concentriques. 157
Dessin d'application. 158
Dessins d'application. 159
Autres cercles concentriques. . . 160
Élévation perspective d'un perron. 160
Cercles parallèles et cercles concentriques. 161
Dessin d'application. 163
Application multiple des cercles parallèles. 163
Dessin d'application. 165
Dessin d'application. 166
Application de la distance réduite et des parallèles. 166
Dessin d'application. 168
Dessin d'application. 169
Cercles parallèles et cercles concentriques réunis. 170
Dessin d'application. 171
Dessin d'application. 173
Cercle horizontal et cercle vertical réunis, présentant l'apparence d'une croix. 174
Application pratique du cercle à l'étude de la figure. 174
Application à l'étude des fleurs . 176
Le plein cintre. 177
Plein cintre géométral. 177
Galerie à plein cintre vue de face. 178
Dessin d'application. 179
Pleins cintres fuyants. 180
Dessin d'application. 181
Application de l'échelle fuyante au plein cintre. 182
Dessin d'application. 183
Application du plein cintre aux plans inclinés. 184
Galerie à plein cintre descendante, vue de face. 185

Dessin d'application. 186
Voûte d'arête dite en arc de cloître, vue de face. 188
Dessin d'application. 190
Galerie voûtée en plein cintre divisée en cinq travées égales, fuyante au point de vue, ce point étant hors du tableau 190
Dessin d'application. 192
Niche vue de face. 193
Même niche vue de côté. . . . 194
Ouverture à plein cintre fuyante suivant l'inclinaison d'une voûte de forme semblable vue de face. 196
Profil d'une ouverture cintrée creusée dans une tour ronde. . . 197
Le cintre surbaissé. 198
Tracer le plan géométral d'un cintre surbaissé dit courbe en anse de panier. 198
Ouvrir dans la profondeur du tableau une voûte surbaissée fuyante en face du spectateur et divisée en un nombre indéterminé de sections à arêtes parallèles. . . 199
Déterminer dans un mur fuyant au point de vue l'ouverture d'une voûte à cintre surbaissé. . . . 200
Voûte d'arête ou arc de cloître surbaissé. 201
L'escalier tournant. 202
Dessin d'application. 204
Dessin d'application. 205
L'ogive. 206
Tracé géométral des trois types principaux. 206
Dessin d'application. 208
Tracé perspectif de l'ogive. . . 210
Dessin d'application. 211
Dessin d'application. 212
Autre construction des ogives. . 213
Voûte d'arête ogivale 214
Dessin d'application. 215
Courbes diverses. 216
Emploi du plan géométral pour les lignes courbes fuyantes autres que les circonférences. . . . 216
Application de l'échelle fuyante aux courbes parallèles. 217
Emploi du cercle. 218
Le cercle s'emploie pour trouver la profondeur perspective des lignes droites obliques d'une grandeur déterminée. 218
Fenêtre à double battant. . . . 219
Trappe entr'ouverte vue de face. . 220
Tableau incliné vu de profil . . 221
Tableau incliné vu de face. . . 222
Le paravent. 223

TABLE DES MATIÈRES

CHAPITRE V. — L'OCTOGONE. — L'HEXAGONE. — LE DAMIER.

L'octogone. 225
Plan géométral. 225
Octogone fuyant vu de face. . . 226
Carrelage en pierres octogones réunies par des pavés carrés vus d'angle. 227
Tourelle octogone vue de face . . 228
Octogone vu d'angle. 229
Clocher à base quadrangulaire terminé dans sa partie supérieure par une pyramide octogone vue d'angle. 230
Dessin d'application. 232
L'hexagone 233
Plan géométral. 233

Hexagone fuyant vu de face . . . 234
Tourelle hexagone vue de face . . 234
Dessin d'application. 236
Dessin d'application. 237
Carrelage formé de pavés hexagones vus de face. 237
Hexagone vu d'angle. 238
Le damier. 239
Son application à la perspective des vues obliques. 239
Plan géométral d'objets placés sur le damier. 240
Tracé perspectif des mêmes objets sur le damier fuyant. 240
Dessin d'application. 241

CHAPITRE VI. — LES OMBRES ET LES REFLETS.

Les ombres. 243
Positions du soleil. 244
Première position du soleil (dans le plan du tableau). . 244
Ombres portées de grandeur égale aux objets. 245
Silhouette des ombres portées. . 246
Ombre projetée par un cylindre. . 246
Ombres portées sur un plan vertical 247
Dessin d'application. 249
Ombre projetée sur des plans obliques. 250
Ombre portée sur un plan oblique au-dessus de l'horizon. . . . 250
Ombre projetée sur un plan horizontal par un objet placé obliquement. 251
Deuxième position du soleil (au delà du tableau). . . 252
Ombre projetée sur un plan horizontal. 252
Ombres projetées sur un plan vertical. 253
Ombre projetée sur un plan horizontal et sur un plan vertical. . 254
Dessin d'application. 255
Ombres projetées sur des plans inclinés. 256
Ombre projetée sur un talus vu de côté. 257
Ombre projetée sur un escalier. . 258
Ombres projetées par des plans obliques sur un plan vertical et sur un plan horizontal. . . . 259
Lumière donnée par une porte ouverte dans l'ombre générale d'une voûte. 260
Dessin d'application. 261
Ombre projetée par un objet paraissant au delà du soleil. . . . 262
Troisième position du soleil (en deçà du tableau). . . . 263

Ombres portées sur un plan horizontal. 263
Ombres portées sur un plan vertical. 264
Dessin d'application. 266
Ombres portées sur des plans inclinés. 267
Ombres portées sur un plan incliné montant parallèle au tableau. . 268
Dessin d'application. 269
Ombre projetée par un plan incliné sur un plan d'une inclinaison différente. 270
Ombres portées sur un escalier . . 271
Ombres portées sur un plan vertical vu de face par des objets s'avançant en deçà de ce plan. . . . 272
Ombres portées sur un plan parallèle au tableau par un objet s'avançant horizontalement en deçà de ce plan. 273
La lumière artificielle . . . 274
Ombres de flambeau. 274
Ombres portées sur un plan horizontal. 275
Ombres portées dans un intérieur sur différents plans. 275
Ombres portées simultanément par deux foyers lumineux. . . . 277
Les reflets. 278
Les reflets d'eau. 278
Réflexion des points éloignés du niveau de l'eau. 279
Dessin d'application. 280
Réflexion des plans inclinés . . 281
Dessin d'application. 282
Réflexion des surfaces courbes. . 283
Dessin d'application. 284
Réflexion des objets vus dans l'éloignement. 285
Dessin d'application. 286
Réflexion par les miroirs. . 287

PARIS. — IMPRIMERIE CHARLES BLOT, RUE BLEUE, 7.

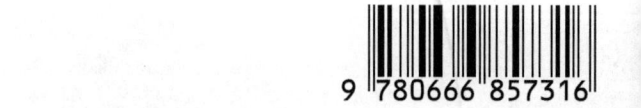

CPSIA information can be obtained
at www.ICGtesting.com
Printed in the USA
LVHW051610270219
608933LV00020B/896

9 780666 857316